· 工程建设理论与实践丛书 ·

JI-PAI SHUI GONGCHENG GUIHUA YU SHEJI

给排水工程规划与设计

蔡源浇　张　敏　江志贤　况　旺　主编

华中科技大学出版社
http://press.hust.edu.cn
中国·武汉

内 容 简 介

　　本书围绕如何高效做好给排水工程的规划与设计展开探讨。上半部分内容包括城市给水工程概论、水源及取水构筑物、市政给水管网设计、城市给水处理及城市供水突发事件应急管理等,并以重庆市万州区中心城区城市给水专项规划为例,阐述了城市给水工程规划设计实践。下半部分内容包括城市排水工程概论、排水管渠附属构筑物及排水泵站、市政排水管道系统设计、城市污水处理及海绵城市低影响开发设计等,并以中山市 SL 片区彩虹泵站及配套管网工程为例,阐述了城市排水工程规划设计实践。本书适合相关从业者与师生参考。

图书在版编目(CIP)数据

　　给排水工程规划与设计 / 蔡源浇等主编. -- 武汉 : 华中科技大学出版社,2024.12. -- ISBN 978-7-5772-1429-0

　　Ⅰ. TU991

　　中国国家版本馆 CIP 数据核字第 2024VZ0765 号

给排水工程规划与设计
Ji-Pai Shui Gongcheng Guihua yu Sheji

蔡源浇　张　敏　江志贤　况　旺　主编

策划编辑:周永华

责任编辑:易文凯

封面设计:张　靖

责任校对:易文凯

责任监印:朱　玢

出版发行:华中科技大学出版社(中国·武汉)　　　电话:(027)81321913
　　　　　武汉市东湖新技术开发区华工科技园　　　邮编:430223

录　　排:武汉正风天下文化发展有限公司

印　　刷:武汉科源印刷设计有限公司

开　　本:787 mm×1092 mm　1/16

印　　张:23

字　　数:450 千字

版　　次:2024 年 12 月第 1 版第 1 次印刷

定　　价:98.00 元

编　委　会

主　　编　蔡源浇　中国市政工程西南设计研究总院有限公司

　　　　　张　敏　惠州市市政设计研究院有限公司

　　　　　江志贤　上海市政工程设计研究总院（集团）有限公司

　　　　　况　旺　深圳市城市交通规划设计研究中心股份有限公司

副主编　冷　越　深圳市宝安设计集团有限公司

编　　委　贾英凯　中交机电工程局有限公司

　　　　　沈春山　贵阳建筑勘察设计有限公司

前言 | Preface

　　给排水工程规划与设计是市政工程项目建设的重要组成部分,关系着后续整体市政项目施工的质量水平,以及建成投入使用之后人们的生活质量和社会效益。对于一个城市的发展,给排水设施是非常重要的基础性生产与生活设施,若居民用水等无法保障、自然降水等不能及时排放,不仅会给人们的生活带来不便,还会影响城市的正常发展,造成交通、环境问题等。近年来,我国城市化建设不断深入,这给市政给排水管道工程的建设提出了更高的要求,也使得对前期工程规划与设计水平方面的要求越来越严格。因此,在市政工程建设中,高效做好给排水工程的规划与设计至关重要。

　　本书内容主要分为12章。其中,第1章至第6章针对给水工程方面的内容进行论述,主要包括城市给水工程概论、水源及取水构筑物、市政给水管网设计、城市给水处理及城市供水突发事件应急管理5部分理论内容,并以重庆市万州区中心城区城市给水专项规划为例,阐述了城市给水工程规划设计实践;第7章至第12章则针对排水工程方面的内容进行论述,主要包括城市排水工程概论、排水管渠附属构筑物及排水泵站、市政排水管道系统设计、城市污水处理及海绵城市低影响开发设计5部分理论内容,并以中山市SL片区彩虹泵站及配套管网工程为例,阐述了城市排水工程规划设计实践。本书可为从事市政工程、给排水工程、城市建设、城市规划相关专业的设计和技术人员提供参考。

　　本书参考了相关专业文献,在此对相关文献的作者表示感谢。限于编者的理论水平和实践经验,书中难免存在疏漏和不妥之处,恳请广大读者批评指正。

目 录 ｜ Contents

第 1 章

城市给水工程概论

1.1 给水工程的任务及组成

1.1.1 给水工程的任务

给水工程也称"供水工程",从组成和所处位置上讲,可分为室外给水工程和建筑给水工程。前者主要包括水源、水质处理和城市供水管道等,故亦称"城市给水工程"。后者主要是建筑内的给水系统,包括室内给水管道、供水设备及构筑物等,俗称"上水系统"。

城市给水工程的任务可以概括为以下三个方面。

(1)根据不同的水源设计建造取水设施,并保障源源不断地取得满足一定质量要求的原水。

(2)根据原水水量和水质设计建造给水处理系统,并按照用户对水质的要求进行净化处理。

(3)按照城镇用水布局通过管道将净化后的水输送到用水区,并向用户配水,供应各类建筑所需的生活、生产和消防等用水。

1.1.2 给水工程的组成

不同规模的城镇和不同水源种类,实现给水工程任务的侧重点有所不同,但给水工程一般由取水工程、给水处理和输配水工程等构成。

1. 取水工程

取水工程主要设施包括取水构筑物和一级泵站,其作用是从选定的水源(包括地表水和地下水)抽取原水,加压后送入水处理构筑物。目前,随着城镇化进程的加快以及水资源的日趋紧张,城市饮用水取水工程内容除取水构筑物和一级泵站外,还包括水源选择、水源规划及保护等。取水工程涉及城市规划、水利资源、环境保护和土木工程等多领域、多学科技术。

2. 给水处理

给水处理设施包括水处理构筑物和清水池。水处理构筑物的作用是根据原水水质和用户对水质的要求,适当处理原水。根据不同水源及不同用水水质要求,给水处理的方法有多种选择。对于一般以地表水为水源的城镇用水,处理方法主要有混凝沉淀、过滤、消毒等。清水池的作用是储存和调节一、二级泵站抽水量之间的差额,同时保证消毒所需的停留时间。水处理构筑物和清水池常集中布置在净水处理厂(也称"自来水厂")内。

3. 输配水工程

输配水工程包括二级泵站、输水管道、配水管网、调节构筑物(如水塔)等。二级泵站的作用是将清水池贮存的水按照城镇供水所需水量,提升到要求的高度,以便进行输送和配水。输水管道包括将原水送至水厂的原水输水管和将净化后的水送到配水管网的清水输水管。许多山区城镇供水系统的原水取自城镇上游水源,为降低工程费和运营费用,原水输水常采用重力输水管渠。配水管网是指将清水输水管送来的水送到各个用水区的全部管道。水塔等调节构筑物设在输配水管网中,用以储存和调节二级泵站输水量与用户用水量之间的差值。

随着科学技术的不断进步,现代控制理论与计算机技术等迅速发展,大大提高了大型复杂系统的控制和管理水平,也使城市给水系统利用计算机系统进行科学调度管理成为可能。水池、水塔等调节构筑物不再是城镇给水系统的主要调控设施。近年来,我国许多大型城市构建了满足水质、水量、水压等多种要求的自来水优化调度系统,既提高了供水系统的安全性和供水公共产品的质量,又节约了能耗,获得良好的经济效益和社会效益。

1.2　给水系统的分类和城镇给水系统的形式

1.2.1　给水系统的分类

在给水工程学科中,给水系统可按下列方式分类。

(1) 按使用目的不同,可分为生活给水系统、生产给水系统和消防给水系统。这种分类方法是建筑给排水系统惯用的分类法。一般城镇的给水系统应满足生活用水、生产用水和消防用水需求。

(2) 按服务对象不同,可分为城镇给水系统和工业给水系统。当工业用水量占城镇总用水量的比重较大,或者工业用水水质与生活用水水质差别较大时,无论是在规划阶段还是在建设阶段,都需要独立设置城镇综合用水系统与工业用水系统,以满足供水系统的安全性和经济性要求。

(3) 按水源种类不同,可分为地表水给水系统和地下水给水系统。图 1.1 表示以地表水为水源的给水系统。当以地下水为水源时,则可采用图 1.2 所示的系统。

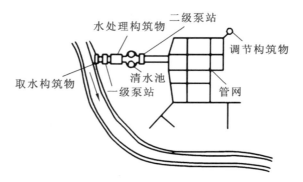

图 1.1　以地表水为水源的给水系统

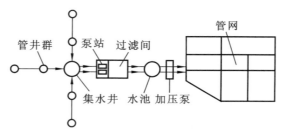

图 1.2　以地下水为水源的给水系统

（4）按给水方式不同,可分为自流式给水系统(重力给水系统)、自泵给水系统(压力给水系统)和混合给水系统(重力压力结合给水系统)。采取何种给水方式,主要根据水源、给水区的地形高差及地形变化来决定。山区或半山区地形起伏很大,可以利用地势差,采用自流式给水系统。在平原地区或地形有起有伏但高差不大时,采用自泵给水系统的较多。混合给水系统主要应用在远距离输水中。当水源地高程高于给水区高程时,直接借重力采用自流式给水方式供水;在水源地高程低于局部给水区高程时,设置加压设施,采用压力给水方式供水;在山区给水工程中,根据实际情况,往往需要采用两种给水方式相结合的办法进行供水。大多数城市供水采用自泵给水系统。

1.2.2　城镇给水系统的形式

城镇给水系统根据城镇地形、城镇大小、水源状况、用户对水质的要求以及发展规划等因素,可采用不同的形式,常用形式如下。

1. 统一给水系统

统一给水系统即用同一个给水系统供应生活、生产和消防等各种用水,水质应符合《生活饮用水卫生标准》(GB 5749—2022)。绝大多数城镇采用这种系统。

2. 分质给水系统

在城镇用水中,工业用水所占比例较大,各种工业用水对水质的要求往往不同,此时可采用分质给水系统,例如生活用水采用水质较好的地下水,工业用水采用地表水。分质给水系统也可采用同一水源,经过不同的水处理过程后,送入不同的给水管网。对水质要求较高的工业用水,可在城市生活给水的基础上,再自行采取一些深度处理措施。

3. 分压给水系统

当城市地形高差较大或用户对水压要求有很大差异时,可采用分压给水系统。由同一泵站内的不同水泵分别供水到低压管网和高压管网,或按照不同片区设置加压泵站,以满足高压片区或高程较大片区的供水要求。对于城市中的高层建筑,则由建筑内设置的加压水泵等增压装置满足给水需要。

4. 分区给水系统

当城市规划区域较大,需分期建设时,为适应城市的发展,可根据城市规划状况将给水管网分成若干个区,分批建成通水,各分区之间设置连通管道。也可根据多个水源选择,分区建成独立的给水系统。若存在各区域给水系统的连通条件,可将其互相连通,实施统一优化调度。这种方式符合城市近远期相结合的建设原则。

5. 区域性给水系统

将若干城镇或工业企业的给水系统联合起来,形成一个大的给水系统,统一取水,分别供水,这样的给水系统称为"区域性给水系统"。该系统适用于城镇相对集中、水源缺乏的地区。

1.3　用户对给水系统的要求

1.3.1　概述

用户对给水系统的要求决定了城市给水工程设计标准,也是城市给水系统运营服务的目标。概括来说,城市给水工程必须保证以足够的水量、合格的水质、充裕的水压供应用户,同时系统应尽可能既满足近期的需要,又兼顾今后的发展。

城市给水系统的用户一般有城市居住区、公共建筑、工业企业等。各用户对水量、水质和水压有不同的要求,概括起来可分为生活用水、生产用水、消防用水和市政用水四种类型。

1.3.2　用户对不同类型用水的要求

1. 生活用水

生活用水包括住宅、学校、旅馆、餐饮店等建筑内的饮用、洗涤、清洁卫生用水，以及工业企业内部工作人员的生活用水和淋浴用水等。

生活用水量随着当地的气温、生活习惯、房屋卫生设备条件、供水压力等有所变化。我国幅员辽阔，各地具体条件不同，影响生活用水量的因素不尽相同，设计时，可参照我国《室外给水设计标准》(GB 50013—2018)规定的生活用水定额。

生活用水中，饮用水的水质关系到人体健康，必须外观无色透明、无臭无味、不含致病微生物以及其他有害健康的物质。我国《生活饮用水卫生标准》(GB 5749—2022)从微生物指标、毒理指标、感官性状和一般化学指标、放射性指标等方面，对生活饮用水水质标准做出了明确的规定。由于大多数城镇采用统一给水系统，所以城镇给水系统的水质应满足该标准所规定的各项指标。

城市中的建筑高度千差万别，对水压的要求也不同，作为服务整个城镇用水的供水系统，管网的水压必须达到最小服务水头的要求。所谓最小服务水头，是指配水管网在用户接管点处应维持的最小水头（从地面算起）。应当指出：在城市管网计算时，对局部高层建筑物或高地处的建筑物所需的水压可不作为控制条件，一般需在建筑内设置加压装置来满足上述建筑物的供水需求。

工业企业内工作人员的生活用水量和淋浴用水量，应根据车间性质和卫生特征确定。

2. 生产用水

生产用水是指工业企业生产过程中使用的水，例如火力发电厂的汽轮机、钢铁厂的炼钢炉等冷却用水，锅炉生产蒸汽用水，纺织厂和造纸厂的洗涤、空调、印染等用水，食品工业用水，铁路和港口码头用水等。根据过去的统计，工业用水在城市给水中占比很大，为了适应节能减排的发展趋势，需要不断改进生产工艺，以减少生产用水量。

工业企业生产工艺多种多样，而且工艺的改革、生产技术的不断发展等都会使工业企业对生产用水的水量、水质和水压的要求发生变化。因此，在设计工业企业的给水系统时，参照以往的设计和同类型企业的运转经验，通过调查当前工业用水获得可靠的第一手资料，以确定需要的水量、水质和水压是非常重要的。

随着城市工业布局的调整，很多大型企业从城市中心外迁，形成独立的产业园区，这给分区、分质供水提供了可能的条件。

3. 消防用水

消防用水只在发生火警时才从给水管网的消火栓上取用。消防用水对水质没有特殊要求。通常由城市给水管网提供城市消防用水,并按一定间距设置室外消火栓。高层建筑给水系统除由室外提供水源外,还应设置加压设备和水池,以提供足够的消防水量和水压。消防用水量、水压及火灾延续时间等应按《建筑设计防火规范(2018 年版)》(GB 50016—2014)执行。

4. 市政用水

市政用水包括道路清扫用水、绿化用水等。市政用水量应根据路面种类、绿化、气候、土壤等实际情况和有关部门的规定确定。市政用水量将随着城市建设的发展而不断增加。市政用水对水质、水压无特殊要求,随着城市雨水利用技术及废水综合应用技术的进步,市政用水一部分也可由雨水和中水系统提供。

1.4　城市给水工程规划简介

1.4.1　城市给水工程规划的任务

水资源是十分重要的自然资源,是城市可持续发展的制约因素。在水的自然循环和社会循环中,水质、水量因受多种因素的影响常常发生变化。为了促进城市发展,提高人民生活水平,保障人民生命财产安全,需要建设合理的城市供水系统。给水工程规划的基本任务,是按照城市总体规划目标,通过分析本地区水资源条件、用水要求以及给排水专业科技发展水平,根据城市规划原理和给水工程原理,编制出经济合理、安全可靠的城市供水方案。这个方案应能经济合理地开发、利用、保护水资源,基建投资最低,运营管理费用最少,满足各用户用水要求,避免重复建设。具体说来,一般包括以下几方面的内容。

(1)搜集并分析本地区地理、地质、气象、水文和水资源等条件。

(2)根据城市总体规划要求,估算城市总用水量和给水系统中各单项工程设计流量。

(3)根据城市的特点确定给水系统的组成。

(4)合理地选择水源,并确定城市取水位置和取水方式。

(5)制定城市水源保护及开发对策。

(6)选择水厂位置,并考虑水质处理工艺。

(7)布置城市输水管道及给水管网,估算管径及泵站提升能力。

（8）比较给水系统方案，论证各方案的优缺点，估算工程造价与年经营费，选定规划方案。

1.4.2 城市给水工程规划的一般原则

根据城市总体规划，考虑到城市发展、人口变化、工业布局、交通运输、供电等因素，城市给水工程规划应遵循以下原则。

1. 根据国家法规文件编制

现行专业规划应执行《城市给水工程规划规范》（GB 50282—2016）和《室外给水设计标准》（GB 50013—2018）。

2. 保证社会、经济、环境效益的统一

（1）编制城市供水水源开发利用规划，应优先保证城市生活用水，统筹兼顾，综合利用，讲究效益，发挥水资源的多种功能。

（2）开发水资源必须进行综合科学考察和调查研究。

（3）给水工程的建设必须建立在水源可靠的基础上，尽量就近利用水源。根据当地具体情况，因地制宜地确定净水工艺和水厂平面布置，尽量不占或少占农田、少拆民房。

（4）城市给水工程规划应推广先进的处理工艺，提高供水水质，提高供水的安全性、可靠性，尽量降低能耗，降低药耗，减少水资源漏损。

（5）采取有效措施保护水资源，严格控制污染，保护植被，防止水土流失，改善生态环境。

3. 与城市总体规划相一致

（1）应根据城市总体规划所确定的城市性质、人口规模、居民生活水平、经济发展目标等，确定城市供水规模。

（2）根据国土规划、区域规划、江河流域规划、土地利用总体规划及城市用水要求、功能分区，确定水源数量及取水规模。

（3）根据总体规划中有关水利、航运、防洪排涝、污水排放等规划以及河流河床演变情况，选择取水位置及取水构筑物形式。

（4）根据城市道路规划确定输水管走向，同时协调供电、通信、排水管线之间的关系。

4. 考虑城市的特殊条件

（1）根据用户对水量与水压的要求、城市功能分区、建筑分区以及城市地形条件等，通过技术经济比较，选择水厂位置，确定集中、分区供水方式，确定增压泵站、水塔位置。

（2）根据水源水质和用户类型，确定自来水厂的预处理、常规处理及深度处理方案。

（3）给水工程的自动化程度,应从提升科学管理水平和增加经济效益出发,根据需要和可能妥善确定。

5. 统一规划、分期实施,合理超前建设

（1）根据城市总体规划方案,城市给水工程规划一般按照近期 5～10 年、远期 20 年编制,按近期规划实施,或按总体规划分期实施。

（2）城市给水工程规划应保证城市供水能力与生产建设的发展和人民生活的需要相适应,并且要合理超前建设。避免出现因用水量年年增加,自来水厂年年扩建的情况。

（3）城市给水工程近期规划时,应首先考虑设备挖潜改造、技术革新、更换设备、提升供水能力、提高水质,再考虑新建工程。

（4）对于一时难以确定规划规模和年限的城镇及工业企业,规划城市给水工程设施时,应对取水构筑物、处理构筑物、管网、泵房留有发展余地。

（5）城市给水工程规划的实施要考虑城市给水投资体制与价格体制等经济因素的影响,进行投资的经济效益分析。

1.4.3　城市给水工程规划的步骤和方法

城市给水工程规划是城市总体规划的重要组成部分,因此规划的主体通常由城市规划部门担任,将规划设计任务委托给水专业设计单位进行。规划设计一般按下列步骤和方法进行。

1. 明确规划设计任务

进行城市给水工程规划时,首先要明确规划设计的目的与任务。其中包括:规划设计项目的性质,规划任务的内容、范围,相关部门对给水工程规划的指示、文件,以及与其他部门的分工协作事项等。

2. 搜集必要的基础资料和现场踏勘

基础资料是规划的依据,基础资料的充实程度决定给水工程规划方案的编制质量,因此,基础资料的搜集与现场踏勘是规划设计工作的一个重要环节,主要内容如下。

（1）城市和工业区规划及地形资料。资料应包括城市近远期规划、城市人口分布、工业布局、第三产业规模与分布,建筑类别和卫生设备完善程度及标准,区域总地形图资料等。

（2）现有给水系统概况资料。资料主要涵盖给水系统服务人数、总用水量和单项用水量、现有设备及构筑物的规模和技术水平、供水成本以及药剂和能源的来源等。

（3）自然资料。资料包括气象、水文地质、工程地质、自然水体状况等。

（4）城市和工业企业对水量、水质、水压的要求等资料。

在规划设计时，为了收集上述有关资料和了解实地情况，以便提出合理的方案，一般应进行现场踏勘。通过现场踏勘了解和核对实地地形，增加地区概念和感性认识，核对用水要求，掌握备选水源地现况，核实已有给水系统规模，了解备选厂址条件和管线布置条件等。

3. 制定给水工程规划设计方案

在搜集资料和现场踏勘的基础上，考虑给水工程规划设计方案。在给水工程规划设计时，首先确定给水工程规划大纲，包含制定规划标准、规划控制目标、主要标准参数、方案论证要求等。通常要拟定几个可选方案，分别对各方案进行设计计算，绘制给水工程方案图，估算工程造价，对方案进行技术经济比较，从而选择出最佳方案。

4. 绘制城市给水工程系统图

按照最终选择的方案，绘制城市给水工程系统图，图中应包括给水水源和取水位置、水厂厂址和泵站位置，以及输水管（渠）和管网的布置等。规划总图比例采用 1∶5000～1∶10000。

5. 编制城市给水工程规划说明文本

规划说明文本是规划设计成果的重要内容，应包括规划项目的性质、城市概况、给水工程现况、规划建设规模、方案的组成及优缺点、方案优化方法及结果、工程造价、所需主要设备材料、节能减排评价与措施等。还应附有规划设计的基础资料、主管部门指导意见等。

1.4.4 城市给水工程规划内容简介

1. 城市用水量预测与计算

用水量计算一般依据用水量标准。城市用水有生活用水、生产用水、市政用水、消防用水。用水标准不仅与用水类别有关，还与地区差异有关。

城市用水量预测是指采用一定的理论和方法，有条件地预计城市将来某一阶段的可能用水量。用水量预测一般以过去的资料为依据，以今后用水趋向、经济条件、人口变化、资源情况、政策导向等为条件。各种预测方法是对各种影响用水量的条件做出合理的假定，从而通过一定的方法求出预期用水量。

城市用水量预测涉及未来发展的诸多因素，在规划期难以准确确定，所以预测结果常常欠准，一般采用多种方法相互校核。由于不同规划阶段条件不同，所以城市总体规划和详细规划的预测与计算是不同的。

2. 城市水源规划

城市水源规划是城市给水工程规划的一项重要内容,它影响到给水工程系统的布置、城市的总体布局、城市重大工程项目选址、城市的可持续发展战略等。城市水源规划作为城市给水工程规划的重要组成部分,不仅要与城市总体规划相适应,还要与流域或区域水资源保护规划、水污染控制规划、城市节水规划等相配合。

水源规划中,需要研究城市水资源量、城市水资源开发利用规模和可能性、水源保护措施等。水源选择的关键在于对所规划水资源的认知程度,应认真、深入地调查、勘探,结合有关自然条件、水质监测、水资源规划、水污染控制规划、城市近远期规划等分析、研究。通常情况下,要根据水资源的性质、分布和供水特征,从供水水源的角度,对地表水和地下水资源进行技术经济方面的比较,力求经济、合理、安全可靠。必须在全面分析各种水源、掌握其基本特征的基础上选择水源。

城市给水水源有狭义和广义之分。狭义的水源一般指清洁淡水,即传统意义的地表水和地下水,是城市给水水源的主要选择;广义的水源除清洁淡水外,还包括海水和低质水(微咸水、再生污水和雨水)等。在水资源日益短缺的情况下,对海水和低质水的开发利用,是解决城市用水问题的发展方向。

3. 取水工程规划

取水工程是给水工程系统的重要组成部分,通常包括给水水源选择和取水构筑物的规划设计等。在城市给水工程规划中,要根据水源条件确定取水构筑物的基本位置、取水量、取水构筑物的形式等。取水构筑物位置的选择,关系到整个给水系统的组成、布局、投资、运行管理、安全可靠性及使用寿命等。

(1) 地表水取水构筑物位置的选择。

地表水取水构筑物位置的选择应根据地表水源的水文、地质、地形、卫生、水力等条件综合考虑,进行技术经济比较。选择地表水取水构筑物位置时,应考虑以下基本要求。

① 设在水量充沛、水质较好的地点,宜位于城镇和工业区上游的清洁河段。取水构筑物应避开河流中的回流区和死水区,潮汐河道取水口应避免海水倒灌的影响;水库的取水口应在水库淤积范围以外,靠近大坝;湖泊取水口应选在近湖泊出口处。

② 具有稳定的河床和河岸,靠近主流。取水口不宜放在入海的河口地段和支流向主流的汇入口处。

③ 尽可能避开受泥沙、漂浮物、冰凌、冰絮、水草、支流和咸潮影响的河段。

④ 具有良好的地质、地形及施工条件。

⑤ 取水构筑物位置应尽可能靠近主要用水地区,以减少投资。

⑥ 应考虑天然障碍物和桥梁、码头、丁坝、拦河坝等人工障碍物引起河流条件变化的影响。

⑦ 应与河流的综合利用相适应。取水构筑物不应妨碍航运和排洪，并且符合灌溉、水力发电、航运、排洪、河湖整治等部门的要求。

（2）地下水取水构筑物位置的选择。

地下水取水构筑物的位置选择与水文地质条件、用水需求、规划期限、城市布局等都有关系。在选择时应考虑以下情况。

① 取水点与城市或工业区总体规划、水资源开发利用规划相适应。

② 取水点要求水量充沛、水质良好，应设于补给条件好、渗透性强、卫生环境良好的地段。

③ 取水点的布置与给水系统的总体布局相统一，力求降低取水、输水电耗以及取水井与输水管的造价。

④ 取水点有良好的水文、工程地质、卫生防护条件，以便于开发、施工和管理。

⑤ 取水点应设在城镇和工业企业处地下径流的上游。

合理的取水构筑物形式，对提高取水量、改善水质、保障供水安全、降低工程造价以及降低运营成本有直接影响。多年来，工程界根据不同的水源类型，总结出了各种取水构筑物形式，可供规划设计选用，同时施工技术的进步、城市基础设施建设投资的加大、先进的工程控制管理技术的运用，为取水工程的设计提供了更广阔的创新空间。

4. 城市给水处理设施规划

城市给水处理的目的是通过合理的处理方法去除水中杂质，使之符合生活饮用和工业生产使用所要求的水质。原水水质不同，其处理方法也不同。目前主要的处理方法有：常规处理（包括澄清、过滤和消毒）、特殊处理（包括除味、除铁、除锰、除氟、软化、淡化）、预处理和深度处理等。

5. 城市给水管网规划

城市给水管网规划包含输水管渠规划、配水管网布置及管网水力计算，现代城市给水管网规划还应包括给水系统优化调度方案等。

第 2 章

水源及取水构筑物

2.1 水源的种类及选择

2.1.1 水源的种类

1. 地表水源

（1）江河水。

我国江河水资源丰富，但各地条件不一，水源状况也各不相同。

一般江河洪枯流量及水位变化比较大，常发生河床冲刷、淤积和河床演变。平原河道河床常为土质，较易变形，呈顺直微曲、弯曲及游荡性河段等。如图 2.1 所示，各段各具特点，稳定性出入很大。顺直微曲河段：一般河岸不易被冲刷，河面较宽，易在岸边形成泥沙淤积的边滩，应注意边滩下移堵塞取水口的可能性。弯曲河段：应注意凹岸不断被冲刷，凸岸不断淤积，使河流弯曲度逐渐加大，甚至发展成为河套，并可能裁弯取直，以"弯曲—裁直—弯曲"作周期性演变。游荡性河段：河身宽浅，浅滩岔道密布，河床变化迅速，主流摇摆不定，对设置取水口极为不利，必要时应采取整治河道的措施。

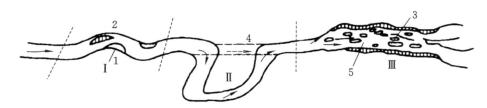

图 2.1 平原冲积河流河床示意图

注：Ⅰ—顺直微曲河段；Ⅱ—弯曲河段；Ⅲ—游荡性河段；

1—边滩；2—深槽；3—浅滩；4—裁弯；5—主流

江河水的主要来源是降雨形成的地面径流，因此常含有大量的泥沙等污染物，细菌含量较高；江河水流经水溶性矿物成分含量高的岩石地区，水中矿物成分含量会增高；江河水的主要补给源是降水，与地下水相比水质较软，由于长期暴露在空气中，水中溶解氧的含量较高，稀释和净化能力都较强。

（2）湖泊水和水库水。

一般情况下，湖泊水和水库水的主要来源是江河水，但也有些湖泊和水库的水来源于泉水。由于湖泊和水库中的水基本处于静止状态，沉淀作用使得水中悬浮物大大减少，浑浊度降低。又因湖泊和水库的自然条件利于藻类、水生植物和鱼虾的生长，水中有机物质含量升高,所以湖泊水和水库水多呈绿色或黄绿色,应注意水质对给水水源的影响。

在一般中小河流上,由于流量季节性变化大,尤其在我国北方,枯水季节往往水量不足,甚至断流,此时可根据水文、气象、地形、地质等条件修建年调节性或多年调节性水库作为给水水源。我国南方湖泊较多,可作为给水水源。其特点是水量充沛,水质较清,含悬浮物较少,但水中易繁殖藻类及浮游生物,底部积有淤泥。

（3）海水。

随着现代工业的迅速发展,整个世界范围内淡水水源严重不足。为满足大量工业用水需要,特别是冷却用水需要,许多国家包括我国在内,已经开始使用海水作为给水水源。

2. 地下水源

地下水的来源主要是雨水和地表水的渗入,渗入水量与降雨量、降雨强度、持续时间、地表径流、地层构造及其透水性有关。一般年降雨量的 30%～80% 渗入地下补给地下水。地下岩层的含水情况则与岩石的地质时代有关。

（1）上层滞水。

上层滞水是存在于包气带中局部隔离水层之上的、具有自由水面的地下水。如图 2.2 所示。由于分布范围有限,水量随季节变化,旱季甚至干枯,因此上层滞水只适宜作为少数居民或临时供水水源。

（2）潜水。

潜水的主要特征是有隔水底板而无隔水顶板,具有自由表面,是无压水,如图 2.3 所示。潜水是埋藏于第一隔水层上,具有自由表面的重力水。它的分布区和补给区往往一致,水位及水量变化较大。我国潜水分布较广,储量丰富,常用作给水水源。但由于其易被污染,须注意卫生防护。潜水多存在于第四纪沉积层的孔隙及裸露于地表的基岩裂缝和孔洞之中。

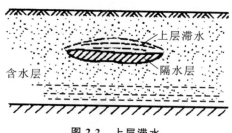

图 2.2　上层滞水

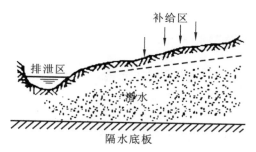

图 2.3　潜水

（3）承压水。

承压水是充满于两隔水层之间的地下水,如图2.4所示。由于有不透水层阻挡,不易受其上部地面人为污染的影响,水质情况稳定,细菌含量少,温度低且稳定,但一般含盐量比地表水和潜水高。承压水的补给区往往离承压区较远,补给区含水层直接露出地表,该区的环境保护对保证水质不受污染具有重要意义。

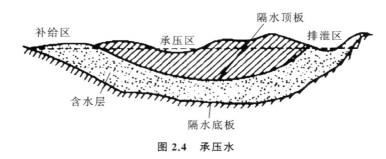

图 2.4　承压水

（4）裂隙水。

裂隙水是埋藏在基岩裂隙中的地下水。大部分基岩出露于山区,因此裂隙水主要分布在山区。

（5）岩溶水。

通常在石灰岩、泥灰岩、白云岩、石膏等可溶性岩石分布地区,由于水流作用形成溶洞、落水洞、地下暗河等岩溶现象,储存和运动于岩溶地层中的地下水称为"岩溶水"或"喀斯特水"。其为低矿化度的重碳酸盐水,涌水量在一年中变化较大。

（6）泉水。

泉水是指涌出地表的地下水,有包气带泉、潜水泉和自流泉等,其水温均不稳定。包气带泉涌水量变化很大,旱季甚至会干枯,水质和水温不稳定。潜水泉由潜水补给,受降水影响,季节性变化显著,其特点是水流通常渗出地表。山前倾斜平原的潜水溢出形成潜水泉。自流泉由承压水补给,其特点是向上涌出地表,动态稳定,涌出量变化甚小,是良好的供水水源。

2.1.2　水源的选择

给水水源应根据城市近远期总体规划、水体的水质情况、水文地质资料、用户对水量和水质的要求等方面的因素综合考虑,选择水质良好、水量充沛、环境便于保护的水体。在对水源的水质要求较高时,宜优先选用地下水。取水点应位于城市和工业区的上游,地表水根据自然流向判别上下游,地下水应根据地下渗流的主要流向判别上下游。

1. 给水水源应有足够水量

城市给水水源应有足够水量，以满足城市用水要求。水源水量除保证当前生活、生产需水量外，还应有满足远期发展所需的水量。地下水源的取水量应不大于其开采储量；天然河流（无坝取水）的取水量应不大于该河枯水期的可取水量。

2. 给水水源的水质应良好

根据《生活饮用水卫生标准》（GB 5749—2022），生活饮用水水源水质应符合以下要求。

（1）采用地表水为生活饮用水水源时，水源水质应符合《地表水环境质量标准》（GB 3838—2002）要求。

（2）采用地下水为生活饮用水水源时，水源水质应符合《地下水质量标准》（GB/T 14848—2017）中第 4 章的要求。

（3）水源水质不能满足"（1）"或"（2）"要求时，不宜作为生活饮用水水源。但限于条件需加以利用时，应采用相应的净水工艺进行处理，处理后的水质应满足规范要求。

此外，作为生活饮用水水质应符合下列要求，以保证用户饮用安全：生活饮用水中不应含有病原微生物；生活饮用水中的化学物质、放射性物质不应危害人体健康；生活饮用水的感官性质良好；生活饮用水应经消毒处理。其水质常规指标及限值、扩展指标及限值应符合《生活饮用水卫生标准》（GB 5749—2022）的规定。

3. 合理开采和利用水源

选择水源时，必须制定水资源开发利用规划，全面考虑、统筹安排、正确处理与给水工程有关部门（如农业、水力发电、航运、木材流送、水产、旅游及排水等）的关系，以求合理地综合利用和开发水资源。特别是对水资源比较贫乏的地区，综合开发利用水资源对地区的全面发展具有决定性意义。例如，利用经处理后的污水灌溉农田，在工业给水系统中采用循环给水系统和复用给水系统，提高水的重复利用率，减少水源取水量，以解决工业用水与农业灌溉用水的矛盾；我国沿海某些淡水缺乏地区应尽可能利用海水作为工业企业给水水源；对沿海地区地下水的开采以及可能产生的污染（与水质不良含水层发生水力关系）、地面沉降和塌陷、海水入侵等问题，应予以充分注意。

此外，随着我国经济建设事业的发展，水资源将进一步被开发利用，将有越来越多的河流实现径流调节，因此水库水源的综合利用也是水源选择中的重要课题。在一个地区或城市，地表水源和地下水源的开采和利用有时是相辅相成的。地下水源与地表水源相结合、集中与分散相结合的多水源供水及分质供水不仅能够发挥各类水源的优势，而且对于降低给水系统投资、提高给水系统工作可靠性有重大作用。人工回灌地下水是合理开采、利用和保护地下水资源的措施之一。为保持地下水开采量与补给量平衡，采取人工回灌措施，以地表水补充地下水，以丰水年补充缺水年，以用水少的冬季补充用水多的夏季。回灌水的水质以不污染地下水，不使井管发生腐蚀，不使地层发生堵塞为原则。"蓄淡避咸"是沿海城市合理利用潮汐河流的有效措施。当河水含盐量高时，取用水库水；当河水含盐量低时，直接取用河水。"蓄淡避咸"水库库容应根据取水量和连续不可取水天数（连续咸水期）决定。

4. 保证安全供水

为了保证安全供水，大、中城市应考虑多水源分区供水；小城市也应有远期备用水源。无多余水源时，结合远期发展，应对现有水源设2个以上取水口。

选择城市给水水源，特别是作为生活饮用水的水源时，应首先考虑地下水源。地下水源具有以下优点：①地下水源一般无须净化处理，消毒即可，故水厂的投资及经营费用较省；②便于靠近用户开发水源，从而降低给水系统（特别是输水管和管网）的投资，节省输水运行费用，同时提高给水系统的安全可靠性；③便于建立卫生防护区，易于采取人防措施；④取水条件和取水构筑物较为简单，便于施工和运行管理；⑤便于分期修建。但地下水也有缺点，如一般矿物盐类含量较高，硬度较大，有时含过量铁、锰、氟等，需进行处理，同时地下水水量不够稳定，地下水源勘测时间也较长。

采用地下水时，必须有计划开采，不能超过开采储量，以防地下水位不断下降、地面下沉或水质恶化等严重情况发生。根据开采和卫生条件，地下水源通常按泉水、承压水或层间水、潜水的顺序选择。对于工业企业生产用水水源，如取水量不大或不影响当地饮用水需要，也可采用地下水源，否则应取用地表水。

地表水源的选择，首先考虑采用天然江河水、水库水，其次考虑湖泊水，必要时考虑海水。由于地表水源含泥沙和细菌较多，水质浑浊，故通常需处理。

2.2　地下水取水构筑物

2.2.1　基本形式

地下水取水构筑物按其构造可分为管井、大口井、辐射井、渗渠等，其适用范围见表2.1。此外，还有用来取集泉水的引泉构筑物。

表 2.1　地下水取水构筑物适用范围

形式	尺寸	深度	水文地质条件			出水量
			地下水埋深	含水层厚度	水文地质特征	
管井	井径为 50～1000 mm,常见的井径为 150～600 mm	井深为 20～1000 m,常见的井深在 300 m 以内	在抽水设备能解决的情况下不受限制	厚度一般大于 5 m 或有多层含水层	适于任何砂卵石地层	单井出水量一般为 500～6000 m³/d,最大为 2000～300000 m³/d
大口井	井径为 2～12 m,常见的井径为 4～8 m	井深在 20m 以内,常见的井深为 6～15 m	埋藏较浅,一般在 12 m 以内	厚度一般为 5～20 m	补给条件良好、渗透性较好、渗透系数最好在 20 m/d 以上,适于任何砂砾石地区	单井出水量一般为 500～100000 m³/d,最大为 20000～300000 m³/d
辐射井	井径 2～12 m,常见的井径为 4～8 m	井深在 30 m 以内,常见的井深为 10～30 m	埋藏较浅,一般在 12 m 以内	厚度一般为 5～20 m。能有效地开采水量丰富,含水层较薄的地下水和河床下渗透水	补给条件良好,含水层最好为中粗砂或砾石层,并且不含砾石或漂石	单井出水量一般为 10000～30000 m³/d,最大为 100000 m³/d
渗渠	管径或短边长度不小于 0.6 m	埋深在 10 m 以内,常见的埋深为 4～7 m	埋藏较浅,一般在 2 m 以内	厚度较薄,一般为 1～6 m	补给条件良好、渗透性较好、适用于中粗砂,砾石或卵石层	一般为 15～30 m³/(d·m),最大为 50～100 m³/(d·m)

地下水取水构筑物形式,应根据含水层埋藏深度、含水层厚度、水文地质特征及施工条件等,通过技术经济比较后确定。

2.2.2 管井

1. 管井的形式和构造

管井的建设通常用专门的钻井机械——凿井机,开凿的方法有冲击钻进和回转钻进。冲击钻进所需设备简单、轻便,常用于开凿深度较小的管井。冲击钻进作业是不连续的,需反复钻进和清屑,因此效率较低、钻进速度慢。回转钻进所需设备较为复杂,但可连续作业,边钻进、边出屑,因而钻进速度较快,效率较高。钻井技术的不断发展,对提高钻井速度、扩大井径、增加井深、保证管井质量、降低造价都有很大的影响。

管井由井室、井壁管、过滤器、沉淀管组成。如图 2.5(a)所示,此种人工填砾单过滤器管井是我国应用最广泛的管井形式之一。只开采一个含水层时,可采取此种形式。当地层存在两个以上含水层,且各含水层水头相差不大时,可采用如图 2.5(b)所示的多过滤器管井,同时从各含水层取水。

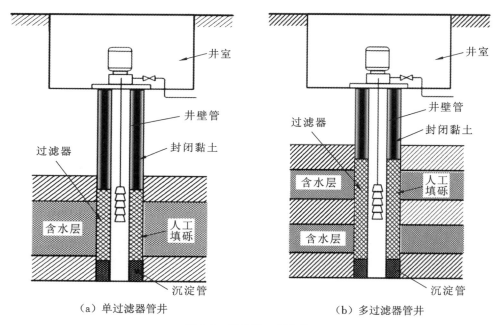

（a）单过滤器管井　　　　　　　（b）多过滤器管井

图 2.5　管井的一般构造

（1）井室。

井室通常是为保护井口免受污染、安放各种设备(如水泵机组或其他技术设备)及进行维护管理的场所。因此,对于有抽水设备的井室,应有采光、采暖、通风、防水、防潮设施,还要满足卫生防护要求。对于地下式井室,需用黏土填塞井室外壁和底部,以防地层被污染,井口部分的构造应严密,并高出井室地面 0.3～0.5 m,以防积水流入井内。

抽水设备是影响井室形式的主要因素。抽水设备类型很多,应根据井的出水量、井的静水位和动水位、井的构造(井深、井径)、给水系统布置方式、水质等因素确定。除抽水设备外,各种设备管理条件、气候条件、水文地质条件及水源地的卫生状况也在不同程度上影响井室的形式与构造。

对于静水位及动水位较高的自流井或用虹吸方式取水的管井,由于无须在井口设置抽水设备和经常维护,井室多设于地面以下,其构造与一般给水阀门相似。自流井井室如图 2.6 所示。

采用深井水泵的井室即一般的深井泵站,根据不同条件,可以设于地面、地下或半地下。

由于潜水泵生产技术的发展,取水工程已较多地采用深井潜水泵。深井潜水泵具有很多优点,如结构简单、使用方便、重量轻、扬程高、运转平稳、无噪声等。它还可简化井室构造。

对于采用卧式水泵的管井,其井室可以与泵房分建或合建。前一种情况的井室形式与自流井

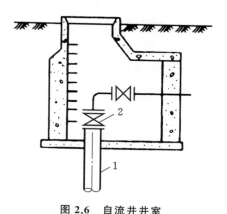

图 2.6 自流井井室

注:1—井管;2—套管上的阀门

井室相似;后一种情况的井室实际上是一般的泵房,其构造按一般泵房的要求确定。由于吸水高度限制,这种井室多设于地下。

(2) 井壁管。

设置井壁管的目的在于加固井壁,隔离水质不良或水头较低的含水层。井壁管应具有足够的强度,使其能够经受地层和人工填充物的侧压力,并且尽可能不弯曲,内壁平滑、圆整,以利于安装抽水设备和清洗、维修管井。井壁管可以是钢管、铸铁管、钢筋混凝土管、石棉水泥管、塑料管等。一般情况下,非金属管适用于井深不超过 150 m 的管井。

(3) 过滤器。

过滤器又称"滤水管",安装于含水层中,用以集水和保持人工填砾与含水层的稳定性。过滤器是管井的重要组成部分,它的形式和构造对管井的出水量和使用年限有很大影响,因此在工程实践中,过滤器形式的选择非常重要。对过滤器的基本要求是具有足够的强度、抗蚀性和良好的透水性。常用的过滤器有钢筋骨架过滤器、钢筋骨架缠丝过滤器、圆孔过滤器、条孔过滤器、包网过滤器、砾石水泥过滤器等。

（4）沉淀管。

井的下部与过滤器相接的部分是沉淀管，用以沉淀进入井内的细小砂粒和自水中析出的沉淀物，其长度一般为 2～10 m。

2. 井群

在规模较大的地下水取水工程中，经常需要建造由很多井组成的取水系统——井群。

根据从井中取水的方法和汇集井水的方式不同，井群系统可分自流井井群、虹吸式井群、卧式泵取水井群、深井泵取水井群。

（1）自流井井群。

当承压含水层中的地下水具有较高的水头，且井的动水位接近或高出地表时，可以用管道将水汇集至清水池、加压泵站或直接送入给水管网，这种井群系统为自流井井群。

（2）虹吸式井群。

虹吸式井群如图 2.7 所示。它是用虹吸管将各个管井中的水汇入集水井，然后用水泵将集水井的水送入清水池或给水管网。虹吸管开始工作时，需用真空泵排出管内的气体，接着启动水泵，集水井水位下降。在管井和集水井的水位差 Δh 作用下，各管井的水沿着虹吸管流入集水井。

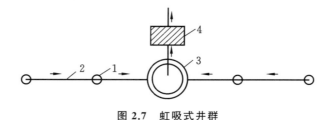

图 2.7 虹吸式井群

注：1—井管；2—虹吸管；3—集水井；4—泵站

由于虹吸式井群工作时虹吸管处于负压状态，故能自水中析出溶解气体，也能从管路不严密之处渗入空气。因此，为了保证虹吸系统不间断地工作和减少管路因气泡积聚而产生的水头损失，应及时排除管路中的气体，并在施工中保证管道接头和阀门等的严密性。

虹吸管路一般是以不小于 1‰ 的上升坡度由管井铺向集水井，沿管路不应有起伏，以保证气体能被水流带走。虹吸管内的流速一般采用 0.5～0.7 m/s。

（3）卧式泵取水井群。

当地下水位较高，井的动水位距地面不远时（一般为 6～8 m），可用卧式泵取水井群。当井距不大时，井群系统中的水泵可以不用集水井，直接用吸水管或总连接管与各井相连吸水,如图 2.8(a)所示。这种系统具有虹吸式井群的特点,但由于没有集水井进行调节,应用上有一定的局限性。当井距大或单井出水量较大时,应在每个井上安装卧式泵取水,如图 2.8(b)所示。这种系统在工作上较为安全可靠,但在管理上较为分散。

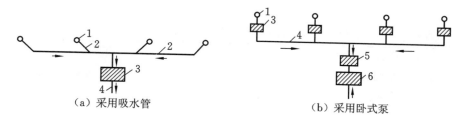

(a) 采用吸水管　　　　　(b) 采用卧式泵

图 2.8　卧式泵取水井群

注:1—管井;2—吸水管;3—泵站;4—压水管;5—集水井;6—二级泵站

(4) 深井泵取水井群。

当井的动水位低于 12 m 时,不能用虹吸管或卧式泵直接自井中取水,需用深井泵(包括深井潜水泵)。这种系统如图 2.9 所示。深井泵能抽取埋藏深度较大的地下水,因此管井取水系统广泛采用深井泵或深井潜水泵。

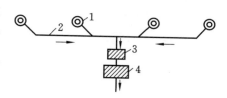

图 2.9　深井泵取水井群

注:1—设有深井泵的管井;2—压水管;
3—集水井;4—二级泵站

井群中井的间距小于影响半径的 2 倍时,会发生井的互阻。所谓互阻,即各井出水量小于每井单独抽水时出水量的现象。发生互阻时,应进行互阻计算,以确定发生互阻时井的出水量,经济合理地决定井距和井数。

3. 管井的设计步骤

一般情况下,管井设计大致可遵循下列步骤进行。

(1) 收集设计资料和现场查勘。设计资料是设计的基础和依据,充分、正确的资料是保证设计质量的先决条件。设计之前,还要进行现场查勘工作,其目的是了解和核对现有水文地质及地形资料;初步选择井位及泵站位置;有必要时提出进一步的水文地质勘察要求。

(2) 根据含水层的埋藏条件、厚度、岩性、水力状况及施工条件,初步确定管井的形式与构造。同时,根据地下水位、流向、补给条件和地形地物情况,选择取水设备形式和考虑井群布置方案。

(3) 按有关理论公式或抽水试验得到的经验公式确定井的出水量和对应的水位下降值,并在此基础上,结合技术要求、材料设备和施工条件,确定取水设备的容量。若为井群系统,应适当考虑井群互阻影响,必要时应进行井群互阻计算,确定管井数量、井距、井群布置方案。考虑管井数量时,必须设置一定数量的备用井,其数量应按 10%～20% 生产管井数量考虑。

(4)根据上述计算成果进行管井构造设计,包括井室、井壁管、过滤器、沉淀管、填砾等构造、尺寸及规格。最后,校核过滤器表面渗流速度,当其速度超过允许值时,应调整过滤器构造尺寸或井的出水量。

为保持过滤器周围含水层的渗透稳定性,过滤器表面进水速度必须小于或等于允许流速,见式(2.1)或式(2.2)。

$$v \leqslant v_\mathrm{f} \tag{2.1}$$

$$\frac{Q}{F} = \frac{Q}{\pi D l} \leqslant v_\mathrm{f} \tag{2.2}$$

式中:v 为进入滤水器表面的流速,m/d;v_f 为允许流速,m/s,可用阿勃拉莫夫经验公式计算,见式(2.3);Q 为管井出水量,m^3/d;F 为过滤器工作部分的表面积,m^2;D 为过滤器外径,m;l 为过滤器工作部分长度,m。

$$v_\mathrm{f} = 65 \sqrt[3]{K} \tag{2.3}$$

式中:K 为含水层渗透系数,m/d。

2.2.3 大口井

大口井与管井形式类似,但大口井井径较大(一般为 4～8 m),井深较浅(一般不超过

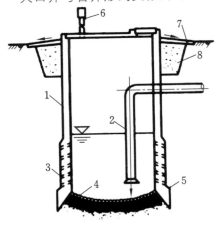

图 2.10 大口井的构造

注:1—井筒;2—吸水管;3—井壁进水孔;
4—井底反滤层;5—刃脚;6—通风管;
7—排水坡;8—黏土层

20 m)。井深贯穿整个含水层的大口井称为"完整井";井深未及不透水层的大口井称为"非完整井"。完整井仅从井壁进水,常因进孔堵塞而影响出水;非完整井可从侧壁和底部同时进水,进水范围大,出水效果好。因此,大口井多为非完整井。大口井主要由井筒、井口及进水部分等组成。大口井的构造如图 2.10 所示。

1. 井筒

井筒通常用钢筋混凝土或砖、石建造,应能承受四周的侧压力,同时满足施工的要求。井筒对不适宜的含水层应具有良好的阻隔作用。井筒的形状多为圆筒形。对于钢筋混凝土井筒,为便于施工,可一次筑成或多次筑成,其形状可以

是直筒形,也可以是下面大、上面小的阶梯筒形。

2. 井口

井筒地面上的部分为井口。井口应高出地面 0.5 m 以上,周围封闭良好,并有宽度不小于 1.5 m 的排水坡,以防止地面污水从井口或沿外壁侵入,使井水受到污染。井口上应设置井盖,以起防护作用。井盖上设有人孔、通风管,以便维护和通风良好。井口既可考虑与泵站合建,又可分建。

在低洼地区及河滩上的大口井,为防止洪水冲刷和淹没人孔,应设密封盖板。通风管应高于设计洪水位。

3. 进水部分

进水部分包括井壁进水的进水孔、透水井壁和井底进水的井底反滤层等。

(1) 井壁进水孔。

井壁进水孔交错布置在动水位以下的井筒部分。常用的井壁进水孔有水平孔和斜形孔两种形式。

① 水平孔。水平孔一般做成直径为 100～200 mm 的圆孔或 100 mm×150 mm～200 mm×250 mm 的矩形孔。为保持含水层的渗透稳定性,孔中装填一定级配的滤料层。为防止滤料层漏失,孔的两侧应放置格网。水平孔施工方便,采用较多。为降低滤料分层装填的难度,可应用盛装砾石滤料的铁丝笼装填进水孔。

② 斜形孔。斜形孔多做成圆形,孔径为 100～150 mm,外侧设有格网。斜形孔为一种采用重力滤料层的进水孔,滤料层稳定,且易于装填、更换、清洗,是一种很好的进水孔形式。

进水孔中的滤料一般有 1～3 层,总厚度应不小于 25 cm,与含水层相邻的滤料层粒径可按式(2.4)计算。

$$D = (7 \sim 8) d_i \tag{2.4}$$

式中:D 为与含水层相邻的滤料层粒径,mm;d_i 为含水层计算粒径,mm。当含水层为细砂或粉砂时,$d_i = d_{40}$;为中砂时,$d_i = d_{30}$;为粗砂时,$d_i = d_{20}$。d_{40}、d_{30}、d_{20} 分别表示含水层颗粒中粒径小于 d_{40}、d_{30}、d_{20} 的重量占总重量的 40%、30%、20%。

两相邻滤料层粒径比一般为 2～4。

当含水层为砂砾或卵石时,亦可采用孔径为 25～50 mm 不填滤料的圆形孔或圆锥孔(里大外小)。

(2) 透水井壁。

透水井壁由无砂混凝土制成。由于水文地质条件及井径等不同,透水井壁的构造有多种形式,如有以 50 cm×50 cm×20 cm 的无砂混凝土砌块砌筑的井壁,也有以无砂混凝土整体浇筑的井壁。若井壁高度较大,可在中间适当部位设置钢筋混凝土圈梁,以提高井筒的强度。

无砂混凝土大口井制作方便,结构简单,造价较低。

（3）井底反滤层。

除大颗粒岩石及裂隙岩含水层外,在一般砂质含水层中,为了防止含水层中的细小砂粒随水流进入井内,保持含水层渗透稳定性,应在井底铺设反滤层。反滤层一般为 3～4 层,宜做成锅底形,粒径自下而上逐渐变大,每层厚度为 200～300 mm。当含水层为细砂、粉砂时,应增至 4～5 层,总厚度为 0.7～1.2 m;当含水层为粗颗粒时,可设 2 层,总厚度为 0.4～0.6 m。由于刃脚处渗透压力较大,易涌砂,靠刃脚处可加厚20%～30%。

2.2.4　辐射井、渗渠及引泉构筑物

1. 辐射井

如图 2.11 所示为辐射井,它是在大口井内沿径向敷设若干水平渗水管,用以增大集

图 2.11　辐射井

水面积,从而增加井的出水量。辐射管管径一般为 100～250 mm,管长为 10～30 m。辐射井井深一般在 30 m 以内。国外有长 100 m 以上的辐射管和井深超过 60 m 的辐射井。辐射井单井出水量一般为 10000～30000 m³/d,高者可达 100000 m³/d。

2. 渗渠

渗渠用以取集浅层地下水、河床渗透水和潜流水。当间歇河谷河水在枯水期流量小,水浅甚至断流,而含水层为砾石或卵石且厚度小于 6 m 时,采用渗渠取水通常比较有效。渗渠有完整式和不完整式两种。渗渠位置应设在含水层较厚,且无不透水夹层地段;宜设在靠近河流主流的河床稳定、水流较急、冲刷力较大、水位变幅较小的直线或凹岸河段,以便获得充足水量和避免淤积。

渗渠由水平集水管、集水井、检查井和泵站等组成。集水管一般采用钢筋混凝土管,每节长 1～2 m;水量较小时可用铸铁管;亦可采用浆砌块石渠道或装配式混凝土渠道。

渗渠进水孔孔径一般为 20~30 mm,布置在 1/3 管径以上,呈梅花状排列,孔净距为 2~
2.5 倍孔眼直径。在集水管外设置人工滤层,其作用主要是防止含水层中的细小砂粒堵
塞进水孔或进入集水管内,产生淤积。人工滤层的厚度与级配是否合理将影响集水管的
出水效果和使用年限。人工滤层一般为 3~4 层,总厚度约 0.8 m,与大口井的反滤层要
求相同,但最内层滤料直径应略大于进水孔直径。渗渠的布置如图 2.12 所示。

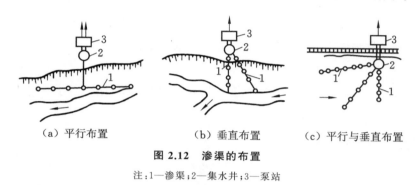

（a）平行布置　　　　　（b）垂直布置　　　　（c）平行与垂直布置

图 2.12　渗渠的布置

注:1—渗渠;2—集水井;3—泵站

3. 引泉构筑物

　　用来取集泉水的构筑物为引泉构筑物。因流泉从下向上涌出地面,故多用底部进水
方式收集。当泉水出口较多且分散时,可敷设水平集水管收集,其构造与渗渠相同。潜
水泉常出露于倾斜的山坡或河谷,向下流出地面,多采用侧壁进水的方式收集,如图 2.13
所示。

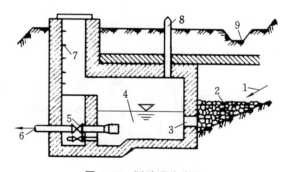

图 2.13　侧壁进水泉室

注:1—潜水泉;2—滤层;3—侧壁进水孔;4—沉淀室;5—闸门和溢流闸;

6—出水管;7—人孔;8—通气孔;9—排水沟

2.3 地表水取水构筑物

2.3.1 固定式取水构筑物

固定式取水构筑物由于供水比较安全可靠,维护管理方便,适应性较强,因此从河流、湖泊或水库取水均可广泛应用。但水下工程量大、施工期长及投资较大,特别是在水位变幅很大的河流上,投资较大。

固定式取水构筑物的基本形式,按其构造特点可分为岸边式、河床式、斗槽式和潜水式等。

1. 岸边式取水构筑物

直接从岸边进水口取水的构筑物为岸边式取水构筑物。它由进水间和泵房两部分组成。当河岸较陡、主流近岸、岸边水深足够、水质及地质条件较好、水位变幅不太大时,适宜采取这种形式。

(1)岸边式取水构筑物的基本形式。

按照进水间与泵房的合建和分建,岸边式取水构筑物可分为合建式和分建式两类。

① 合建式岸边取水构筑物。对于合建式岸边取水构筑物,进水间与泵房合建在一起,设在岸边,如图 2.14 所示。河水经过进水孔进入进水间的进水室,再经过格网进入吸水室,然后由水泵抽送到水厂或用户。在进水孔上设有格栅,用以拦截水中粗大的漂浮物。设在进水井中的格网,用以拦截水中细小的漂浮物。

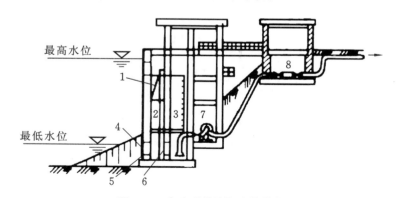

图 2.14 合建式岸边取水构筑物

注:1—进水间;2—进水室;3—吸水室;4—进水孔;5—格栅;6—格网;7—泵站;8—阀门井

② 分建式岸边取水构筑物。当岸边地质条件较差,进水间不宜与泵房合建时,或者

分建对结构和施工有利时,宜采用分建式岸边取水构筑物(见图 2.15)。分建式岸边取水构筑物结构较简单,施工较容易,但操作管理不太方便,吸水管路较长,增加了水头损失,运行安全性不如合建式岸边取水构筑物。

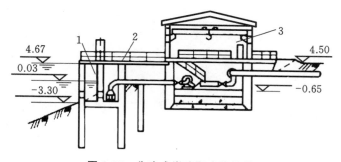

图 2.15　分建式岸边取水构筑物

注:1—进水间;2—引桥;3—泵房

（2）岸边式取水构筑物的构造。

① 进水间。

进水间一般由进水室和吸水室两部分组成。进水间可与泵房分建或合建。分建时,进水间的平面形状有圆形、矩形、椭圆形等。圆形进水间结构性能较好,水流阻力较小,便于沉井施工,但不便于布置设备。矩形进水间的优点则与圆形进水间相反。通常当进水间深度不大、用大开槽施工时可采用矩形进水间;当进水间深度较大时,宜采用圆形进水间。椭圆形进水间兼有两者优点,可用于大型取水工程。

当河流水位变幅在 6 m 以上时,一般设置两层进水孔,以便洪水期取表层含沙量少的水。上层进水孔的上缘应在洪水位以下 1.0 m,下层进水孔的下缘至少高出河底 0.5 m,其上缘至少在设计最低水位以下 0.3 m(有冰盖时,从冰盖下缘算起,不小于 0.2 m)。进水孔的高宽比,宜尽量配合格栅和闸门的标准尺寸。进水间上部是操作平台,设有格栅、格网、闸门等设备的起吊装置和冲洗系统。

为了工作可靠和便于清洗检修,进水间通常用横向隔墙分成几个能独立工作的分格。当分格数少时,设置连通管互相连通。分格数应根据安全供水要求、水泵台数及容量、清洗排泥周期、运行检修时间、格网类型等因素确定,一般不少于 2 格。大型取水工程最好 1 台泵设置 1 个分格、1 个格网。当河中漂浮物少时,也可不设格网。

进水室的平面尺寸应根据进水孔、格网和闸板的尺寸,以及安装、检修和清洗等要求确定。

吸水室用来安装水泵吸水管。吸水室的平面尺寸按水泵吸水管的直径、数量和布置要求确定。

分建式进水间可以做成非淹没式或半淹没式。非淹没式进水间的顶层操作平台在最高洪水位时仍露出水面,故操作管理方便,一般采用较多。半淹没式进水间则只在常水位或一定频率的高水位时才露出水面,超过相应水位时即被淹没。半淹没式进水间投资较省,但在淹没期内无法清洗格网,无法排除内部积泥,因此只宜用于高水位历时不长、泥沙及漂浮物不多的情况。非淹没式进水间的顶层操作平台标高,一般与取水泵房顶层进口平台标高相同。

② 进水间的附属设备。

岸边式取水构筑物进水间内的附属设备有格栅、格网、排泥设备、启闭设备和起吊设备等。

a. 格栅。格栅设在取水头部或进水间的进水孔上,用来拦截水中粗大的漂浮物及鱼类。格栅由金属框架和栅条组成,框架外形与进水孔形状相同。栅条断面有矩形、圆形等。栅条厚度或直径一般为 10 mm。栅条净距视河中漂浮物情况而定,通常为 30～120 mm。栅条可以直接固定在进水孔上,或者放在进水孔外侧的导槽中,可以拆卸,以便清洗和检修。

b. 格网。格网设在进水间内,用以拦截水中细小的漂浮物。格网分为平板格网和旋转格网两种。平板格网一般由槽钢或角钢框架及金属网构成。金属网一般设一层;面积较大时设两层,一层是工作网,起拦截水中漂浮物的作用,另一层是支撑网,用以增加工作网的强度。工作网的孔眼尺寸应根据水中漂浮物情况和水质要求确定。金属网宜用耐腐蚀材料,如铜丝、镀锌钢丝或不锈钢丝等。平板格网放置在槽钢或钢轨制成的导槽或导轨内。平板格网的优点是构造简单,所占位置较小,可以缩小进水间尺寸。在中小水量、漂浮物不多时采用较广。其缺点是冲洗麻烦;网眼不能太小,因而不能拦截较细小的漂浮物;每当提起格网冲洗时,一部分杂质会进入吸水室。旋转格网由绕在上下两个旋转轮上的连续网板组成,用电动机带动。网板由金属框架及金属网组成。网眼尺寸一般为 4 mm×4 mm～10 mm×10 mm,视水中漂浮物数量和大小而定,网丝直径为 0.8～1.0 mm。旋转格网构造较复杂,所占面积较大,但冲洗较方便,拦污效果较好,可以拦截细小的杂质,故宜用在水中漂浮物较多、取水量较大的取水构筑物中。

c. 排泥设备。含泥沙较多的河水进入进水间后,由于流速减小,常有大量泥沙沉积,需要及时排除,以免影响取水。常用的排泥设备有排沙泵、排污泵、射流泵、压缩空气提升器等。大型进水间多用排沙泵或排污泵排泥,也可采用压缩空气提升器排泥,排泥效果都较好。小型进水间或积泥不严重时,可用高压水带动的射流泵排泥。为了提高排泥效率,一般在井底设有穿孔冲洗管或冲洗喷嘴,利用高压水边冲洗、边排泥。

d. 启闭设备。在进水间的进水孔、格网和横向隔墙的连通孔上须设置闸阀、闸板等启闭设备,以便在进水间冲洗和设备检修时使用。这类闸阀或闸板尺寸较大,为了减小所占面积,常用平板闸门、滑阀及蝶阀等。

e. 起吊设备。起吊设备设在进水间上部的操作平台上,用以起吊格栅、格网、闸板和其他设备。常用的起吊设备有电动卷扬机、电动和手动单轨吊车等,其中以单轨吊车采用较多。当泵房较深、平板格网冲洗频繁时,采用电动卷扬机起吊,使用较方便、效果较好。大型取水泵房中进水间的设备较重时,可采用电动桥式吊车。

(3) 取水泵房的设计。

① 水泵选择。

水泵型号及台数不宜过多,否则将增大泵房面积,增加土建造价。但水泵台数过少,不利于调度,一般选用 3～4 台(包括备用泵)。当供水量变化较大时,可考虑大小水泵搭配,以利于调节。选泵时应以近期水量为主,适当考虑远期发展的可能,预留一定位置,届时可将小泵改为大泵,或另行增加水泵。

② 泵房布置。

泵房平面形状有圆形、矩形等。矩形泵房便于布置水泵、管路和起吊设备,圆形泵房则相反。但是圆形泵房受力条件较好,当泵房深度较大时,其土建造价比矩形泵房经济。此外,还有椭圆形泵房、半圆形泵房等。

在布置水泵机组、管路及附属设备时,既要满足操作、检修及发展要求,又要尽量减小泵房面积。特别是泵房较深时,减小泵房面积具有较大的经济意义。

减小泵房面积的措施有:a.卧式水泵机组呈顺倒转双行排列,进出水管直进直出布置;b.一台水泵的进出水管加套管穿越另一台水泵的基础;c.大中型泵房水泵压水管上的单向阀和转换阀布置在泵房外的阀门井内,既可减小泵房面积,又可避免由于水锤使管道破裂而淹没泵房的危险;d.尽量采用小尺寸管件,如将异径管、弯管两个配件做成异径弯管一个配件;e.充分利用空间,将真空泵、配电设备、检修平台等设在不同高度的平台上,以减小泵房面积。

③ 泵房地面层的设计标高。

岸边式取水构筑物的泵房地面层(又称"泵房顶层进口平台")的设计标高,应分别按下列情况确定:当泵房位于渠道边时,设计标高应为设计最高水位加 0.5 m;当泵房位于江河边时,设计标高应为设计最高水位加浪高再加 0.5 m;当泵房位于湖泊、水库或海边时,设计标高应为设计最高水位加浪高再加 0.5 m,并应设有防止波浪爬高的措施。

④ 泵房的起吊设备、通风、交通和自动控制。

a. 起吊设备。泵房内的起吊设备有一级起吊和二级起吊两种。中小型泵房和深度不大的大型泵房,一般采用一级起吊,起吊设备有卷扬机、单轨吊车、桥式吊车等。深度较大(大于 20 m)的大中型泵房,由于起吊高度大,设备重,一级起吊容易产生摆动,为了检修方便宜采用二级起吊,即在泵房顶层设置电动葫芦或电动卷扬机作为一级起吊设备,在泵房底层设置桥式吊车作为二级起吊设备。在布置一、二级起吊设备时,应注意两者的衔接和二级起吊设备的位置,以保证主机重件不产生偏吊现象。

b. 通风。在深基泵房中,因电动机散热使泵房温度升高,为了改善操作条件,须考虑设置通风设施。通风方式有自然通风和机械通风两种。深度不大的大型泵房,可采用自然通风。深度较大、气候炎热地区的泵房宜采用机械通风,一般多采用自然进风、机械排风,风管系统与电动机热风排出口直接密闭相接的机械排风装置,通风效果较好。大型泵房可采用机械进风、机械排风装置。

c. 交通。深度较大(一般大于 25 m)的大型泵房,上下交通除设置楼梯外,还应设置电梯。

d. 自动控制。取水泵房宜采用自动控制,以节省人力和提高取水的安全可靠性。

⑤ 取水泵房的防渗和抗浮。

要求取水泵房的井壁在水压作用下不产生渗漏。井壁防渗主要在于混凝土的密实性,必须注意混凝土的级配和施工质量。

取水泵房受到河水或地下水的浮力作用,因此在设计时必须考虑抗浮要求。抗浮措施有:a.依靠泵房自重抗浮;b.在泵房顶部或侧壁增加重物抗浮;c.将泵房底板扩大并嵌固于岩石地基内,以增大抗浮力;d.在泵房底部打入锚桩与基岩锚固来抗浮;e.利用泵房下部井壁和底板与岩石之间的黏结力抵消一部分浮力。采取何种抗浮措施应因地制宜地确定。

2. 河床式取水构筑物

从河心进水口取水的构筑物为河床式取水构筑物。当河岸较平坦,枯水期主流离岸较远、岸边水深不足或水质不好,而河心有足够水深或较好水质时,适宜采取这种取水形式。

河床式取水构筑物根据集水井及吸水井与泵房间的联系,又分为合建式与分建式,见图 2.16 和图 2.17。

(1) 河床式取水构筑物的取水形式。

① 取水头部取水。

取水头部取水可以采用自流管取水、虹吸管取水和水泵直接抽水三种方式。

a. 自流管取水。河水在重力作用下,从取水头部流入集水井,经格网后流入水泵吸水井。这种取水方法安全可靠,但土方开挖量较大。在河底易发生淤积、河水主流游荡不定的情况下,不宜用自流管取水。

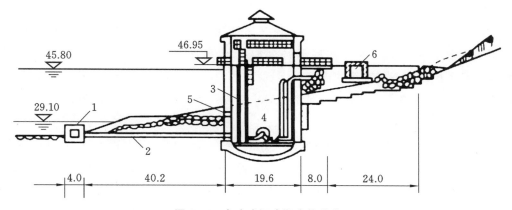

图 2.16　合建式河床取水构筑物

注：1—取水头部；2—自流管；3—集水井；4—泵站；5—高水位进水孔；6—阀门井

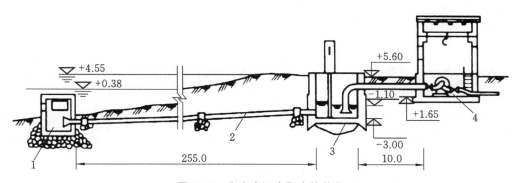

图 2.17　分建式河床取水构筑物

注：1—取水头部；2—自流管；3—集水井；4—泵站

b. 虹吸管取水。采用虹吸管取水时，河水从取水头部靠虹吸作用流入集水井。这种取水方法适用于河水水位变幅较大、河床为坚硬的岩石或不稳定的砂土、岸边设有防洪堤等情况。利用虹吸高度可以减小管道埋深、降低造价。但采用虹吸管取水需设真空取水装置，且要求管路有很好的密闭性。否则一旦渗漏，虹吸管不能正常工作，使供水可靠性受到影响。由于虹吸管管路相对较长、容积也大，真空引水泵启动时间较长。

c. 水泵直接抽水。此种取水方式不设集水井，水泵吸水管直接伸入河中取水。这种取水方式可以利用水泵吸水高度，既减小泵房深度，又省去集水井，故结构简单，施工方便，造价较低，在中小型取水工程中应用非常广泛。在不影响航运时，水泵吸水管可以架空敷设在桩架或支墩上，没有或很少有水下工程。但是由于没有集水井和格网，漂浮物易于堵塞取水头部和设备。这种形式只宜在河中漂浮物不多、吸水管不太长时采用。

② 取水头部与进水窗联合取水。

这种取水形式除设置取水头部外,还在岸边集水井上部开有进水窗。河水水位低时,用河心取水头部取水;当河水底部泥沙大、水位高且近岸时,采用进水窗取水。与其相似,还可考虑设置不同高度的自流管,以便在水位不同时,取得符合水质要求的水。分层取水自流管应注意避开主航道,以免妨碍航运或因水上运输造成自流管破坏。

③ 江心桥墩式取水。

这种取水方式的整个取水构筑物建在江心,在进水井壁上设有进水孔,从江心取水。这种取水构筑物建在江心,缩小了水流过水断面,容易造成附近河床冲刷,因此基础需埋设较深,施工较困难。此外,需要较长的引桥,造价甚高,对航运影响也较大。这种取水方式只适合在江河面积大、含沙量较高、取水量大、岸坡平缓、岸边无建泵房条件的个别情况下采用。

江心桥墩式取水构筑物按照取水泵房的结构形式和特点分类,有湿井式、淹没式、瓶式、框架式等多种形式。

(2)取水头部的形式和构造。

取水头部的形式较多,一般常用的有喇叭管、蘑菇形、鱼形罩、箱式、桥墩式、斜板和活动式等。

① 喇叭管取水头部。这种取水头部构造简单、施工方便,适合在中小取水量、无木排和流冰碰撞的情况下采用。喇叭管可以顺水流、水平、垂直向上、垂直向下布置,具体需根据河流特点而定。喇叭管进口处应设格栅。

② 蘑菇形取水头部。蘑菇形取水头部是一个向上的喇叭管,其上再加一个金属帽盖。河水由帽盖底部曲折流入,带入的泥沙及漂浮物较少,头部分几节装配,便于吊装和检修。但高度较大,要求枯水期有 1.0 m 以上水深。

③ 鱼形罩取水头部。鱼形罩取水头部为一个两端有圆锥头部的圆筒,在圆筒表面和背水圆锥表面开设有圆形进水孔。鱼形罩取水头部适用于水泵直接吸水的中小型泵站。

④ 箱式取水头部。箱式取水头部由周边开设进水孔的钢筋混凝土箱和设在箱内的喇叭管组成。由于进水孔总面积较大,故能减少冰凌和泥沙进入量。这种取水头部在冬季冰凌较多或含沙量不大时采用较多。

⑤ 桥墩式取水头部。桥墩式取水头部分为淹没桥墩式、半淹没桥墩式和非淹没桥墩式。这种取水头部稳定性较好,由于有局部冲刷,泥沙不易淤积,能保持一定的取水深度。桥墩式取水头部宜在取水量较大、河流流速较大或水深较浅时采用。

⑥ 斜板取水头部。斜板取水头部是在取水头部上安设斜板,河水经过斜板时,粗颗粒泥沙沉淀在斜板上,并滑落至河底,被河水冲走。它是一种新型取水头部,除沙效果较

好,适用于粗颗粒泥沙较多的山区河流。采用斜板取水头部要求河流有足够的水深,并有较大的流速,以便冲走沉落在河床上的泥沙。

⑦ 活动式取水头部。活动式取水头部由浮筒及活动进水管等部分组成。其借助浮筒的浮力,使进水管口随河流水位涨落而升降,始终取得上层含沙量较小的水。这种形式适宜在洪水期底部含沙量大,而枯水期水浅的山区河流中取水量较小时采用。活动式取水头部有摇臂式、软管式、伸缩罩式等。

(3) 取水头部的设计。

取水头部应满足以下要求:尽量减少吸入泥沙和漂浮物,防止取水头部周围河床冲刷,避免船只和木排碰撞,防止冰凌堵塞和冲击,便于施工,便于清洗、检修等。因此,在设计中应考虑以下问题。

① 取水头部的位置。

取水头部应设在河床稳定的深槽主流有足够的水深处。

为避免推移质进入,侧面进水孔的下缘应高出河底,一般不小于 0.5 m,顶部进水孔应高出河底 1.0~1.5 m。从湖泊、水库取水时,底层进水孔下缘距水体底部的高度,应根据泥沙淤积情况确定,但不得小于 1.0 m。

取水头部进水孔的上缘在设计最低水位以下的淹没深度,当顶部进水时不小于 0.5 m,当侧面进水时不小于 0.3 m,当有冰凌时从冰层下缘算起。虹吸管和吸水管进水时,淹没深度不小于 1.0 m(避免吸入空气)。从顶部进水时,应考虑当进水流速大时产生漩涡影响淹没深度。从湖泊、水库取水时,应考虑风浪对淹没深度的影响。在通航河道中,取水头部的最小淹没深度应根据航行船只吃水深度的要求确定,并取得航运部门同意,必要时应设置航标。

进水孔一般布置在取水头部的侧面和下游面。漂浮物较少和无冰凌时,也可布置在顶面。

② 取水头部的外形与水流冲刷。

为了减小取水头部对水流的阻力,避免引起河床冲刷,取水头部应具有合理的外形,迎水面一端做成流线形,并使头部长轴与水流方向一致。在各种取水头部外形中,流线形对水流阻力最小,但不便于施工和布置设备,实际应用较少;菱形、长圆形的水流阻力较小,常用于箱式和桥墩式取水头部;圆形水流阻力虽较大,但能较好地适应水流方向的变化,且施工较方便。

③ 进水孔流速和面积。

进水孔的流速要选择恰当。流速过大,易带入泥沙、杂草和冰凌;流速过小,又会增大进水孔和取水头部的尺寸,增加造价和增大水流阻力。

河床式取水构筑物进水孔的过栅流速,应根据水中漂浮物数量、有无冰絮、取水点的流速、取水量大小、是否便于检查和清理格栅等因素确定。进水孔流速一般在有冰絮时为 0.1～0.3 m/s,在无冰絮时为 0.2～0.6 m/s。

取水头部的进水孔与格栅面积可参照岸边式取水构筑物。

(4)进水管。

进水管有自流管、进水暗渠、虹吸管等。自流管一般采用钢管、铸铁管和钢筋混凝土管。虹吸管要求严密不漏气,宜采用钢管,但埋在地下的亦可采用铸铁管。进水暗渠一般用钢筋混凝土,也有利用岩石开凿衬砌而成的。

为了提高进水的安全可靠性和便于清洗检修,进水管一般应不少于 2 条。当 1 条进水管停止工作时,其余进水管通过的流量应满足用水要求。

进水管的管径应按正常供水时的设计水量和流速确定。管中流速不低于泥沙颗粒的不淤流速,以免泥沙沉积;但也不宜过大,以免水头损失过大,增加集水井和泵房的深度。进水管的设计流速不小于 0.6 m/s。水量较大、含沙量较大、进水管短时,流速可适当增大。一条管线冲洗或检修时,管中流速允许达到 1.5～2.0 m/s。

自流管一般埋设在河床下 0.5～1.0 m,以减少其对江河水流的影响和免受冲击。自流管如需敷设在河床上,需用块石或支墩固定。视具体条件确定自流管的坡度和坡向,可以坡向河心、坡向集水井或水平敷设。

虹吸管的虹吸高度一般不大于 6 m,虹吸管末端至少应伸入集水井最低动水位以下 1.0 m,以免进入空气。虹吸管应朝集水井方向上升,其最小坡度为 0.003～0.005。每条虹吸管宜设置单独的真空管路,以免互相影响。

进水管内如能经常保持一定的流速,一般不会产生淤积。但在投产初期尚达不到设计水量,管内流速过小时,可能产生淤积;有时自流管长期停用,由于异重流的因素,管道内上层清水与河中浑水不断地发生交替,也可能造成管内淤积;有时漂浮物可能堵塞取水头部。在这些情况下应考虑冲洗措施。

进水管的冲洗方法有顺冲洗、反冲洗两种。顺冲洗是关闭一部分进水管,使全部水量通过待冲的一根进水管,以加大流速的方法实现冲洗;或者在河流高水位时,先关闭进水管上的阀门,从该集水井抽水至最低水位,然后迅速开启进水管阀门,利用河流与集水井的水位差冲洗进水管。顺冲洗的方法比较简单,不需要另设冲洗管道,但附在管壁上的泥沙难以冲掉,冲洗效果较差。反冲洗是当河流水位低时,先关闭进水管末端阀门,将该集水井充水至高水位,然后迅速开启阀门,利用集水井与河流的水位差反冲进水管;或者将泵房内的水泵压水管与进水管连接,利用水泵压力水或高位水池来水进行反冲洗。这种方法冲洗效果较好,但管路较复杂。虹吸进水管还可在河流低水位时,利用破坏真空的办法进行反冲洗。

3. 斗槽式取水构筑物

斗槽式取水构筑物即在河流岸边用堤坝围成或在岸内开挖形成进水斗槽。水流进入斗槽后,流速减小,便于泥沙沉淀和水内冰上浮,可减少泥沙和冰凌进入进水孔,适用于取水量大、河水含沙量高、漂浮物较多、冰絮较严重且有适合地形的情况。

按水流进入方向,斗槽式取水构筑物可分为顺流式、逆流式和双流式。顺流式斗槽水流方向与河流一致,但斗槽中水的流速小于河水流速,一部分动能转化为势能,在进口形成壅水和横向环流,进入斗槽的水流主要是河流表层水,适用于含泥沙多、冰凌不严重的河流。逆流式斗槽水流方向与河流相反,河水在斗槽进口受到抽吸,形成水位跌落,产生横向环流,进入斗槽的水流主要是河流底层的水,适用于冰凌严重而泥沙较少的河流。双流式斗槽适用于河流含沙量和冰凌含量呈季节性变化的情况。当洪水季节含沙量大时,打开上游端闸门,顺流进水。当冬季冰凌严重时,打开下游端闸门,逆流进水。

斗槽式取水构筑物应设在凹岸靠近主流的岸边处,以便利用水力冲洗沉积在斗槽内的泥沙。斗槽式取水构筑物施工量大,造价较高,排泥困难,并且要有良好的地质条件,采用较少。

4. 潜水式取水构筑物

当岸边地质条件较好,岸坡较陡,岸边水深足够,水质较好时,可采用潜水泵直接取水,将潜水泵和防水电动机放在岸边水下的护坡上直接吸水。这种取水方式简单,投资最少,但洪水时检修不便。

2.3.2　移动式取水构筑物

移动式取水构筑物有浮船和缆车两种。

1. 浮船

(1) 适用条件。

浮船适用于河流水位变幅较大(10 m 以上),水位变化速度不大于 2 m/h,枯水期有足够水深,流速平稳,河床稳定,岸边具有 20°～30°坡角,无冰凌,漂浮物少,不受浮筏、船只和漂木撞击的河流。

浮船取水具有投资少、施工期短、便于施工、调动灵活等特点。缺点是操作管理比较麻烦,供水安全性较差等。

(2) 浮船布置。

浮船有木船、钢板船及钢丝网水泥船等,一般做成趸船形式,平面为矩形,断面为梯形或矩形,浮船布置需保证船体平衡与稳定,并需布置紧凑和便于操作管理。

（3）浮船与岸上输水管的连接。

浮船与输水管的连接应是活动的，以适应浮船上下左右摆动的变化，目前有阶梯式连接和摇臂式连接两种形式。

阶梯式连接又分为刚性联络管连接和柔性联络管连接两种方式。刚性联络管阶梯式连接如图 2.18 所示，它使用焊接钢管，两端各设一球形万向接头，最大允许转角为 22°，以适应浮船的摆动。由于受联络管长度和球形万向接头转角的限制，在水位涨落超过一定高度时，需移船和换接头。

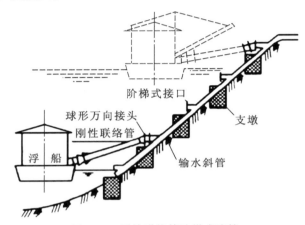

图 2.18　刚性联络管阶梯式连接

摇臂式连接（见图 2.19）在岸边设置支墩或框架，用以支承连接输水管与摇臂管的活动接头，浮船以该点为轴心随水位、风浪而上下左右移动。

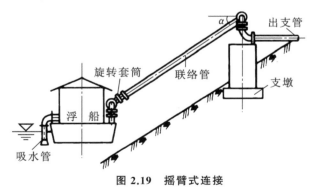

图 2.19　摇臂式连接

2. 缆车

缆车式取水构筑物由泵车、钢轨、输水斜管、卷扬机四个主要部分组成，如图 2.20 所示。当河流水位涨落时，泵车可由牵引设备带动，沿坡道上的轨道上升或下降。它具有投资省、水下工程量少、施工周期短等优点；但水位涨落时需移车或换接头，维护管理较麻烦,供水安全性不如固定式取水构筑物。泵车有平行和垂直两种布置形式。

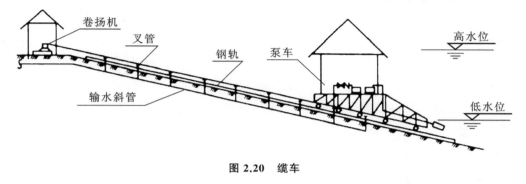

图 2.20　缆车

2.4　其他类型取水构筑物

2.4.1　湖泊、水库取水构筑物

1. 水库取水枢纽的组成

用于给水的水库取水枢纽通常由挡水建筑物(拦河坝)、泄水建筑物(泄水孔、溢流道)、取水建筑物等组成。其布置如图 2.21 所示。

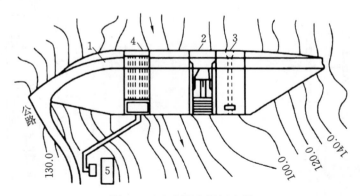

图 2.21　水库取水枢纽布置

注:1—混凝土重力坝;2—溢流道(溢流坝段);3—底部泄水孔;4—取水口;5—泵站

前面已介绍取水建筑物,下面简单介绍挡水建筑物和泄水建筑物。

(1)挡水建筑物(拦河坝)。

拦河坝是水库取水枢纽的主体工程,用来拦截水流、抬高水位。拦河坝按功能分为非溢流坝和溢流坝;按材料分为土坝、堆石坝、混凝土坝、钢筋混凝土坝;按结构特点分为重力坝、拱坝、肋墩坝(连拱坝、平板坝等)。坝型应根据当地的地质、地形、材料及施工条件等确定。

（2）泄水建筑物。

泄水建筑物用以宣泄水库中多余的水量。泄水建筑物有泄水孔和溢流道两种,它可以设在坝身上,也可以设在河岸上。坝身泄水孔多数设在土坝、堆石坝坝基上。河岸式泄水孔是在河岸的岩石山腰里开挖隧洞泄水。设在坝身上的溢流道就是溢流坝,通常用于混凝土坝。坝顶设闸门控制溢流,坝下游需设置消能设备(消力池等)。设在河岸的溢流道由引水渠、溢流道槛(闸门、闸墩等)、泄水渠(陡坡、多级跌水)三部分组成。

2. 湖泊、水库取水构筑物类型

（1）分层取水构筑物。

由于深水湖或水库的水质随水深及季节等因素变化,因此大多采用分层取水方式,以从水质最优的水层取水。分层取水构筑物常与坝、泄水口合建。

分层取水构筑物一般采用取水塔取水。取水塔可以与坝身合建或者与底部泄水口合建,如图 2.22 和图 2.23 所示。取水塔可做成矩形、圆形或半圆形。塔身上一般设置 3～4 层喇叭管进水口,每层进水口高差为 4～8 m,以便分层取水。最底层进水口应设在死水位以下约 0.2 m。

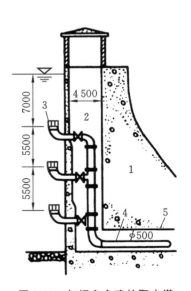

图 2.22 与坝身合建的取水塔

注:1—混凝土坝;2—取水塔;

3—喇叭管进水口;4—引水管;5—廊道

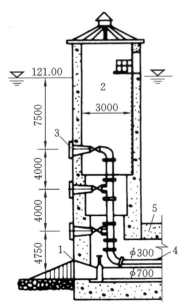

图 2.23 与底部泄水口合建的取水塔

注:1—底部泄水口;2—取水塔;

3—喇叭管进水口;4—引水管;5—廊道

进水口上设有格栅和控制闸门。进水竖管下面接引水管,将水引至泵房吸水井。引水管敷设于坝身廊道内或直接埋设在坝身内。泵房吸水井一般做成承压密闭式,以便充分利用水库的水头。

在取水量不大时,为节约投资,可不建取水塔,在混凝土坝身内直接埋设 3～4 层引水管取水(见图 2.24)。

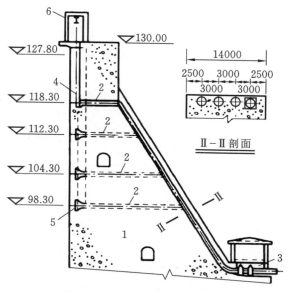

图 2.24　坝身内设置引水管取水

注:1—混凝土坝;2—直径 700 mm 引水管;3—闸阀室;4—格栅;5—平板钢闸门;6—启闭机架

(2) 自流管式取水构筑物。

在浅水湖泊和水库取水,一般采用自流管或虹吸管把水引入岸边深挖的吸水井内,然后用水泵的吸水管直接从吸水井内抽水(与河床式取水构筑物类似)。泵房与吸水井既可合建,也可分建。图 2.25 为自流管式取水构筑物。

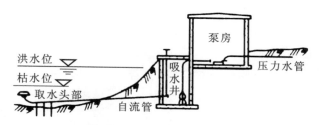

图 2.25　自流管式取水构筑物

（3）隧洞式取水构筑物。

隧洞式取水构筑物可采用水下岩塞爆破法施工。在选定的取水隧洞的下游一端，先行挖掘引水隧洞，在接近湖底或库底的地方预留一定厚度的岩石——岩塞，最后采用水下爆破的办法，一次性炸掉预留的岩塞，从而形成取水口。这一方法在国内外均有应用。图 2.26 为隧洞式取水构筑物岩塞爆破法示意图。

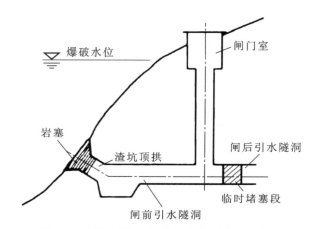

图 2.26　隧洞式取水构筑物岩塞爆破法示意图

以上为湖泊、水库常用的取水构筑物类型，具体选择时应根据水文、地形、地貌、气候、地质、施工等条件进行技术经济比较后确定。

2.4.2　海水取水构筑物

随着沿海地区工业的发展，用水量日益增加，沿海地区的工厂（如电厂、化工厂等）已逐渐广泛利用海水作为工业冷却用水。因此，需要了解取用海水的特点、取水的方式。

1. 海水取水的特点

（1）海水的含盐量及腐蚀性。

海水盐分含量较高，一般为 3.5%，如不经处理，一般只宜作为工业冷却用水。海水中的盐分主要是氯化钠，其次是氯化镁，还有少量的硫酸镁、硫酸钙等。因此，海水的腐蚀性甚强，硬度很高。

海水对碳钢的腐蚀率较高，对铸铁的腐蚀率则较低。因此，海水管道宜采用铸铁管和非金属管。

常用的防止海水腐蚀碳钢的措施有：水泵叶轮、阀门丝杆和密封圈等采用耐腐蚀材料(如青铜、镍铜、钛合金钢等)制作;海水管道内外壁涂防腐涂料,如酚醛清漆、富锌漆、环氧沥青漆等;采用阴极保护。

为防止海水对混凝土的腐蚀,宜用强度等级较高的抗硫酸盐水泥混凝土或在普通水泥混凝土表面涂防腐涂料。

(2)海生物的影响与防治。

海生物如海虹(紫贻贝)、牡蛎、海蛏、海藻等大量繁殖,造成取水头部、格网和管道阻塞,不易清除,对取水安全有很大威胁。特别是海虹极易大量黏附在管壁上,使管径缩小,降低输水能力。青岛、大连等地取用海水的管道内壁上,海虹每年堆积厚度可达 5~10 cm。

防治和清除海生物的方法有加氯法、加碱法、加热法、机械刮除、密封窒息、含毒涂料、电极保护等。其中,以加氯法采用最多,效果较好。水中余氯量保持在 0.5 mg/L 左右,可抑制海生物的繁殖。

(3)潮汐和波浪。

潮汐平均每隔 12 h 25 min 出现一次高潮,在高潮之后 6 h 12 min 出现一次低潮。我国沿海各地大潮高度不同,渤海一般为 2~3 m,长江口到台湾海峡一带在 3 m 以上,南海一带则为 2 m 左右。

海水的波浪是由风力引起的。风力大、历时长,则会形成巨浪,产生很大的冲击力和破坏力。取水构筑物宜设在避风的位置,并对潮汐和风浪造成的水位波动及冲击力有足够的考虑。

(4)泥沙淤积。

海滨地区,特别是淤泥质海滩,漂沙随潮汐运动而流动,可能造成取水口及引水管渠严重淤积。因此,取水口应避开漂沙的地方,最好设在岩石海岸、海湾或防波堤内。

2. 海水取水构筑物的形式

海水取水构筑物主要有引水管渠取水、岸边式取水、潮汐式取水三种形式。

(1)引水管渠取水。

当海滩比较平缓时,用自流管或引水渠引水。图 2.27 为自流管式海水取水构筑物,它为上海某热电厂和某化工厂提供生产冷却用水,日供水量为 125 万 t。自流管是 2 根直径为 3.5 m 的钢筋混凝土管,每根长 1600 m,每条引水管前端设有 6 个立管式进水口,进水口处装有塑料格栅进水头。

(2)岸边式取水。

在深水海岸,岸边地质条件较好,风浪较小,泥沙较少时,可以建造岸边式取水构筑物从海岸边取水,或者采用水泵吸水管直接伸入海岸边取水。

（3）潮汐式取水。

如图 2.28 所示，在海边围堤修建蓄水池，在靠海岸的池壁上设置若干潮门。涨潮时，海水推开潮门，进入蓄水池。退潮时，潮门自动关闭，泵房自蓄水池取水。这种取水方式节省投资和电耗，但清除池中沉淀的泥沙较麻烦。有时蓄水池可兼作循环冷却水池，在退潮时引入冷却水，可减小蓄水池的容积。

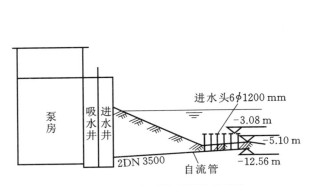

图 2.27　自流管式海水取水构筑物

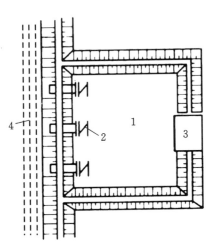

图 2.28　潮汐式取水构筑物

注：1—蓄水池；2—潮门；3—取水泵房；4—海湾

2.4.3　山溪浅水河流取水构筑物

山溪浅水河流两岸多为陡峭的山崖，河谷狭窄，径流多由降雨补给。洪水期与枯水期流量相差很大，山洪暴发时，水位骤增，水流湍急，泥沙含量高、颗粒粒径大，甚至产生泥石流。为确保构筑物安全，可靠地取到满足一定水量、水质要求的水，必须尽可能取得河流的流量、水位、水质、泥沙含量及组成等的准确数值，了解其变化规律，以便在此基础上正确地选择取水口的位置和取水构筑物的形式。一般山溪浅水河流取水构筑物形式有底栏栅式和低坝式。

1. 底栏栅式取水构筑物

底栏栅式取水构筑物如图 2.29 所示。底栏栅式取水是通过溢流坝抬高水位，水从底栏栅顶部流入引水渠道，再流经沉沙池后至取水泵房。取水构筑物中的泥沙，可在洪水期时开启相应闸门引水进行冲洗。底栏栅式取水构筑物适用于河床较窄，水深较浅，河底纵坡较大，山溪河流中大颗粒推移质特别多，且取水量占河水总量比重较大的情况。

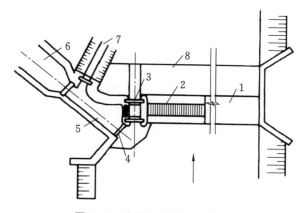

图 2.29　底栏栅式取水构筑物

注:1—溢流坝;2—底栏栅;3—冲沙室;4—进水闸;5—第二冲沙室;
6—沉沙池;7—排沙渠;8—护坦

2. 低坝式取水构筑物

低坝式取水构筑物如图 2.30 所示。枯水期和平水期时,溢流坝拦住河水或部分河水从坝顶溢流,保证有足够的水深,以利于取水口取水。冲沙闸靠近取水口一侧,开启度随流量变化而定,以保证河水在取水口处形成一定的流速以防淤积,洪水期时则形成溢流,保证排洪畅通。

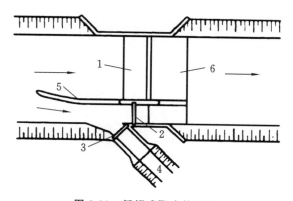

图 2.30　低坝式取水构筑物

注:1—溢流坝;2—冲沙闸;3—进水闸;4—引水明渠;5—导流堤;6—护坦

低坝式取水构筑物适用于枯水期流量特别小,水层浅薄,不通船,不放筏,且推移质不多的小型山溪河流。

第 3 章

市政给水管网设计

3.1 给水管材、给水管道附件及附属构筑物

3.1.1 给水管材

1. 给水管材要求

给水管材有以下要求。

(1) 具有足够的强度,以承受各种内外荷载。

(2) 具有良好的水密性,以防漏水。如果管道经常漏水,不仅会造成经济损失,还会引起事故。

(3) 内壁光滑,以减小水流阻力。

(4) 具有一定的耐腐蚀能力,以防受到水或土壤的侵蚀。

(5) 价格低、使用寿命长。

2. 给水管材类型

给水工程常用的管材可分为金属管和非金属管两类。其中,金属管包括铸铁管和钢管等;非金属管包括钢筋混凝土管和塑料管等。

(1) 铸铁管。

按材质的不同,铸铁管可分为灰铸铁管和球墨铸铁管。

灰铸铁管是一种连续铸造的灰口铸铁管,具有较强的耐腐蚀性,以前使用最广。但是由于连续铸造工艺的缺陷,灰铸铁管脆性较大、抗冲击和抗震能力差、重量大,经常发生接口漏水和爆裂事故。

球墨铸铁管具有耐腐蚀性好、强度高、重量小、使用寿命长等优点。它很少出现爆裂、渗水和漏水现象,这使得管道漏损率降低、维修费用减少。另外,球墨铸铁管常采用推入式楔形胶圈柔性接口,有时也用法兰接口,其施工简便、接口水密性好、抗震能力较好、有适应地基变形的能力。球墨铸铁管由于具有上述诸多优点,已逐步取代灰铸铁管。

(2) 钢管。

按生产方法的不同,钢管可分为焊接钢管和无缝钢管。焊接钢管的强度一般低于无缝钢管。钢管具有重量轻、强度高、接口方便等优点,但耐腐蚀性差,管壁内外都需要有防腐措施。在给水系统中,钢管通常只在管径大和水压高处,以及受地质、地形条件限制或穿越铁路、河谷和地震地区时使用。

（3）钢筋混凝土管。

钢筋混凝土管可分为预应力钢筋混凝土管和自应力钢筋混凝土管。

预应力钢筋混凝土管有普通预应力钢筋混凝土管和预应力钢筒混凝土管两种。预应力钢筒混凝土管（prestressed concrete cylinder pipe，PCCP）是在普通预应力钢筋混凝土管内放入钢筒。它具有造价低、抗震性好、内壁光滑、水力性能好、爆管率低等优点，但其重量大，不便于运输和安装。

自应力钢筋混凝土管由自应力水泥和一定数量的钢筋制成。自应力水泥由高铝水泥、石膏、高强度等级水泥配制而成，它在一定条件下产生晶体转变，水泥自身体积膨胀，同时带着钢筋一起膨胀，张拉钢筋使其产生自应力。由于自应力钢筋混凝土管后期容易产生二次膨胀，使管材疏松，因此很少用于重要管道，常用于农村及中、小城镇等水压较低的次要输水管线上。

（4）塑料管。

塑料管一般以合成树脂为原料，加入稳定剂、润滑剂等，以注塑的方法在制管机内经挤压加工而成。它具有重量轻、耐腐蚀性好、内壁光滑、不易结垢、外形美观、易于加工、施工方便等优点，但其强度较低、热膨胀系数较大。塑料管用于长距离管道时，需设置伸缩节和活络接口等。

塑料管有多种类型，如聚乙烯（polyethylene，PE）管、硬聚氯乙烯（unplasticized polyvinyl chloride，UPVC）管、聚丙烯（polypropylene，PP）管、聚丁烯（polybutylene，PB）管等。

① 聚乙烯管。聚乙烯管按密度的不同可分为低密度聚乙烯（low density polyethylene，LDPE）管、中密度聚乙烯（medium density polyethylene，MDPE）管、高密度聚乙烯（high density polyethylene，HDPE）管。其中，高密度聚乙烯管因具有强度高、寿命长、无毒、韧性好等优点得到广泛应用。

② 硬聚氯乙烯管。硬聚氯乙烯管是一种新型管材，其工作压力宜低于 2.0 MPa，常用管径为 25 mm 和 50 mm，一般不大于 400 mm。硬聚氯乙烯管的优点是力学性能和阻燃性能好、价格低；缺点是质地较脆、强度不如钢管。

③ 聚丙烯管。聚丙烯管采用高密度聚丙烯材料，具有强度和韧性较高、不易断裂、耐高压、耐水压、耐腐蚀等优点。

④ 聚丁烯管。聚丁烯是一种高分子惰性聚合物，它具有很高的耐温性、持久性、化学稳定性和可塑性，无味、无臭、无毒，是世界上最尖端的化学材料之一，有"塑料黄金"的美誉。聚丁烯管是由聚丁烯、树脂、适量助剂，经挤出成型的热塑性管材。

3.1.2 给水管道附件

为了保证给水管道正常工作,还需要设置一些调节流量和压力、进行分段和分区等的附件,如阀门、止回阀、排气阀、泄水阀及消火栓等。

1. 阀门

阀门是用来调节管道内流量和压力的重要设备。阀门一般安装在较长管线、管线分支或穿越障碍物处。在给水系统中,主要使用的阀门有闸阀和蝶阀。

(1)闸阀。

闸阀是一个启闭闸板,闸板的运动方向与流体运动方向垂直。闸阀只能进行全开和全关操作,不能用来调节流量,因为若闸阀处于半开位置,会因水流冲击而遭到破坏,还会产生振动和噪声。

闸阀的优点是流体阻力小、启闭所需外力较小、介质的流向不受限制等;缺点是外形尺寸和开启高度较大、安装所需空间较大、杂质落入阀座后闸阀不能关严、闸阀关闭过程中易受到破坏等。对于大口径的闸阀,人工启闭费时费力,一般采用电动启闭。

(2)蝶阀。

蝶阀通过阀瓣旋转来控制或截断水流,从而达到启闭或调节流量的目的。蝶阀的外形尺寸小于闸阀,其结构简单、重量轻、开启方便,旋转90°即可全开或全关,但是阀瓣占据一定的过水断面,且易挂纤维或其他杂物。由于密封结构和材料的限制,蝶阀只用在中、低压输水管线上。

2. 止回阀

止回阀又称"单向阀""背压阀"或"逆止阀",是控制管道中的水流只朝一个方向流动的阀门。止回阀一般安装在水泵出水管、用户接入管和水塔进水管处,以防因突然停电或发生其他事故而出现水流倒流现象。止回阀无须人力或其他动作操作,而是依靠管内水流的流动来打开或关闭。

根据结构形式的不同,止回阀可分为升降式止回阀和旋启式止回阀。升降式止回阀密封性较好,但水流阻力较大,适用于口径较小的管道;旋启式止回阀水流阻力较小,但密封性较差,适用于口径较大的管道。

3. 排气阀

排气阀是用来排除管内气体的设施,一般安装在管道隆起处。管道投产或检修后通水时,管内空气从此阀排出,以免空气积存在管中,导致管道过水断面面积减小、水头损失增加。

排气阀必须安装在水平管道上,可单独放在阀门井内,也可与其他管道附件合用一个阀门井。另外,排气阀需要定期检修、维护,以保证排气顺畅,在寒冷地区还应采取适当的保温措施。

4. 泄水阀

泄水阀是在管道检测时用来排空管道的设施。它一般安装在管道最低点,并与排水管连接,其管径由所需放空时间决定。

5. 消火栓

消火栓是设置在给水管网上的固定式消防设施。它主要用于向消防车供水,或直接与水带、水枪连接进行灭火。消火栓可分为地上式和地下式两种。

地上式消火栓一般设置在易于消防车接近的道路旁,其上部露出地面,标志明显,使用方便。但是地上式消火栓易冻结、易损坏,适用于气温较高的地区。地上式消火栓应有一个直径为 150 mm 或 100 mm 和两个直径为 65 mm 的栓口。

地下式消火栓一般安装在阀门井内,隐蔽性强、不易受破坏、防冻,适用于寒冷地区。但是地下式消火栓目标不明显,不易寻找、操作和维修,且容易受到建筑物或车辆的占压,需在消火栓旁设置明显标志。地下式消火栓应有直径为 100 mm 和 65 mm 的栓口各一个。

3.1.3　给水管道附属构筑物

1. 阀门井

为了便于对闸阀、蝶阀等附件进行开关操作或检修作业,通常将其设置在一个类似小房间的坑(或井)中,这个坑(或井)就是阀门井。阀门井还便于对管道进行定期检查、清洁和疏通,防止管道堵塞。阀门井一般用砖砌,也可用石或钢筋混凝土砌。

为了降低造价,阀门井内的附件应布置紧凑。阀门井的平面尺寸取决于管道直径和附件的种类、数量,但应满足阀门操作或附件拆装时所需最小尺寸的要求。阀门井的深度由管道埋设深度确定,但井底到管道承口或法兰盘底的距离至少为 0.1 m,法兰盘到井口的距离宜大于 0.15 m,承口外缘到井壁的距离应在 0.3 m 以上,以便于接口施工。

2. 支墩

为防止管内水压引起管道配件的接头移位而造成漏水,需在管道适当部位砌筑墩座,这个墩座就是支墩。

3. 管道穿越障碍物时的附属构筑物

给水管道穿越铁路、公路和河谷等障碍物时，应设置一些必要的附属构筑物，如套管、倒虹管、水管桥等。

（1）给水管道穿越铁路时，其穿越地点、方式和施工方法应遵循铁路行业技术规范。管道穿越临时铁路、一般公路或非主要路线且水管埋设较深时，可不设置套管，但应尽量将其放在两股道之间；穿越重要铁路或公路时，管道应设置套管。另外，管道穿越铁路时，两端应设阀门井，井内应设阀门或排水管等。

（2）给水管道穿越河谷时，可通过现有桥梁架设水管，或在河底敷设倒虹管，或建造水管桥架设水管，且应根据河道特点、通航情况、河岸地形情况、施工条件等选用。

① 若现有桥梁可以利用，则通常将管道架设在桥梁的人行道下。这种方式最为经济，且施工和检修比较方便。

② 若无桥梁可以利用，则可考虑在河底敷设倒虹管。倒虹管隐蔽，不影响航运，但施工和检修不便。倒虹管一般用钢管，并需采取防腐措施。

③ 若无桥梁可以利用或大口径管道架设于桥下比较困难，则可考虑建造水管桥，管道架空穿越河道。水管桥应有适当高度，以免影响航运。架空管道一般采用钢管或铸铁管。钢管过河时，可作为承重结构，称为"拱管"。拱管施工简便，且可节省架设水管桥所需的支撑材料。

3.2 给水管网的规划设计

3.2.1 给水管网的布置

1. 给水管网的布置原则

给水管网的布置原则如下。

（1）应按照城市总体规划，并结合当地实际情况布置给水管网，并进行多种方案的比较。布置给水管网时，应充分考虑分期建设的可能，并留有充分的发展余地。

（2）必须保证供水安全可靠。若局部给水管网发生事故，应将断水范围减到最小。

（3）应均匀分布在整个给水区域内，保证用户有足够的水量和水压、较好的水质等。

（4）力求以最短的距离敷设管线，并尽量减少穿越障碍物，以降低给水管网造价。

（5）应便于给水管道的施工、运行和维护。

（6）尽量减少拆迁，少占农田或不占农田。

2. 给水管网的布置形式

给水管网的布置形式主要分为枝状管网和环状管网两种。

（1）枝状管网。

枝状管网又称"树状管网"，其布置简单、管线短、投资少，但可靠性差，若有一段管线损坏，该管段之后的所有管线可能会断水。另外，在枝状管网末端，水体流动缓慢甚至停滞不动，且在管道中停留时间太长，还会引起水质恶化。枝状管网一般适用于小型城市或小型工业企业。其示意图如图 3.1 所示。

（2）环状管网。

在环状管网中，管线连接成环状，其布置复杂、管线长、投资多，但可靠性好，若任意一段管线损坏，则可关闭附近的阀门，将该段管线隔离、维修，其他管线可以继续为用户供水。环状管网一般适用于大中型城市、大型工业区或供水要求较高的工业企业。其示意图如图 3.2 所示。

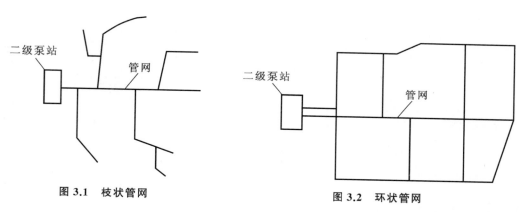

图 3.1　枝状管网　　　　　　　　　　图 3.2　环状管网

一般情况下，城市建设初期可采用枝状管网，再逐步发展成环状管网。实际上，现有的城市给水管网的布置形式多数是枝状管网和环状管网相结合的形式，即城市的中心区域采用环状管网，而郊区采用枝状管网。

3. 给水管网定线

在确定给水管网的布置形式后，需进行给水管网定线。给水管网定线即在城市用水区域的平面图上确定管线的走向和位置，主要涉及输水管定线和配水管网定线。

（1）输水管定线。

当水源、水厂和给水区的位置相近时，输水管定线较为简单。但是随着用水需求量快速增长，水污染日趋严重，常常需要从几十千米甚至几百千米以外的水源地取得水量充沛、水质良好的水，此时输水管定线较为复杂。

输水管定线要点如下。

① 选择最佳的地形和地质条件,尽量沿现有道路定线,以便施工和检修。

② 减少与铁路、公路和河流的交叉,避免穿越滑坡、沼泽和河水冲刷地区。

③ 遇到山嘴、山谷、山岳等障碍物或穿越河流时,应考虑是绕过、开凿还是使用倒虹管、水管桥等。

(2) 配水管网定线。

配水管网的管道包括干管、连接管、分配管、接户管。干管用于将水输送给各用水区域,沿线供水;连接管用于连接各干管,当局部管线损坏时,可以通过它重新分配流量,从而缩小断水范围,较可靠地保证供水;分配管用于将干管或连接管输送来的水配给接户管;接户管用于将分配管输送来的水配给用户。

配水管网定线时,一般只限于干管和连接管,不包括分配管和接户管。配水管网定线取决于城市平面布置、供水区的地形、用户(特别是大用户)的分布、铁路或桥梁的位置等。

配水管网定线要点如下。

① 干管延伸方向应与泵站到调节构筑物、大用户的水流方向基本一致。循水流方向,以最短的距离布置一条或数条干管。干管应从用水量较大的街区通过,其间距可根据街区情况采用 500~800 m。在干管与干管之间设置连接管,其间距可根据街区的大小采用 800~1000 m。

② 干管一般按城市规划道路定线,但尽量避免在重要道路下通过,以减小日后检修时的困难。管线在道路下的位置和埋深应符合城市设计要求;管线与建筑物、铁路等的距离应参照有关规定。

3.2.2 设计用水量

在进行给水管网定线后,必须确定给水系统的用水量,这是因为给水系统中的取水构筑物、水处理构筑物、输水管和配水管网、泵站等设施的规模均需要参照用水量来确定。

1. 用水量的概念及其组成

(1) 用水量的概念。

用水量是指给水系统在设计年限内所使用的最大水量。给水系统的设计年限应符合城市总体规划,遵循以近期为主、远期规划、近远期结合的原则。一般近期设计年限宜为 5~10 年,远期设计年限宜为 10~20 年。

(2) 用水量的组成。

给水管网设计用水量通常由下列 5 项组成。

①　综合生活用水量。综合生活用水量是居民生活用水量和公共设施用水量的总称。

②　工业企业用水量。工业企业用水量是工业企业生产用水量和职工生活及淋浴用水量的总称。前者是指工业企业在生产过程中用于冷却、制造、加工、净化和洗涤方面的用水量；后者是指工业企业职工在从事生产活动时所用的生活及淋浴用水量。

③　浇洒道路与绿化用水量。浇洒道路用水量是指对道路、广场进行保养、清洗、降温和消尘等所需的用水量；绿化用水量是指市政绿化所需的用水量。

④　管网漏损水量及未预见用水量。管网漏损水量是指给水管网中未经使用而漏掉的水量，如管道接口不严、管道腐蚀穿孔、水管爆裂、闸阀不严等所造成的漏水量。未预见用水量是指对难以预见的因素（如城市规划变动、人口流动）而预留的水量。

⑤　消防用水量。消防用水量是指发生火灾时灭火所需的用水量。

2. 用水定额

用水定额是指不同用水对象在设计年限内所使用的最大水量。它是确定给水管网设计用水量的主要依据。

用水定额一般由国家相关部门或行业，根据全国调查数据进行统计分析后综合确定。合理选定用水定额是一项十分复杂且细致的工作。这是因为用水定额的选定涉及面广、政策性强，选定时必须以国家的现行政策、法规为依据，全面考虑其影响因素，进行实地考察，并结合现有资料和类似地区的经验。

（1）综合生活用水定额。

综合生活用水定额应根据国民经济和社会发展、水资源充沛程度、用水习惯等，在现有用水定额的基础上，结合城市总体规划，本着节约用水的原则，综合分析确定。

进行给水管网设计时，若缺乏实际资料，居民生活用水定额和综合生活用水定额则可参照《室外给水设计标准》（GB 50013—2018）的规定，如表 3.1～表 3.4 所示。

表 3.1　最高日居民生活用水定额　　　　　　　　　　　［单位：L/（人·d）］

城市类型	区域		
	一区	二区	三区
超大城市	180～320	110～190	—
特大城市	160～300	100～180	—
Ⅰ型大城市	140～280	90～170	—
Ⅱ型大城市	130～260	80～160	80～150

续表

城市类型	区域		
	一区	二区	三区
中等城市	120～240	70～150	70～140
Ⅰ型小城市	110～220	60～140	60～130
Ⅱ型小城市	100～200	50～130	50～120

表 3.2　平均日居民生活用水定额　　　　［单位：L/（人·d）］

城市类型	区域		
	一区	二区	三区
超大城市	140～280	100～150	—
特大城市	130～250	90～140	—
Ⅰ型大城市	120～220	80～130	—
Ⅱ型大城市	110～200	70～120	70～100
中等城市	100～180	60～110	60～100
Ⅰ型小城市	90～170	50～100	50～90
Ⅱ型小城市	80～160	40～90	40～80

表 3.3　最高日综合生活用水定额　　　　［单位：L/（人·d）］

城市类型	区域		
	一区	二区	三区
超大城市	250～480	200～300	—
特大城市	240～450	170～280	—
Ⅰ型大城市	230～420	160～270	—
Ⅱ型大城市	220～400	150～260	150～250
中等城市	200～380	130～240	130～230
Ⅰ型小城市	190～350	120～230	120～220
Ⅱ型小城市	180～320	110～220	110～210

表 3.4　平均日综合生活用水定额　　　　　[单位:L/(人·d)]

城市类型	区域		
	一区	二区	三区
超大城市	210～400	150～230	—
特大城市	180～360	130～210	—
Ⅰ型大城市	150～330	110～190	—
Ⅱ型大城市	140～300	90～170	90～160
中等城市	130～280	80～160	80～150
Ⅰ型小城市	120～260	70～150	70～140
Ⅱ型小城市	110～240	60～140	60～130

注:① 超大城市是指城区常住人口 1000 万及以上的城市,特大城市是指城区常住人口 500 万以上 1000 万以下的城市,Ⅰ型大城市是指城区常住人口 300 万以上 500 万以下的城市,Ⅱ型大城市是指城区常住人口 100 万以上 300 万以下的城市,中等城市是指城区常住人口 50 万以上 100 万以下的城市,Ⅰ型小城市是指城区常住人口 20 万以上 50 万以下的城市,Ⅱ型小城市是指城区常住人口 20 万以下的城市。以上包括本数,以下不包括本数。

② 一区包括:湖北、湖南、江西、浙江、福建、广东、广西、海南、上海、江苏、安徽。二区包括:重庆、四川、贵州、云南、黑龙江、吉林、辽宁、北京、天津、河北、山西、河南、山东、宁夏、陕西、内蒙古河套以东和甘肃黄河以东的地区。三区包括:新疆、青海、西藏、内蒙古河套以西和甘肃黄河以西的地区。

③ 经济开发区和特区城市,根据用水实际情况,用水定额可酌情增加。

④ 当采用海水或污水再生水等作为冲厕用水时,用水定额相应减少。

选定综合生活用水定额时,按照设计对象所在城市规模和分区,确定其幅度范围,然后综合考虑足以影响综合生活用水量的因素,确定具体数值。

(2) 工业企业用水定额。

工业企业生产用水定额的计算方法主要有以下三种。

① 按万元产值用水量计算。工业企业生产用水定额通常根据万元产值计算。万元产值用水量是指生产一万元产值的产品所需的用水量。不同类型的工业部门,其万元产值用水量不同。即使同一(或同类)工业部门,由于管理水平提高、工艺条件改善和产品结构变化,尤其是工业产值的增长,其用水单耗会逐年降低。提高工业企业用水重复利用率、重视节约用水等也可降低工业用水单耗。

② 按单位产品用水量计算。工业企业生产用水定额可按单位产品计算。

③ 按每台(组)设备单位时间用水量计算。工业企业生产用水定额可参照有关工业

用水定额确定,如一台锅炉每小时需水 10 m³。

《建筑给水排水设计标准》(GB 50015—2019)第 3.2.11 条规定,工业企业车间工人的生活用水定额应根据车间性质确定,宜采用 30~50 L/(人·班);工业企业建筑淋浴最高日用水定额,应根据现行国家标准《工业企业设计卫生标准》(GBZ 1—2010)中的车间卫生特征分级确定,可采用 40~60 L/(人·次)。

(3)消防用水定额。

消防用水只在火灾时使用,历时短暂。但是从数量上来说,消防用水在城市用水中占有一定的比例,尤其是在中小城市用水中所占比例较大。消防用水定额应按现行的《建筑设计防火规范(2018 年版)》(GB 50016—2014)和《消防给水及消火栓系统技术规范》(GB 50974—2014)执行。城市、居住区、工厂、仓库、民用建筑的消防用水定额,应按同时发生的火灾次数和一次灭火的用水量确定。

(4)其他用水定额。

浇洒道路与绿化用水定额应根据路面种类、绿化面积、气候、土壤及当地具体条件确定,可在下列范围内选用:浇洒道路用水定额可根据浇洒面积按 2.0~3.0 L/(m²·d)计算,绿化用水定额可根据浇洒面积按 1.0~3.0 L/(m²·d)计算。

配水管网的基本漏损水量宜按综合生活用水、工业企业用水、浇洒道路与绿化用水三部分水量之和的 10% 计算,当单位供水量管长值大或供水压力高时,可按《城镇供水管网漏损控制及评定标准》(CJJ 92—2016)适当增加。

未预见用水定额应根据预测水量时难以预见因素的程度确定,宜按综合生活用水、工业企业用水、浇洒道路与绿化用水、管网漏损四部分水量之和的 8%~12% 计算。

3. 用水量变化

用水定额只是一个长期统计的平均值。用水量时刻都在发生变化。例如,综合生活用水量会因生活习惯、气候和生活条件的变化而变化;工业企业生产用水量也会因产品类型、工艺技术的不同而不同。在设计给水管网时,除了要确定用水定额,还必须了解用水对象逐日逐时用水量的变化情况,以便合理地确定用水量,满足用水对象在各种用水情况下对供水的要求,避免用水浪费。

可以用两个用水量变化系数来反映用水量变化幅度,即日变化系数和时变化系数。

(1)日变化系数。

一年内,每天用水量的变化可以用日变化系数表示。日变化系数是指最高日用水量与平均日用水量的比值,常用 K_d 表示。

① 最高日用水量是指设计年限内,用水量最多的一年中用水量最大的一日的用水量。该值一般作为给水取水与水处理工程规划和设计的依据。

② 平均日用水量是指设计年限内,用水量最多的一年中的日平均用水量。该值一般作为水资源规划和确定城市污水量的依据。

(2) 时变化系数。

一日内,每小时用水量的变化可以用时变化系数表示,设计时一般采用最高日用水量的时变化系数。时变化系数是指最高日最高时用水量与最高日平均时用水量的比值,常用 K_h 表示。

① 最高日最高时用水量是指用水量最高日中用水量最大的一小时的用水量。该值一般作为给水管网规划和设计的依据。

② 最高日平均时用水量是指用水量最高日中平均每小时的用水量。该值一般用于计算取水构筑物和一级泵站的用水量。

日变化系数和时变化系数应根据城市规模、国民经济和社会发展、给水管网布置,结合现状分析确定。在缺乏实际用水资料的情况下,城市综合用水的日变化系数宜采用1.1~1.5,时变化系数宜采用1.2~1.6。

(3) 用水量时变化曲线。

用水量变化系数只能表示一段时间内最高用水量和平均用水量的比值,要表示更详细的用水量变化情况,要用到用水量变化曲线。根据不同目的和要求,可以绘制用水量年变化曲线、月变化曲线、日变化曲线、时变化曲线等。在给水管网设计中,经常绘制用水量时变化曲线,这是因为给水管网需要时刻满足用户用水量需求,适应一天 24 h 的用水量变化情况。

图 3.3 为某大城市最高日用水量时变化曲线。图中每小时用水量按最高日用水量的百分数标示,设用水量时变化曲线所围成图形的面积为 1(即 100%),则最高日平均时用水量为 1/24≈4.17%。

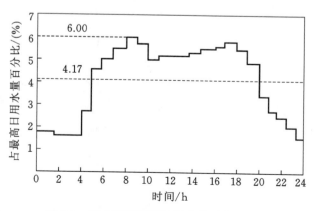

图 3.3 某大城市最高日用水量时变化曲线

由用水量时变化曲线可以看出,用水高峰集中在 8—10 时、16—18 时,最高日最高时(8—9 时)用水量为 6.00%,则时变化系数为 6.00%/4.17%≈1.44。

4. 用水量计算

用水量计算的方法有很多种,如分类估算法、单位面积法、人均综合指标法、年递增率法、线性回归法等,计算时应根据具体情况合理选择,必要时可通过多种算法比较后确定。由于利用分类估算法可以求得比较准确的用水量,且其主要用于给水管网用水量计算,因此下面主要以分类估算法为例介绍最高日用水量、最高日平均时用水量和最高日最高时水量的计算方法。

分类估算法是先按用水对象对用水进行分类,然后分析各类用水的特点,确定用水定额,根据用水定额计算用水量,最后累计计算总用水量。

(1)最高日用水量的计算。

根据分类估算法,最高日用水量包括综合生活用水量、工业企业用水量、浇洒道路与绿化用水量、管网漏损水量和未预见用水量,但不包括工业企业自备水源所供应的水量。

计算最高日用水量时,应先计算分项,再计算各分项的和。

① 综合生活用水量 Q_1。

综合生活用水量 Q_1 包括居民生活用水量 Q_1' 和公共设施用水量 Q_1''。计算公式分别为式(3.1)和式(3.2)。

$$Q_1' = \frac{q_1' N_1'}{1000} \tag{3.1}$$

式中:q_1' 为最高日居民生活用水定额,L/(人·d),如表 3.1 所示;N_1' 为城市规划人口数,人。

需注意的是:城市规划人口数往往并不等于实际用水人数,在计算时,常以实际用水人数来替代城市规划人口数,即按实际情况考虑用水普及率,得出实际用水人数。

$$Q_1'' = \frac{1}{1000} \sum q_{1i}'' N_{1i}'' \tag{3.2}$$

式中:q_{1i}'' 为某类公共设施最高日用水定额;N_{1i}'' 为对应用水定额的用水单位数量。

因此,综合生活用水量 Q_1 的计算公式为式(3.3),也可表示为式(3.4)。

$$Q_1 = Q_1' + Q_1'' \tag{3.3}$$

$$Q_1 = \frac{1}{1000} \sum q_{1i} N_{1i} \tag{3.4}$$

式中:q_{1i} 为各用水分区的最高日综合生活用水定额,L/(人·d),如表 3.3 所示;N_{1i} 为各用水分区的规划人口数,人。

② 工业企业用水量 Q_2。

工业企业用水量 Q_2 包括工业企业职工生活用水及淋浴用水量 Q_2' 和工业企业生产用水量 Q_2''。计算公式分别为式(3.5)和式(3.6)。

$$Q_2' = \sum \frac{q_{2i}N_{2i} + q_{2i}'N_{2i}'}{1000} \tag{3.5}$$

式中:q_{2i} 为各工业企业车间职工生活用水定额,L/(人·班);N_{2i} 为各工业企业车间职工生活用水总人数,人;q_{2i}' 为各工业企业车间职工淋浴用水定额,L/(人·班);N_{2i}' 为各工业企业车间职工淋浴用水总人数,人。

$$Q_2'' = \sum q_{3i}N_{3i}(1-n) \tag{3.6}$$

式中:q_{3i} 为各工业企业生产用水定额,m^3/万元、m^3/单位产品或 m^3/(单位生产设备·d);N_{3i} 为各工业企业生产量,万元/d、单位产品/d 或单位生产设备/d;n 为各工业企业用水重复利用率。

因此,工业企业用水量 Q_2 的计算公式为式(3.7)。

$$Q_2 = Q_2' + Q_2'' \tag{3.7}$$

③ 浇洒道路与绿化用水量 Q_3。

浇洒道路与绿化用水量 Q_3 计算公式为式(3.8)。

$$Q_3 = \sum \frac{q_4 N_4 f + q_4' N_4'}{1000} \tag{3.8}$$

式中:q_4 为浇洒道路用水定额,L/(m^2·次);N_4 为浇洒道路面积,m^2;f 为浇洒道路次数,次;q_4' 为绿化用水定额,L/(m^2·d);N_4' 为绿化用水面积,m^2。

④ 管网漏损水量 Q_4 和未预见用水量 Q_5。

管网漏损水量 Q_4 和未预见用水量 Q_5 计算公式分别为式(3.9)和式(3.10)。

$$Q_4 = 0.10(Q_1 + Q_2 + Q_3) \tag{3.9}$$

$$Q_5 = (0.08 \sim 0.12)(Q_1 + Q_2 + Q_3 + Q_4) \tag{3.10}$$

式中:符号意义同前。

⑤ 最高日用水量 Q_d。

最高日用水量 Q_d 是上述五部分水量之和,其计算公式为式(3.11)。

$$Q_d = Q_1 + Q_2 + Q_3 + Q_4 + Q_5 \tag{3.11}$$

式中:符号意义同前。

(2)最高日平均时用水量和最高日最高时用水量的计算。

最高日平均时用水量 $\overline{Q_h}$ 的计算公式为式(3.12),最高日最高时用水量 Q_h 的计算公式为式(3.13)或式(3.14)。

$$\overline{Q_h} = \frac{Q_d}{T} \qquad (3.12)$$

式中：T 为每天给水系统的工作时间，h，一般为 24 h；其余符号意义同前。

$$Q_h = K_h \overline{Q_h} = K_h \frac{Q_d}{24} \qquad (3.13)$$

$$Q_h = K_h \frac{Q_d}{T} = K_h \frac{Q_d \times 1000}{24 \times 60 \times 60} = K_h \frac{Q_d}{86.4} \qquad (3.14)$$

其中：式(3.13)中 Q_h 的单位是 m^3/h，式(3.14)中 Q_h 的单位是 L/s；K_h 为时变化系数；其余符号意义同前。

（3）消防用水量 Q_x。

消防用水量 Q_x 是偶然发生的，一般单独成项，不计入最高日用水量中，仅作为设计校核计算之用，其计算公式为式(3.15)。

$$Q_x = N_x q_x \qquad (3.15)$$

式中：N_x 为同时发生火灾的次数，次；q_x 为一次灭火用水量，L。

3.2.3 给水系统的工作状况

1. 给水系统最不利的工作状况

无论是生活用水还是生产用水，其用水量都是时刻变化的。因此，给水系统正常工作时，必须适应这种变化，并保证在各种最不利工作条件下，仍能安全、经济、合理地满足用户对供水的要求。

一般给水系统最不利的工作状况有以下几种。

（1）给水管网通过最高日最高时用水量时的状况。

（2）给水管网通过最高日最高时用水量时发生火灾的状况。此时给水管网既供应最高日最高时用水量 Q_h，又供应消防用水量 Q_x，其总用水量为 $Q_h + Q_x$。这种状况是用水量最大的一种工作状况。

（3）最不利管段发生故障时的状况。此时该管段停止输水，导致给水管网的供水能力受到影响。按照国家规范规定，在此种工作状况下，必须保证供给 70% 以上用水量。

给水系统是由功能互不相同又彼此密切联系的各组成部分连接而成的，它们必须共同满足用户对给水的要求。因此，除考虑上述最不利的工作状况外，还需从整体上对给水系统各组成部分的工作特点和它们在流量、压力方面的关系进行分析，以便正确地对给水系统进行设计计算。

2. 给水系统的流量关系

为了保证供水的可靠性,给水系统各组成部分都应以最高日用水量 Q_d 为基础设计计算,但由于各组成部分的工作特点各不相同,因此其设计流量也不同。

(1) 取水构筑物、一级泵站和水厂的设计流量。

最高日用水量 Q_d 确定后,取水构筑物和水厂的设计流量将随一级泵站的工作情况而定。若一天中一级泵站的工作时间越长,则取水构筑物和水厂每小时的设计流量将越小。

取水构筑物、一级泵站和水厂的设计流量 Q_1 按最高日平均时用水量加上水厂自身用水量确定,其计算公式为式(3.16)。

$$Q_1 = \frac{\alpha Q_d}{T} \tag{3.16}$$

式中:α 为水厂自身用水量系数(考虑如供沉淀池排泥、滤池冲洗等),其值取决于水处理工艺、构筑物类型及原水水质等因素,一般为 1.05~1.10;T 为一级泵站每天工作时间,h;其余符号意义同前。

若取用的地下水仅需在进入配水管网前作消毒处理,无须水厂处理,一级泵站一般先将地下水输送到地面水池,二级泵站再将地面水池中的水输入配水管网。因此,一级泵站的设计流量 Q_1 的计算公式为式(3.17)。此时水厂自身用水量系数 α 为 1。

$$Q_1 = \frac{Q_d}{T} \tag{3.17}$$

式中:符号意义同前。

(2) 二级泵站、输水管和配水管网的设计流量。

① 二级泵站的设计流量。

设计二级泵站时,应根据用户用水量变化选择多台大小不同的水泵搭配使用,以保证供水安全,使水泵高效经济地运转。二级泵站的设计流量与给水管网中是否设置调节构筑物(水塔或高地水池)有关。

当给水管网中无水塔(或高地水池)时,二级泵站的设计流量按最高日最高时用水量 Q_h 计算,即应满足最高日最高时用水量的要求,否则会出现供水不足的现象。

当给水管网中设水塔(或高地水池)时,二级泵站分级工作供水,其设计流量按最大一级供水量确定。

② 二级泵站到配水管网输水管的设计流量和配水管网的设计流量。

二级泵站到配水管网输水管的设计流量和配水管网的设计流量,均应按最高日最高时用水量,以及有无调节构筑物及其在给水管网中的位置确定。

当给水管网中无水塔(或高地水池)时,二级泵站到配水管网输水管的设计流量和配水管网的设计流量,均应按最高日最高时用水量 Q_h 计算。

当设网前水塔时,二级泵站到配水管网输水管的设计流量应按泵站最大一级供水量计算,配水管网的设计流量仍按最高日最高时用水量 Q_h 计算。

当设网中水塔或对置水塔时,二级泵站到配水管网输水管的设计流量按最高日最高时用水量 Q_h 减去水塔输入配水管网的流量确定,配水管网的设计流量仍按最高日最高时用水量 Q_h 计算。

3. 给水系统的水压关系

给水系统应保证一定的水压,以供给足够的生活或生产用水。给水系统在各种最不利的工作情况下仍能保证足够的水压,此时的水压称为"最小服务水头"。最小服务水头通常用高度表示,单位为 m。《室外给水设计标准》(GB 50013—2018)第 3.0.10 条规定:"给水管网水压按直接供水的建筑层数确定时,用户接管处的最小服务水头,一层应为 10 m,二层应为 12 m,二层以上每增加一层应增加 4 m。"例如,若建筑层数按七层考虑,则最小服务水头应为 32 m。

(1)水泵扬程的确定。

水泵扬程是指水泵向上扬水的高度。水泵扬程 H_p 由静扬程 H_0 和水头损失 $\sum h$ 两部分组成。前者即取水构筑物最低水位和最高水位的高度差,由抽水条件确定;后者包括水泵吸水管、泵站等的水头损失。因此,水泵扬程的计算公式为式(3.18)。

$$H_p = H_0 + \sum h \tag{3.18}$$

式中:符号意义同前。

① 一级泵站扬程。

一级泵站扬程 H_p(见图 3.4)的计算公式为式(3.19)。

$$H_p = H_0 + h_s + h_d \tag{3.19}$$

式中:h_s 为水泵吸水管、泵站等的水头损失,m;h_d 为压水管的水头损失,m;其余符号意义同前。

② 二级泵站扬程。

二级泵站是从清水池取水后直接将水送向用户,或将水先送入水塔,再送向用户。无论哪种给水管网,在何种最不利情况下工作,其所需水泵扬程均由静扬程和各种阻力引起的水头损失两部分组成。因此,二级泵站扬程 H_p(见图 3.5)的计算公式为式(3.20)。

$$H_p = H_{st} + \sum h_p + \sum h \tag{3.20}$$

式中:H_{st} 为二级泵站所需静扬程,m,等于控制点要求的水压标高 $Z_c + H_c$ 与取水构筑物

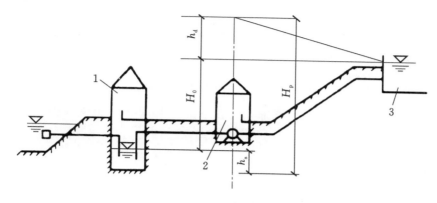

图 3.4　一级泵站扬程

注:1——取水构筑物;2——一级泵站;3——水处理构筑物;H_0、H_p、h_s、h_d 符号意义同前

最低水位标高 Z_0 之差,即 $H_{st} = (Z_c + H_c) - Z_0$,其中 Z_c 为控制点处的地面标高,H_c 为控制点要求的最小服务水头;$\sum h_p$ 为泵站内水头损失,m,等于吸水管水头损失 h_s 和压水管水头损失 h_d 之和,即 $\sum h_p = h_s + h_d$;$\sum h$ 为泵站到控制点的水头损失,m,等于输水管水头损失 h_c 与配水管网水头损失 h_n 之和,即 $\sum h = h_c + h_n$。

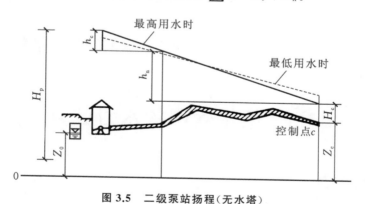

图 3.5　二级泵站扬程(无水塔)

注:符号意义同前

　　泵站总扬程是以满足控制点用户的自由水压要求为前提计算得出的。其中,控制点是指整个给水系统中水压最不容易满足的地点(又称"最不利点")。该点对给水系统起点(泵站或水塔)的供水压力要求最高,只要该点水压符合要求,则整个给水系统的水压均能得到保证。这一特征是判断某点是否为控制点的基本原则。因此,确定控制点非常重要,是分析水压的关键。一般情况下,控制点为地形最高的点、最小服务水头要求最高的点、距离供水地点最远的点。

（2）水塔高度的确定。

水塔高度是指水塔水柜底面或最低水位离地面的高度。水塔高度 H_t（见图3.6）的计算公式为式（3.21）。

$$H_t = H_c + \sum h - (Z_t - Z_c) \tag{3.21}$$

式中：H_c 为控制点要求的最小服务水头，m；$\sum h$ 为按最高日最高时用水量计算的从水塔到控制点之间的水头损失，m；Z_t 为水塔处的地面标高，m；Z_c 为控制点处的地面标高，m。

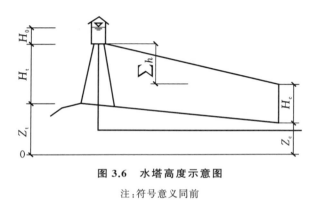

图 3.6　水塔高度示意图

注：符号意义同前

由式（3.21）可知，水塔处的地面标高 Z_t 越高，水塔高度 H_t 越低，这就是水塔尽量建在高地的原因。

3.3　给水管网的水力计算

3.3.1　管段流量计算

在给水管网水力计算的过程中，计算各管段流量的目的在于依此确定管径。要确定各管段的流量，必须先确定各管段的沿线流量和节点流量。

1. 沿线流量计算

在给水管网的干管和分配管上，承接了许多用户，沿线配水情况比较复杂，既有数量较少但用水量较大的工厂用水、学校用水、医院用水等集中流量，还有数量较多但用水量较小的居民用水、浇洒道路与绿化用水等沿线流量。集中流量通常用 $Q_1, Q_2, \cdots, Q_n$ 表示；沿线流量通常用 $q_1, q_2, \cdots, q_n$ 表示。

如图 3.7 所示为干管配水情况,干管用户较多,用水量经常发生变化,若按实际情况进行管网计算非常复杂,而且在实际工程中也没有必要。因此,为了计算方便,常采用比流量法,即扣除大用水户的流量,假定小用水户的流量均匀分布在全部干管上。

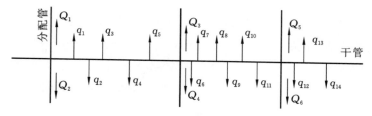

图 3.7　干管配水情况

比流量法包括长度比流量和面积比流量两种。

（1）长度比流量。

假定沿线流量均匀分布在全部干管上,则管线单位长度的配水流量为长度比流量,记作 q_s。其计算公式为式（3.22）。需注意:沿线流量实际上是对管网实际流量分配的一种近似,是为了方便计算而引入的一个计算参数。

$$q_s = \frac{Q - \sum Q_i}{\sum l} \tag{3.22}$$

式中:Q 为管网总用水量,L/s;$\sum Q_i$ 为大用水户的集中流量之和,L/s;$\sum l$ 为各管段计算长度之和,m。

其中,对于单侧配水的管段,管段计算长度等于实际长度的一半;对于双侧配水的管段,管段计算长度等于实际长度。由式（3.22）可知,管段计算总长度一定时,长度比流量随用水量的变化而变化。

由长度比流量 q_s 可计算出某管段沿线流量 q_1,其计算公式为式（3.23）。

$$q_1 = q_s l \tag{3.23}$$

式中:l 为该管段的长度,m;其余符号意义同前。

长度比流量的计算简单方便,但存在一定的缺陷,它忽视了沿线用户数及其用水量的差别,因此计算出来的配水流量可能与实际配水流量有一定差异。为了接近实际配水情况,可按面积比流量计算。

（2）面积比流量。

假定沿线流量均匀分布在整个供水面上,则管线单位面积的配水流量为面积比流量,记作 q_A。其计算公式为式（3.24）。

$$q_A = \frac{Q - \sum Q_i}{\sum A} \tag{3.24}$$

式中：$\sum A$ 为供水面积总和，$\mathrm{m^2}$；其余符号意义同前。

其中，供水面积可按对角线法和分角线法划分，如图 3.8 所示。管段 1—2 负担的面积为 $A_1 + A_2$；管段 3—4 负担的面积为 $A_3 + A_4$。对于对角线法，在街区长、短边上的管段，其单侧供水面均为三角形。对于分角线法，在街区长边上的管段，其单侧供水面为梯形；在街区短边上的管段（如节点 3 垂直向下的管段），其单侧供水面为三角形。

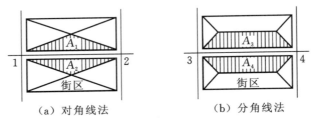

（a）对角线法　　　　　　（b）分角线法

图 3.8　供水面积的划分

由面积比流量 q_A 可计算出某管段沿线流量 q_1，其计算公式为式（3.25）。

$$q_1 = q_A A \tag{3.25}$$

式中：A 为该管段的面积，$\mathrm{m^2}$。

虽然面积比流量计算结果比较准确，但计算过程烦琐。当供水区域的干管分布比较均匀、干管距离大致相同时，可采用长度比流量进行计算。

2. 节点流量计算

管段流量一般由以下两部分组成：沿长度为 l 的管段配水的沿线流量 q_1 和通过该管段输送到后面管段的转输流量 q_t。

转输流量沿该管段不发生变化，而沿线流量由于沿线向用户配水，其数值逐渐减小，直到管段末端变为零，即最后只剩下转输流量。如图 3.9 所示，管段 1—2 的起端 1 的流量等于转输流量 q_t 加沿线流量 q_1，末端 2 只剩转输流量 q_t，因此每一管段从起端到末端的流量是变化的。对于流量变化的管段，难以确定管径和水头损失，因此为了使管段流量不再沿管线变化，可将沿线流量转化成节点流量，然后根据该流量确定管径。

节点流量是指由沿线流量折算得出的，并假设是在节点集中流出的流量。沿线流量转化为节点流量的原理是求出一个沿线不变的折算流量 q，使它产生的水头损失等于实际沿线变化的流量 q_x。如图 3.9 所示，水平虚线就表示沿线不变的折算流量 q，其计算公

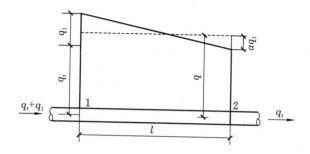

图 3.9　沿线流量折算成节点流量

注：α—折算系数；q—沿线不变的折算流量

式为式(3.26)。

$$q = q_t + \alpha q_1 \tag{3.26}$$

式中：α 为折算系数；其余符号意义同前。

给水管网任意一个节点的节点流量 q_i 的计算公式见式(3.27)。

$$q_i = \alpha \sum q_1 = 0.5 \sum q_1 \tag{3.27}$$

式中：通常假定 $\alpha = 0.5$；$\sum q_1$ 为流过该节点的所有管段沿线流量之和。

由式(3.27)可知任意节点 i 的节点流量等于与该节点相连各管段的沿线流量总和的一半。

在给水管网中，大用水户的集中流量可直接作为节点流量。这样，给水管网图上只有集中在节点的流量，包括由沿线流量折算的节点流量和大用水户的集中流量。大用水户的集中流量可以在给水管网图上单独注明，也可以和节点流量加起来在相应节点上标注总流量。给水管网计算中，节点流量一般在管网计算图的节点旁引出箭头注明，以便进一步计算。

3. 管段流量计算

求出节点流量后，可进行配水管网的流量分配，即求出管段流量。在管段流量计算过程中，可以假定流入节点的流量为正（＋），流出节点的流量为负（—）。流量分配应遵循节点流量平衡原则，即流入任意节点的流量等于流出对应节点的流量，其代数和为零，见式(3.28)。

$$q_i + \sum q_{ij} = 0 \tag{3.28}$$

式中：q_i 为节点 i 的节点流量，L/s；$\sum q_{ij}$ 为从节点 i 到节点 j 的管段流量，L/s。

节点流量平衡原则适用于枝状管网和环状管网的管段流量计算。

（1）枝状管网管段流量计算。

枝状管网的流量分配较简单，各管段流量易于确定，并且每一管段都有唯一的流量。枝状管网中，从配水水源（二级泵站、高地水池等）供水到各节点只有一个流向，若任意一管段发生事故，该管段以后的地区会断水，因此任意一管段的流量等于该管段以后（顺水流方向）所有节点流量的总和。例如，如图 3.10 所示的枝状管网的流量分配图，其部分管段的流量为：管段 4—5 的流量 $q_{4-5}=q_5$，管段 8—10 的流量 $q_{8-10}=q_{10}$，管段 3—4 的流量 $q_{3-4}=q_4+q_5+q_8+q_9+q_{10}$。

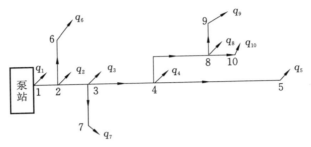

图 3.10 枝状管网的流量分配图

注：1，2，3，…，10—节点序号；$q_1,q_2,q_3,…,q_{10}$—不同节点流量

（2）环状管网管段流量计算。

环状管网的流量分配复杂，流向任意一节点的流量与流出该节点的流量通常不止一个，且每一管段的流量不能像枝状管网一样通过计算节点流量代数和的方法确定，各管段流量并不唯一。例如，如图 3.11 所示为环状管网的流量分配图，流入节点 1 的流量为 Q，流出节点 1 的流量为 q_1、q_{1-2}、q_{1-5} 和 q_{1-7}，故根据节点流量平衡原则可得，$-Q+q_1+q_{1-2}+q_{1-5}+q_{1-7}=0$ 或 $Q-q_1=q_{1-2}+q_{1-5}+q_{1-7}$。

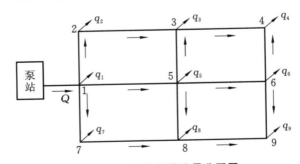

图 3.11 环状管网的流量分配图

注：1，2，3，…，9—节点序号；$q_1,q_2,q_3,…,q_9$—不同节点流量

对于节点 1 来说,当进入管网的总流量 Q 和节点流量 q_1 已知时,各管段的流量如 q_{1-2}、q_{1-5}、q_{1-7} 可以有不同的分配,即有不同的管段流量。为了确定各管段流量,需人为假定各管段的流量分配值(即流量预分配),以此确定经济管径。如果在管段 1—5 中分配很大的流量值 q_{1-5},管段 1—2、管段 1—7 分配很小的流量值 q_{1-2}、q_{1-7},使三者之和等于 $Q-q_1$,这样敷设管道虽然造价较低,但当管段 1—5 损坏时,另外两个管段将会负荷过重,以致不能满足供水安全可靠性的要求。因此,在环状管网流量分配时,不仅要考虑经济性,还要考虑可靠性。

环状管网可以有许多不同的流量分配方案,但都应保证能够供给用户所需的水量,并满足节点流量平衡原则。因为流量分配的不同,每一方案所得的管径也有差异,环状管网总造价也不相等,但一般不会有明显差别。环状管网流量分配的具体步骤如下。

① 在环状管网平面布置图上确定控制点的位置,并根据配水水源、控制点、大用水户及调节构筑物的位置确定管网的主要流向。

② 参照环状管网主要流向拟定各管段的水流方向,使水流沿最近路线输送给大用水户,以节约用电、减少环状管网的建设投资。

③ 根据环状管网中各管段的地位和功能来分配流量。尽量使平行的主要干管分配相近的流量,以免个别主要干管损坏时,其余管线负荷过重。干管与干管之间的连接管平时分配较少的流量,只有在干管损坏时才分配较多的流量。

④ 分配流量时应遵循节点流量平衡原则,即在每个节点上满足 $q_i + \sum q_{ij} = 0$。

由于实际中的环状管网的管线错综复杂,大用水户位置不同,必须结合具体情况进行环状管网的流量分配。环状管网流量分配后得出的就是各管段流量,由此流量即可确定管径,计算水头损失。

3.3.2　管径计算

根据管段流量可计算管径 D,其计算公式为式(3.29)。

$$D = \sqrt{\frac{4q}{\pi v}} \qquad (3.29)$$

式中:q 为管段流量,m^3/s;v 为管段流速,m/s。

由式(3.29)可知:管径不仅与管段流量有关,还与管段流速有关。为了防止给水管道出现水锤现象(由于某种外界因素,如阀门突然关闭,使水体流速突然发生变化,从而引起水击的现象),最大管段流速应不超过 2.5 m/s;为了避免给水管道内沉积杂质,最小管段流速不得小于 0.6 m/s。因此,应在上述流速范围内,根据当地经济条件,考虑给水管网造价和经营管理费,选定合适的管段流速。

此外,由式(3.29)可知:管段流量一定时,管径与管段流速的平方根成反比。若管段流速取得大,则管径相应减小,给水管网造价降低,但水头损失、水泵扬程和经营管理费均增大;若管段流速取得小,则管径相应增大,给水管网造价提高,但水头损失、水泵扬程和经营管理费均减小。因此,一般采用优化的方法求得管段流速或管径的最优解,在数学上表现为在投资偿还期 t 年内,用给水管网造价和经营管理费之和最小时的管段流速(即经济流速)来确定管径。

设一次投资的给水管网造价为 C,每年的经营管理费为 M,包括电费 M_1 及给水管网折旧和大修费 M_2,因 M_2 和管网造价有关,故 M_2 可按给水管网造价的百分数计算,可表示为 $\frac{p}{100}C$。那么,在投资偿还期 t 年内的总费用 $W_总$ 的计算公式为式(3.30)。

$$W_总 = C + tM = C + \left(M_1 + \frac{p}{100}C\right)t \qquad (3.30)$$

式中: p 为给水管网的折旧和大修费率。

如果将给水管网造价折算为年费用,则年折算费 W 的计算公式为式(3.31)。

$$W = \frac{C}{t} + M = \left(\frac{1}{t} + \frac{p}{100}\right)C + M_1 \qquad (3.31)$$

如图 3.12 所示,年折算费 W 曲线最低点对应的横坐标就是经济流速 v_0。

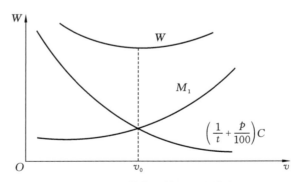

图 3.12　年折算费和管段流速的关系

注:符号意义同前

各城市的经济流速应按当地条件(如水管材料和价格、施工条件、电费等)确定,不能直接套用其他城市的数据。另外,给水管网中各管段的经济流速也不一样,管径须由该管段在给水管网中的位置、所占比例等决定。因为计算复杂,有时可直接使用管径界限流量确定管径,如表 3.5 所示。

表 3.5　管径界限流量

管径/mm	界限流量/(L/s)	管径/mm	界限流量/(L/s)
100	<9	450	130～168
150	9～15	500	168～237
200	15～28.5	600	237～355
250	28.5～45	700	355～490
300	45～68	800	490～685
350	68～96	900	685～822
400	96～130	1000	822～1120

由于实际中的给水管网比较复杂,加上各种情况不断变化,如管段流量不断增加,给水管网逐步扩大,管材价格、电费等也随时发生变化,要从理论上计算给水管网造价和经营管理费是相当复杂且有一定难度的。因此,在条件不具备时,也可采用由各地统计资料计算出的平均经济流速来确定管径,如表 3.6 所示。

表 3.6　平均经济流速

管径 D/mm	平均经济流速/(m/s)
100～400	0.6～0.9
≥400	0.9～1.4

3.3.3　水头损失计算

在确定管段流量、管径后,即可计算给水管网水头损失。总水头损失 h_z 包括局部水头损失 h_j 和沿程水头损失 h_y,其计算公式为式(3.32)。

$$h_z = h_j + h_y \tag{3.32}$$

1. 局部水头损失

局部水头损失 h_j 的计算公式为式(3.33)。

$$h_j = \sum \varepsilon \frac{v^2}{2g} \tag{3.33}$$

式中:ε 为局部水头损失系数;v 为管段流速,m/s;g 为重力加速度,m/s²。

实际上,局部水头损失一般不超过沿程水头损失的 5%,因此在给水管网水力计算过程中,常常忽略局部水头损失。

2. 沿程水头损失

(1)塑料管道。

塑料管道的沿程水头损失 h_y 的计算公式为式(3.34)。

$$h_y = \lambda \frac{l}{d_j} \cdot \frac{v^2}{2g} \tag{3.34}$$

式中:λ 为沿程阻力系数,与管道相对当量粗糙度 Δ/d_j 和雷诺数 Re 有关,其中 Δ 为管段当量粗糙度,mm,如表 3.7 所示;l 为管段长度,m;d_j 为管段内径,m;v 为平均流速,m/s;g 为重力加速度,m/s²。

表 3.7 各种管道沿程水头损失计算参数值

管道种类		粗糙系数 n	海曾-威廉系数 C_h	当量粗糙度 Δ/mm
钢管、铸铁管	水泥砂浆内衬	0.011~0.012	120~130	—
	涂料内衬	0.0105~0.0115	130~140	—
	旧钢管、旧铸铁管	0.014~0.018	90~100	—
混凝土管	预应力混凝土管	—	110~130	
	预应力钢套筒混凝土管	0.0110~0.0125	120~140	
现浇矩形混凝土管		0.012~0.014	—	—
化学管材,内衬及内涂涂料的钢管		—	140~150	0.010~0.030

(2)混凝土管及采用水泥砂浆内衬的金属管道。

混凝土管及采用水泥砂浆内衬的金属管道的沿程水头损失 h_y 的计算公式为式(3.35)。

$$h_y = il = i \frac{v^2}{C^2 R} \tag{3.35}$$

式中:i 为单位长度管段的水头损失;C 为流速系数,$C = R^{1/6}/n$,其中 n 为粗糙系数,如表 3.7 所示;R 为水力半径,m;其他符号意义同前。

(3)给水管网水力平差计算。

水力平差是给水管网计算的一个术语。给水管网按照水源供水量和各节点的用水量对各管段进行流量分配,流量分配后只能满足每一个节点的流量代数和等于零,但不能满足环状管网内闭合环的水头损失代数和等于零,即存在闭合差,分配流量后还要对每一个环状管网内闭合环的管段流量进行调整,最终使环状管网内闭合环的水头损失的代数和等于零,此时各管段流量即为所求。这个过程称为给水管网水力平差。

通过给水管网水力平差,沿程水头损失 h_y 的计算见式(3.36)。

$$h_y = \frac{10.67 q^{1.852} l}{C_h^{1.852} d_j^{4.87}}$$ (3.36)

式中:q 为设计流量,m^3/s;l 为管段长度,m;C_h 为海曾-威廉系数,如表 3.7 所示;d_j 为管段内径,m。

(4)沿程水头损失计算公式的指数形式。

上述沿程水头损失的计算公式可转化为指数形式,见式(3.37)。

$$h_y = \frac{k q^b}{d^c} l = \alpha q^b l = s q^b$$ (3.37)

式中:k,b,c 为指数公式参数,海曾-威廉公式和曼宁公式的参数如表 3.8 所示;q 为流量,m^3/s;d 为管道内径,m;l 为管段长度,m;α 为比阻,即单位长度管段的摩阻系数;s 为摩阻系数。

表 3.8　沿程水头损失指数公式参数表

参数	海曾-威廉公式	曼宁公式
k	$\dfrac{10.67}{C_h^{1.852}}$	$10.29 n^2$
b	1.852	2.000
c	4.87	5.333

注:C_h 为海曾-威廉系数;n 为粗糙系数。

3.3.4　枝状管网和环状管网的水力计算

1. 枝状管网的水力计算步骤

枝状管网的水力计算比较简单,因为水从枝状管网起点到任意一节点的水流路线只有一条,每一管段也只有唯一确定的计算流量。在枝状管网的水力计算中,应先确定或假定控制点,由控制点求出其所在干管上的各点水压,并推测起点水压,然后进行枝状管网的水力计算。

枝状管网的水力计算步骤如下。

(1)根据枝状管网布置图,绘制计算草图,按顺序对节点和管段编号,并注明管段长度和节点地面标高。

(2)按最高日最高时用水量计算节点流量,并在节点旁引出箭头,注明节点流量。大用水户的集中流量也标注在相应节点上。

（3）在枝状管网计算草图上，按照任意一管段中的流量等于其下游所有节点流量之和，求出每一管段流量。

（4）选定水泵到控制点的管线为主干线，按经济流速求出管径和水头损失。

（5）按控制点要求的最小服务水头和水泵到控制点管线的总水头损失，求出水泵扬程和水塔高度。

（6）分配管管径参照分配管的水力坡度选定，按充分利用枝状管网起点水压的条件来确定。水力坡度是指流体从机械能较大的断面向机械能较小的断面流动时，沿程每单位距离的水头损失。

（7）根据枝状管网各节点的压力和地面标高，绘制等水压线和自由水压线图。

2. 环状管网的水力计算步骤

环状管网的水力计算步骤如下。

（1）计算环状管网总用水量。

（2）计算各管段长度。

（3）计算沿线流量和节点流量。

（4）拟定各管段供水方向，进行环状管网流量的初步分配。分配时，要考虑沿最短的路线将水输送至最远地区。

（5）按初步分配的流量确定管径，应注意主要干线之间的连接管管径的确定。

（6）计算管段水头损失等。

第 4 章

城市给水处理

4.1 给水处理工艺概述

4.1.1 处理工艺的发展

　　给水处理的主要目的是通过必要的处理方法去除水源中的杂质,以安全优良的水质和合理的价格供人们生活和工业使用。给水处理工艺选择取决于原水的性质和使用的目的。传统的给水处理工艺流程是混凝—沉淀—过滤—消毒。对于水质较好的天然水体,其主要污染物为悬浮物及胶体物等,采用常规水处理工艺一般可以达到生活用水和一些工业用水的要求。然而,随着工业的迅速发展,水体污染加重,水中有害物质逐年增多,采用传统的给水处理工艺难以达到标准要求。对此,首先考虑强化传统给水处理工艺的处理效果,即从混凝、沉淀、过滤和消毒等环节进行强化。早期采用增加混凝剂投量的方法来改善处理效果,取得了一定成效。但该方法不仅使水处理成本上升,而且可能使水中金属离子浓度增加,影响居民的身体健康。后期相继开发了高锰酸盐、臭氧及高级氧化等预氧化技术强化水的絮凝效果等。

　　水中氨氮问题也是常规给水处理工艺难以解决的,虽然可以采用折点氯化的方法来控制出厂水中氨氮的浓度,但由此产生的大量有机卤化物又导致水质毒理学安全性下降。因此,要得到优质的给水,在强化传统给水处理工艺的基础上,有时还需要后续深度处理工艺的辅助,这一点对工业用水尤为重要。

　　工业用水的主要处理目的是脱盐、防腐蚀和结垢等,常采用软化、氧化还原、吸附、脱氯等方法进行后续处理。对于要求较高的工业用水,后续深度处理可采用离子交换及膜分离等技术。

4.1.2 工艺特征分类

　　以较清洁地表水为水源,采用传统给水处理工艺即可达到满意的效果。其工艺流程如图 4.1 所示。

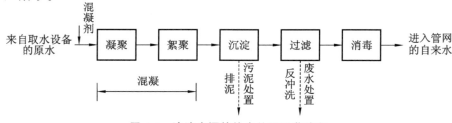

图 4.1　清洁水源的给水处理工艺流程

当水源受到污染,有机物含量较高,富营养化程度较高时,20 世纪 60 年代有些地区采用如图 4.2 所示的工艺流程。

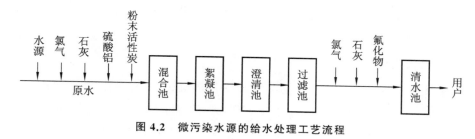

图 4.2　微污染水源的给水处理工艺流程

在此工艺流程中,投加氯气主要是为了灭活水中的藻类,粉末活性炭用于去除水中有机物,特别是致嗅味、色度的物质,石灰主要用于调节水的 pH 值(酸碱值),同时有一定的助凝作用。加氟化物主要是为了提高水的含氟浓度。

图 4.3 是某地区受到较严重污染水源的给水处理工艺流程。该工艺首先采用臭氧(O_3)对原水进行预氧化,臭氧投加量为 1 mg/L,其对水中的有机物降解及提高水的生化特性具有一定的作用;之后进入贮存池停留 2~3 d,该设施类似氧化塘天然水净化工艺,利用微生物降解有机污染物,同时具有均衡水质水量的作用;第二次投加臭氧(投加量仍为 1 mg/L)、粉末活性炭、聚合氯化铝(poly aluminium chloride,PAC),集氧化、吸附和助凝作用于一体,去除有机污染物及强化后续混凝;混凝沉淀出水经过滤池过滤后,进行臭氧+活性炭过滤深度处理,此时臭氧投加量为 0.4 mg/L,出水经过次氯酸钠(NaClO)消毒及亚硫酸钠(Na_2SO_3)脱氯后进入管网。

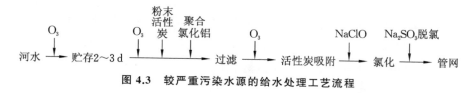

图 4.3　较严重污染水源的给水处理工艺流程

4.2　混 凝 工 艺

4.2.1　混凝原理

天然水中较大颗粒的固体可以采用重力沉降法(如设计沉砂池、初次沉淀池(初沉池)等构筑物)去除,也可以采用筛网、离心分离器去除。然而,水中的胶体物质,如黏土、腐殖质、淀粉、纤维素以及细菌和藻类微生物等,在水中可以稳定存在,难以采用传统的物理水处理工艺直接去除,需要投加药剂来破坏胶体的稳定性,使细小的胶体微粒凝聚成较大的絮体颗粒,进行固液分离。要理解和控制混凝过程,需要明确其原理,包括胶体表面电性、胶体在水中的受力及混凝机制。

1. 胶体表面电性

天然水体中的许多胶体物质来自带负电的土壤颗粒,而土壤中 80% 以上的负电荷是由粒径小于 2 μm 的黏土粒所提供的,不同类型的黏土矿物所带负电荷量也不同,如高岭石、水云母带的负电荷较蒙脱石要少。这些电荷是黏土矿物在水体中稳定存在的主要原因。胶体带电主要是由于其本身的晶体结构与不溶氧化物对水中带电离子[H$^+$(氢离子)、OH$^-$(氢氧根离子)]的摄入、阴阳离子不等当量的溶解及有机物表面的基团离解等。

黏土矿物属于层状硅酸盐矿物,常见矿物包括高岭石、蒙脱石和伊利石等,一般西北地区黄土含伊利石最多,东北、华北地区则以蒙脱石为主,华南地区以高岭石为主。在黏土矿物晶体中,每个 Si(硅元素)一般为四个氧原子所包围,构成 SiO$_4$ 四面体(硅氧四面体),它是硅酸盐的基本构造单元。SiO$_4$ 四面体以角顶相连,形成在两度空间上无限延伸的层。Al(铝元素)在硅酸盐构造中起着双重作用,一方面可以呈六次配位,存在于硅氧骨干之外,起着一般阳离子的作用;另一方面可以呈四次配位,代替部分的 Si^{4+}(硅离子)而进入络阴离子,形成铝硅酸盐,导致表面带有负电,需要外界附加阳离子平衡电价。该类矿物在天然水中表面会带负电,在 pH 值很低的酸性条件下,由于氢离子平衡电价和摄入,可以导致矿物表面呈正电性。

有机物表面的一些基团在水中离解后,可以使有机物表面带电荷。例如树脂表面的羧基可以离解出羧酸根和氢离子。当水的 pH 值较高时,氢离子被中和,树脂表面带负电荷;水的 pH 值较低时,大部分基团以羧酸形式存在,树脂表面不带电荷。天然有机物,特别是来自土壤中的一些有机质,都带有大量的负电荷。

水中一些氧化矿物,主要是氧化铁和氧化铝类矿物,在中性的天然水体中表面带正电荷,它们也是土壤成分中正电荷的主要来源,但总体含量较黏土矿物要少很多。

在溶胶体系中,胶核表面结合的电位离子层在溶液中形成电场,胶核表面的电位称为"热力电位"。由于溶液中的反离子的中和屏蔽作用,电位逐渐下降,到胶团最外边缘处,反离子电荷总量与电位离子的电荷总量相等。胶核离子与吸附的反离子形成胶团的吸附层,而该反离子层又与外围反离子形成扩散层,这样就形成了胶团的双电层结构。胶团的双电层结构使胶团之间相互排斥,阻碍了胶团之间的靠近凝聚,因此溶胶体系趋于稳定状态。

2. 胶体在水中的受力

水中胶体主要受电荷斥力、范德华引力及布朗运动力的作用,胶团的双电层结构使胶团相斥难以靠近,范德华引力难以发挥作用,阻碍了胶体颗粒的凝聚。当胶体颗粒距离较远时,净作用力是相斥的,距离较小时净作用力变为相吸,发生凝聚。可以推测,压缩胶团的双电层,减少胶团之间的距离可以导致混凝发生。另外可以看出,电解质浓度提高后,有利于胶体的凝聚,表明其具有压缩双电层的作用,这种现象为絮凝剂的选择应用提供了一个思路。

3. 混凝机制

投加化学药剂来破坏胶体在水中形成的稳定体系,能够使胶体聚集为可以重力沉降的絮凝体,从而实现固液分离。目前采用的混凝剂包括无机盐类、无机聚合物和有机聚合物。多年的探索发现,不同絮凝剂的混凝机制有所不同,主要包括压缩双电层作用、吸附架桥作用及网捕作用三种机制。

(1) 压缩双电层作用机制。

胶团中的反离子吸附层一般厚度较薄,扩散层较厚。该厚度与水中的离子强度有关,离子强度越大,厚度越小。当加入高价电解质时,对扩散层的影响更大,电动电位降低,胶粒之间的排斥作用减弱,发生混凝。当电动电位降为零时,溶胶最不稳定,凝聚作用最强烈。而当投加过量后,溶胶可能复稳。

(2) 吸附架桥作用机制。

当加入少量高分子电解质时,胶体的稳定性破坏而产生凝聚,同时又进一步形成絮凝体,这是因为胶粒对高分子物质有强烈的吸附作用。高分子长链物一端可能吸附在一个胶体表面,另一端又被其他胶粒吸附,形成一个高分子链状物,同时吸附在两个以上胶粒表面。此时,高分子长链像各胶粒间的桥梁,将胶粒黏结在一起,这种作用称为"黏结架桥作用",它使胶粒间形成絮凝体(矾花),最终沉降下来,从而有利于从水中除去这些胶体杂质。

(3) 网捕作用机制。

当在水中投加较多的铝盐或铁盐等药剂时,铝盐或铁盐在水中形成高聚合度的氢氧化物,像网一样可以吸附卷带水中胶粒并沉淀。

4.2.2　混凝的影响因素

混凝效果受水温、pH值、水质和搅拌条件的影响较大。另外,混凝工艺操作的水力条件、混凝剂的选择、助凝剂的辅助等都会对混凝效果产生重要的影响。

1. 水温的影响

由于无机盐类混凝剂溶于水的过程系吸热反应,因此水温低时不利于混凝剂的水解,特别是硫酸铝,水温降低 10 ℃,水解速度常数降低 50%～75%,当水温在 5 ℃ 左右时,硫酸铝的水解速度非常缓慢。另外,水温低,水的黏度大,水中胶粒的布朗运动强度减弱,彼此碰撞机会减少,胶体颗粒水化作用增强,不易凝聚。同时水的黏度大时,水流阻力大,使絮凝体的形成受到阻碍,从而影响混凝效果。因此,我国气候寒冷地区,冬季地表水温度有时低达 0～2 ℃,在水处理时即使投加大量混凝剂,效果也不理想,絮体形成缓慢,絮体颗粒细小、松散。

北方寒冷地区冬天水的浊度很低,但色度较高,传统给水处理工艺遇到了问题。为提高低温水混凝效果,有效去除水的色度,常采用提高混凝剂投加量及投加高分子助凝剂的方法,常用的助凝剂是活化硅酸,对胶体起吸附架桥的作用。

2. pH 值的影响

用无机盐类混凝剂如铝盐或铁盐时,它们对水的 pH 值都有一定的要求。对于硫酸铝而言,水的 pH 值直接影响铝离子的水解聚合反应,产生不同的水解产物形态,水的 pH 值为 6.5～7.5 时,可充分发挥氢氧化铝聚合物的吸附架桥作用和羟基配合物的电性中和作用,去除浊度的效果较好。用以去除水的色度时,pH 值应趋于低值,宜为 4.5～5.5。如水中有足够的 HCO_3^-(碳酸氢根),则会对 pH 值变化有缓冲作用,当铝盐水解导致 pH 值下降时,不会引起 pH 值大幅度下降。如水中碱度不足,为维持一定的 pH 值,还需要投加石灰或碳酸钠等加以调节。

使用铁盐作混凝剂时,其适用的 pH 值范围较宽。采用三价铁盐作混凝剂时,由于 Fe^{3+}(正三价铁离子)水解产物的溶解度比 Al^{3+}(正三价铝离子)的溶解度小,且氢氧化铁并非典型的两性化合物,所以混凝时要求水的 pH 值不同。用以去除水的浊度时,pH 值宜为6.0～8.4;用以去除水的色度时,pH 值宜为 3.5～5.0。

使用硫酸亚铁作混凝剂时,水中要有足够的溶解氧才会有利于二价铁迅速氧化成三价铁,从而产生混凝作用,因此,常投加石灰等提高水的 pH 值至 8.5 以上,这样操作比较复杂,一般可以采用加氧化剂的方法。

高分子絮凝剂的混凝效果受水的 pH 值影响较小。如聚合氯化铝在投入水中前聚合物的形态基本确定,故对水的 pH 值变化适应性较强。

3. 水质的影响

水质对混凝操作条件及混凝效果都有较大的影响。如混凝剂的投加量与原水的浊度关系密切。

当水中浊度较低时,颗粒碰撞概率较小,混凝效果差,必须投加大量混凝剂,形成絮凝体沉淀物,依靠卷扫作用除去微粒,即使这样,效果仍十分不理想。

当水中浊度较高时,混凝剂投加量要适当,使其恰好产生吸附架桥作用,达到混凝效果。若投加过量,此时已脱稳的胶粒会重新稳定,效果反而不好,除非再增加投入量,形成网捕卷扫作用,这样会增加费用。

对于高浊度的水,如我国西北、西南等地区的高浊度水源,为了使悬浮物产生吸附电中和脱稳,混凝剂投加量需要大幅度增加。为了减少混凝剂用量,通常投加一定量的高分子助凝剂。另外,聚合氯化铝在处理高浊度水时效果较好。

混凝是生活污水及工业废水处理的常用工艺,如用于城市污水的深度处理及印染等工业废水的预处理及深度处理,也是含油废水处理常选择的工艺。与给水处理不同的是,污水中胶体含量一般较高,要求絮凝剂投加量也较大。

4. 搅拌条件的影响

混凝过程包括混合(反应)和絮凝两个阶段。反应阶段时间较短,要求强烈搅拌,充分接触;而絮凝过程中絮体粒度逐渐增大,速度梯度必须相应地降低,否则会破坏已形成的絮体。

混凝的水力条件一般采用搅拌桨的转速(rpm)或速度梯度 G 值(s^{-1})来描述。相对而言,前者更方便直观,而后者更精确。G 值计算公式见式(4.1)。

$$G = \sqrt{\frac{\varepsilon}{v}} \tag{4.1}$$

式中:ε 为单位质量流体的能量扩散速率,Nm/(s·kg);v 为水的动力黏度,m^2/s。

能量扩散速率 ε 与搅拌功率、搅拌桨转速、溶液的体积和搅拌桨的大小有关,计算公式见式(4.2)。

$$\varepsilon = \frac{P_0 N^3 D^5}{V} \tag{4.2}$$

式中:P_0 为搅拌功率,W;N 为搅拌桨转速,rpm;D 为搅拌桨的直径,m;V 为溶液的体积,m^3。

4.2.3　常用混凝剂

混凝剂种类很多,有 $200 \sim 300$ 种,按化学成分可分为无机和有机两大类。由于给水处理水量大,安全卫生要求高,选用的混凝剂须混凝效果好、健康无害、使用方便、货源充足及价格低廉。

水处理中常用的混凝剂主要包括铁盐和铝盐及其聚合物,有机絮凝剂常用聚丙烯酰胺,如表 4.1 所示。另外,诸如氢氧化镁及生物絮凝剂也是目前研究的热点,并在一些工业废水处理中得到了应用。

表 4.1　常用的混凝剂

名称	一般介绍
固体硫酸铝	水解作用缓慢,适用于水温为 20～40 ℃的水
硫酸铝溶液	制造工艺简单,受水的 pH 值影响较大
硫酸亚铁(绿矾)	① 絮体形成较快,较稳定,沉淀时间短; ② 适用于碱度高,浊度高,pH 值为 8.1～9.6 的水,在冬季和夏季使用都很稳定
三氯化铁	① 对金属(尤其对铁器)腐蚀性大,对混凝土亦有腐蚀性; ② 不受温度影响,絮体结得大,沉淀速度快,效果较好; ③ 易溶解,易混合; ④ 原水 pH 值以 6.0～8.4 为宜,当原水碱度不足时,应加一定量的石灰; ⑤ 在处理高浊度水时,三氯化铁用量一般要比硫酸铝少,处理低浊度水时,效果不显著
聚合氯化铝	① 净化效率高,耗药量少,出水浊度低,色度小,过滤性能好; ② 处理高浊度水时效果尤为显著,温度适应性高; ③ pH 值适用范围宽(pH 值为 5～9),因而可不投加碱,使用时操作方便,腐蚀性小,条件好; ④ 设备简单,操作方便,成本较三氯化铁低
聚丙烯酰胺	① 是处理高浊度水最有效的絮凝剂之一,并可用于污泥脱水; ② 聚丙烯酰胺水解体的效果比未水解的好,生产中应尽量采用水解体; ③ 与常用混凝剂配合使用时,视原水浊度的高低按一定的顺序先后投加; ④ 不易溶解,在有机械搅拌的溶解槽内配制溶液,聚丙烯酰胺的配制浓度一般为 2%,而其投加浓度为 0.5%～1%,聚丙烯酰胺中的丙烯酰胺单体有毒性,用于生活饮用水净化时,其产品应符合要求

4.2.4　混合及絮凝工艺

1. 常用的混合方式

混凝剂在水中充分混合是混凝工艺的第一步,需要较高的水力条件,反应时间较短,为 1 min 左右。目前常用的几种混合方式及其优缺点如表 4.2 所示。

表 4.2 不同的混合方式比较

方式	优缺点	适用条件
水泵混合	优点:设备简单,混合充分,效果较好,不另外消耗动能。 缺点:安装、管理较麻烦,配合加药自动控制较困难,G 值相对较低	适用于一级泵房离处理构筑物 120 m 以内的水厂
管式静态混合器	优点:设备简单,维护管理方便,不需要土建构筑物。 缺点:水量变化影响效果,水头损失较大	适用于水量变化不大的各种规模的水厂
扩散混合物	优点:不需要外加动力设备,不需要土建构筑物。 缺点:混合效果受水量变化影响	适用于中等规模的水厂
跌水(水跃)混合	优点:利用水头的跌落扩散药剂,不需要外加动力设备。 缺点:药剂的扩散不易完全均匀,需要建混合池,容易夹带气泡	适用于各种规模的水厂,特别是当重力流进水水头有富余时
机械混合	优点:混合效果较好,水头损失较小,混合效果基本不受水量变化影响。 缺点:需要耗动能,管理维护较复杂,需要建混合池	适用于各种规模的水厂

混合反应之后,开始进入絮凝阶段。该阶段水力条件要求缓和,有利于絮体的生长,时间大约为 20 min。

2. 絮凝工艺

目前可采用隔板絮凝池、折板絮凝池、网格(栅条)絮凝池和机械搅拌絮凝池等絮凝设施进行絮凝。

(1)隔板絮凝池。

水流以一定流速在隔板之间通过从而完成絮凝过程的絮凝设施,就是隔板絮凝池。水流方向是水平的隔板絮凝池为水平隔板絮凝池,水流方向是上下竖向的隔板絮凝池为垂直隔板絮凝池。水平隔板絮凝池应用较早,隔板布置采用来回往复的形式,水流沿隔板间通道往复流动,流动速度逐渐减小,这种形式称为往复式隔板絮凝池,如图 4.4(a)所示。往复式隔板絮凝池可以提供较多的颗粒碰撞机会,但在转折处能量消耗较大,容易引起已形成矾花的破碎。为了减小能量的损失,可采用回转式隔板絮凝池,如图 4.4(b)

所示。这种絮凝池将往复式隔板絮凝池 180°的急剧转折改为 90°,水流由池中间进入,逐渐回转至外侧,其最高水位出现在絮凝池的中间,出口处的水位基本与沉淀池水位持平。回转式隔板絮凝池避免了絮凝体的破碎,同时减少了颗粒碰撞机会,影响了絮凝速度。为保证絮凝初期颗粒的有效碰撞和后期矾花的顺利形成,往复-回转组合式隔板絮凝池被开发应用。

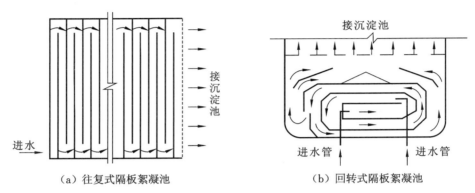

（a）往复式隔板絮凝池　　　（b）回转式隔板絮凝池

图 4.4　隔板絮凝池

该工艺通过控制隔板间距来调节水力条件,设计的隔板间距一般不少于 2 个,絮凝时间为 20~30 min,难以沉降的细颗粒较多时宜采用高值。该工艺的主要优点是絮凝效果较好,构筑物构造简单,施工管理方便,缺点是絮凝时间较长,出水流量不易分配均匀。该工艺适应水量变化的性能较差,要求水量变动小,适用于水量大于 30000 m³/d 的水厂。

（2）折板絮凝池。

折板絮凝池是在隔板絮凝池基础上发展起来的,是目前应用较为普遍的絮凝池之一。在折板絮凝池内放置一定数量的平折板或波纹板,水流沿折板竖向上下流动,多次转折,以促进絮凝。

折板絮凝池的布置方式有以下几种。

① 按水流方向,折板絮凝池可以分为平流式折板絮凝池和竖流式折板絮凝池,竖流式折板絮凝池应用较为普遍。

② 按折板安装相对位置,折板絮凝池可以分为同波折板絮凝池和异波折板絮凝池。同波折板絮凝池是将折板的波峰与波谷对应平行布置,使水流不变,水在流过转角处产生紊动;异波折板絮凝池是将折板波峰相对、波谷相对,形成交错布置,使水的流速时而收缩成最小,时而扩张成最大,造成水力流线的变化,从而产生絮凝所需要的紊动。

③ 按水流通过的折板间隙数,折板絮凝池可以分为单通道折板絮凝池和多通道折板絮凝池,如图 4.5 和图 4.6 所示。单通道折板絮凝池是指水流沿折板不断循序流动,多通道折板絮凝池则是将絮凝池分隔成若干格,各格内设置一定数量的折板,水流逐格通过。

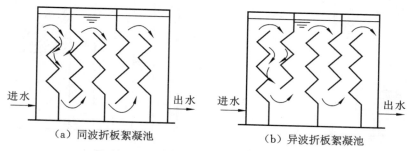

(a) 同波折板絮凝池　　　　　(b) 异波折板絮凝池

图 4.5　单通道同波折板和异波折板絮凝池

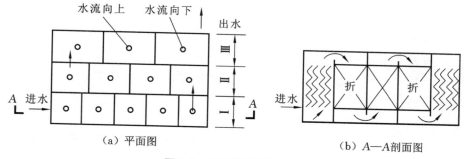

(a) 平面图　　　　　　　(b) A—A剖面图

图 4.6　多通道折板絮凝池

(3) 网格(栅条)絮凝池。

应用紊流理论的絮凝池,由于池高适当,可与平流沉淀池或斜管沉淀池合建。该工艺絮凝池分成许多面积相等的方格,由多格竖井串联而成,进水水流顺序从一格流向下一格,上下交错流动,到达出口。在全池 2/3 的分格内,水平放置网格或栅条,水流通过网格或栅条的孔隙时收缩,过网孔后扩大,形成良好的絮凝条件,通过过渡区、整流墙进入沉淀池。网格(栅条)絮凝池的构造如图 4.7 所示。

该工艺主要优点是絮凝时间短,一般设计时间为 10~15 min,絮凝效果好;缺点是构造复杂,仅适用于水量变化不大的水厂。

(4) 机械搅拌絮凝池。

机械搅拌絮凝池是通过电动机经减速装置驱动搅拌器对水进行搅拌,使水中颗粒相互碰撞,发生絮凝。搅拌器可以旋转运动,也可以上下往复运动。目前,国内大都采用旋

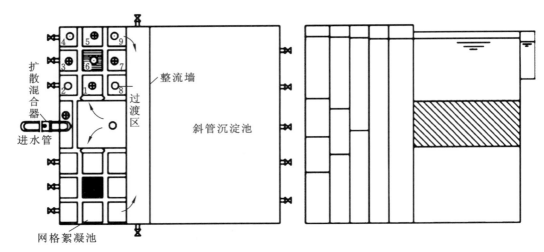

图 4.7　网格(栅条)絮凝池的构造

注:数字 1~9—竖井序号;⊙—垂直流向向上;⊕—垂直流向向下

转式搅拌器,常见的搅拌器有桨板式和叶轮式,桨板式较为常用。根据搅拌轴的安装位置不同,机械搅拌絮凝池可分为水平轴式和垂直轴式,如图 4.8 所示。前者通常用于大型水厂,后者一般用于中小型水厂。机械搅拌絮凝池宜分格串联使用,同时各级搅拌速度递减,以提升絮凝效果。

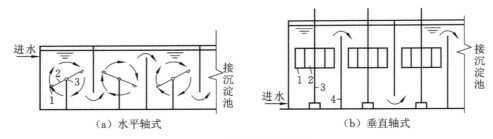

(a)水平轴式　　　　　　　　　(b)垂直轴式

图 4.8　机械搅拌絮凝池

注:1—桨板;2—叶轮;3—旋转轴;4—隔墙

机械搅拌絮凝池的主要优点是絮凝效果好,可以适应水量变化,总体水头损失小。如配上无级变速传动装置,更容易使絮凝达到最佳效果。然而,该工艺需要机械装置,加工较困难,维修量较大。当对一些工业废水进行絮凝搅拌时,机械搅拌存在搅拌桨及轴承等设备的腐蚀问题。实验室的混凝试验一般采用机械搅拌。

3. 絮凝池设计

絮凝池设计的目的在于创造最佳的水力条件,以较短的絮凝时间,达到最好的絮凝效果。理想的水力条件,不仅与原水的性质有关,还与絮凝池的形式有关。

　　絮凝池设计要点如下。

　　(1) 絮凝池形式的选择和设计参数的采用,应根据原水水质情况和相似条件下的运行经验确定,或通过试验确定。

　　(2) 絮凝池设计应使颗粒有充分接触碰撞的概率,又不致已形成的较大絮凝体破碎,因此,在絮凝过程中速度梯度 G 值或絮凝流速应逐渐由大到小变化。

　　(3) 絮凝池要有足够的絮凝时间。根据絮凝形式的不同,絮凝时间也有区别,一般宜为 10~30 min,低浊、低温水宜采用较大值。

　　(4) 絮凝池的平均速度梯度 G 值一般为 30~60 s^{-1},GT 值达 10^4~10^5,以保证絮凝过程的充分与完善。GT 值是速度梯度 G 值与水流在混凝设备中的停留时间 t 之乘积,可间接地表示在停留时间内颗粒碰撞的总次数。

　　(5) 絮凝池应尽量与沉淀池合并建造,避免用管渠连接。如确需用管渠连接,管渠中的流速应小于 0.15 m/s,并避免流速突然升高或水头跌落。

　　(6) 为避免已形成絮凝体的破碎,絮凝池出水穿孔墙的过孔流速宜小于 0.10 m/s。

　　(7) 应避免絮凝体在絮凝池中沉淀。如难以避免,应采取相应的排泥措施。

4.3　沉淀与澄清

4.3.1　沉淀与沉淀池

1. 沉淀与沉淀池的基本介绍

　　水中悬浮颗粒或絮凝体依靠本身重力作用,从水中分离出来的过程称为"沉淀"。原水中悬浮固体颗粒较大的,能依靠自身重力自然沉降,工艺设计一般采用沉砂池和初沉池对含泥沙量大的原水进行预沉淀处理。而对于含胶体的水,要经过混凝,使水中较小的颗粒凝聚并进一步形成絮凝体,再依靠重力作用从水中沉降分离,称为"混凝沉淀"。

　　为了便于说明沉淀池的工作原理及分析颗粒沉降的规律,Hazen(哈真)和 Camp(坎普)提出了理想沉淀池(ideal settling tank)的概念,并通过计算推导出式(4.3)。

$$q = \frac{Q}{A} \tag{4.3}$$

式中:q 为表面负荷, $m^3/(m^2 \cdot h)$;Q 为水流量, m^3/h;A 为沉淀池表面积,m^2。

　　理想沉淀池中,颗粒去除临界沉降速率 u_0 决定了颗粒物的去除与否,该值与表面负

荷 q 在数值上相同,但它们的物理概念不同:u_0 是颗粒物在沉淀池中的沉降速率,单位是 m/h;q 表示单位面积的沉淀池在单位时间内通过的流量,单位是 $m^3/(m^2 \cdot h)$。

由式(4.3)推出,表面负荷率是沉淀池设计的重要参数,该参数仅与沉淀池表面积有关,由此发展出浅池理论,开发出斜板(管)沉淀池。

2. 沉淀池的基本类型

用于沉淀的构筑物或设备称为"沉淀池",根据结构类型可分为竖流式沉淀池、辐流式沉淀池、平流式沉淀池和斜板(管)沉淀池,基本类型如图 4.9 所示。

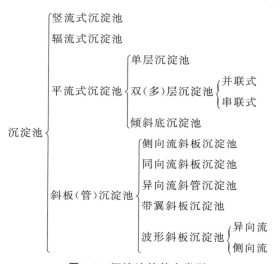

图 4.9　沉淀池的基本类型

竖流式沉淀池具有排泥方便、管理简单和占地面积较小等优点,但总体池深较大,施工困难。当颗粒属于自由沉淀类型时,在相同的表面水力负荷条件下,竖流式沉淀池的去除率比平流式沉淀池低;当颗粒属于絮凝沉淀类型时,在竖流式沉淀池中会出现上升颗粒与下降颗粒,上升颗粒与上升颗粒之间、下沉颗粒与下沉颗粒之间相互接触、碰撞,致使颗粒的直径逐渐增大,有利于颗粒的沉淀。

辐流式沉淀池一般为圆形池子,其直径不大于 100 m。它可作自然沉淀用,也可作混凝沉淀用。水流由中心管自底部进入辐流式沉淀池中心,然后均匀地沿池子半径向池子四周辐射流动,水中絮状沉淀物逐渐分离下沉,清水从池子周边环形水槽排出,沉淀物则由刮泥机刮到池中心,由排泥管排走。辐流式沉淀池沉淀、排泥效果好,适用于处理高浊度原水;但刮泥机维护管理较复杂,施工较困难,投资也较大。

平流式沉淀池通常为矩形水池,水流平面流过水池,构造简单,管理方便,可建于地面或地下,不仅适用于大型水处理厂,还适用于处理水量小的厂。它可作自然沉淀用,也可作混凝沉淀用。

斜板(管)沉淀池是根据浅池理论设计出的一种沉淀工艺。在沉降区域设置许多密集的斜管或斜板,使水中悬浮杂质在斜板或斜管中进行沉淀,水沿斜板或斜管上升流动,分离出的泥渣在重力作用下沿着斜板(管)向下滑至池底,再集中排出。这种池子可以提高沉淀效率 50%～60%,在同一面积上可提高处理能力 3～5 倍。

3. 沉淀池的构造与设计计算

下面以平流式沉淀池和斜板(管)沉淀池为例,介绍沉淀池的构造与设计计算。

(1)平流式沉淀池的基本构造。

平流式沉淀池构造简单,为一长方形水池,由流入装置、流出装置、沉淀区、缓冲层、污泥区及排泥装置等组成。

① 流入装置。

流入装置的作用是使水流均匀地分布在整个进水断面上,并尽量减少扰动。原水处理时,流入装置一般与絮凝池合建,设置穿孔墙,水流通过穿孔墙,从絮凝池流入沉淀池,均布于整个断面上,保护形成的絮凝体。沉淀池的水流一般采用直流式,避免产生水流的转折。一般孔口流速宜不大于 0.2 m/s,孔洞断面沿水流方向渐次扩大,以减小进水口射流,防止絮凝体破碎。

污水处理中,沉淀池入口一般设置配水槽和挡流板,目的是消能,使污水能均匀地分布到整个池子。挡流板入水深小于 0.25 m,高出水面 0.15～0.2 m,距流入槽 0.5～1.0 m。

② 流出装置。

流出装置一般由流出槽与挡板组成。流出槽设自由溢流堰、锯齿形堰或孔口出流等。流出装置常采用自由溢流堰形式,既可保证水流均匀,又可控制沉淀池水位。一般在堰前设挡板,挡板入水深 0.3～0.4 m,距溢流堰 0.25～0.5 m。

为了减少负荷,改善出水水质,可以增加出水堰长。目前采用较多的方法是指形槽出水,即在池宽方向均匀设置若干条出水槽,以增加出水堰长度和减小单位堰宽的出水负荷。

③ 沉淀区。

平流式沉淀池的沉淀区在进水挡板和出水挡板之间,长度一般为 30～50 m。深度按从水面到缓冲层上缘计算,一般不大于 3 m。沉淀区宽度一般为 3～5 m。

④ 缓冲层。

为避免已沉污泥被水流搅起以及缓冲冲击负荷,在沉淀区下面设有高 0.5 m 左右的缓冲层。平流式沉淀池的缓冲层高度与排泥形式有关。重力排泥时缓冲层的高度为0.5 m,机械排泥时缓冲层的上缘高出刮泥板 0.3 m。

⑤ 污泥区。

污泥区的作用是储存、浓缩和排除污泥。排泥方法一般有静水压力排泥和机械排泥。

沉淀池内的可沉固体大多沉于池的前部,故污泥斗一般设在池的前部。池底的坡度必须保证污泥能顺底坡流入污泥斗中,坡度的大小与排泥形式有关。污泥斗的上底可为正方形,边长同池宽;也可以设计成长条形,其一边同池宽。下底通常为 400 mm×400 mm 的正方形,泥斗斜面与底面夹角不小于 60°,污泥斗中的污泥可采用静力排泥方法排出。

静力排泥是依靠池内静水压力将污泥通过污泥管排出池外。初沉池水深为 $1.5\sim2.0$ m,二次沉淀池(二沉池)水深为 $0.9\sim1.2$ m。排泥装置由排泥管和泥斗组成。排泥管管径为200 mm,池底坡度为 $0.01\sim0.02$。为减少池深,可采用多斗排泥,每个斗都有独立的排泥管,也可采用穿孔管排泥。

⑥ 排泥装置。

目前平流沉淀池一般采用机械排泥。机械排泥是利用机械装置,通过排泥泵或虹吸将池底积泥排至池外。机械排泥装置有链带式刮泥机、行车式刮泥机、泵吸式排泥装置和虹吸式排泥装置等。图 4.10 为设有行车式刮泥机的平流式沉淀池,工作时,桥式行车刮泥机沿池壁的轨道移动,将污泥推入储泥斗中;不工作时,将刮泥设备提出水外,以免被腐蚀。

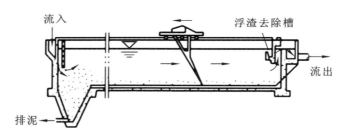

图 4.10 设有行车式刮泥机的平流式沉淀池

当不设存泥区时,可采用吸泥机,使集泥与排泥同时完成。常用的吸泥机有多口式和单口扫描式,且又分为虹吸和泵吸两种。

(2)平流式沉淀池的设计计算。

平流式沉淀池的设计内容包括流入装置、流出装置、沉淀区、污泥区、排泥装置选择等。

此处主要介绍沉淀区的计算。沉淀区尺寸常按表面负荷或停留时间和水平流速计算。

① 沉淀区有效水深 h_1。

沉淀区有效水深 h_1 的计算公式见式(4.4)。

$$h_1 = qt \qquad (4.4)$$

式中:q 为表面负荷,即要求去除的颗粒沉速,一般通过试验取得,如果没有资料,初次沉淀池要采用 $1.5\sim3.0\ \mathrm{m^3/(m^2 \cdot h)}$,二次沉淀池可采用 $1\sim2\ \mathrm{m^3/(m^2 \cdot h)}$;$t$ 为停留时间,一般取 $1\sim3\ \mathrm{h}$。沉淀池有效水深一般为 $2.0\sim4.0\ \mathrm{m}$。

② 沉淀区有效容积 V_1。

沉淀区有效容积 V_1 的计算公式见式(4.5)或式(4.6)。

$$V_1 = Ah_1 \tag{4.5}$$

$$V_1 = Q_{\max}t \tag{4.6}$$

式中:A 为沉淀区总面积,$\mathrm{m^2}$,$A = Q_{\max}/q$;$Q_{\max}$ 为最大设计流量,$\mathrm{m^3/h}$;其余符号意义同前。

③ 沉淀区长度 L。

沉淀区长度 L 的计算公式见式(4.7)。

$$L = 3.6vt \tag{4.7}$$

式中:v 为最大设计流量时的水平流速,混凝沉淀可采用 $10\sim25\ \mathrm{mm/s}$,污水处理中,一般不大于 $5\ \mathrm{mm/s}$;其余符号意义同前。

沉淀区的长度一般为 $30\sim50\ \mathrm{m}$,长宽比不小于 $4:1$,长深比为 $(8\sim12):1$。

④ 沉淀区总宽度 B。

沉淀区总宽度 B 的计算公式见式(4.8)。

$$B = \frac{A}{L} \tag{4.8}$$

式中:符号意义同前。

⑤ 沉淀池座数或分格数 n。

沉淀池座数或分格数 n 的计算公式见式(4.9)。

$$n = \frac{B}{b} \tag{4.9}$$

式中:b 为每座或每格宽度,m,当采用机械刮泥时,与刮泥机标准跨度有关;其余符号意义同前。

(3)斜板(管)沉淀池的基本构造。

斜板(管)沉淀池总体由穿孔墙、斜板(管)装置、出水槽、沉淀区和污泥区组成。按照斜板(管)中泥水流动方向,斜板(管)沉淀池可分成异向流、同向流和侧向流三种形式,其中异向流应用最广。异向流斜板(管)沉淀池,因水流向上流动,污泥下滑,方向各异而得名。由于沉淀区设有斜板或斜管组件,斜板(管)沉淀池的排泥只能依靠静水压力排出。图 4.11 为异向流斜管沉淀池。

斜板(管)倾角一般为 60°,长度为 $1\sim1.2\ \mathrm{m}$,板间垂直间距为 $80\sim120\ \mathrm{mm}$,斜管内切

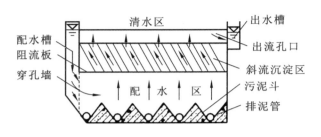

图 4.11 异向流斜管沉淀池

圆直径为 25～35 mm。板(管)材要求质轻、坚固、无毒、价廉。目前较多采用聚丙烯塑料或聚氯乙烯塑料。

(4) 斜板(管)沉淀池的设计计算。

斜板(管)沉淀池的设计仍可采用表面负荷来计算。根据水中的悬浮物沉降性能资料,由确定的沉淀效率找到相应的最小沉速和沉淀时间,从而计算出沉淀区的面积。沉淀区的面积不是平面面积,而是所有的澄清单元的投影面积之和,要比沉淀池实际平面面积大得多。

下面主要介绍异向流斜管沉淀池的设计计算。

① 清水区面积 A。

清水区面积 A 的计算公式见式(4.10)。

$$A = \frac{Q}{q} \tag{4.10}$$

式中:Q 为设计流量, m^3/h;q 为表面负荷,规范规定斜管沉淀池的表面负荷为 9～11 $m^3/(m^2 \cdot h)$。

② 斜管的净出口面积 A'。

斜管的净出口面积 A' 的计算公式见式(4.11)。

$$A' = \frac{Q}{v \sin\theta} \tag{4.11}$$

式中:v 为斜管内水流上升流速,一般采用 3.0～4.0 mm/s;θ 为斜管水平倾角,一般为 60°;其余符号意义同前。

③ 沉淀池高度 H。

沉淀池高度 H 的计算公式见式(4.12)。

$$H = h_1 + h_2 + h_3 + h_4 \tag{4.12}$$

式中:h_1 为积泥高度,m;h_2 为配水区高度,不小于 1.0 m,机械排泥时,应大于 1.6 m;h_3 为清水区高度,为 1.0～1.5 m;h_4 为超高,一般取 0.3 m。

4.3.2　澄清与澄清池

1. 水的澄清处理

水中脱稳杂质通过碰撞结成大的絮凝体后沉淀去除,是分别在絮凝池和沉淀池中完成的,澄清池则将两个过程综合于一体。它是利用池中积聚的泥渣与原水中的杂质颗粒相互接触、吸附,以实现清水较快分离的净水构筑物,可较充分地发挥混凝剂的作用和提高澄清效率。

在澄清池原水中加入较多的混凝剂,并适当降低负荷,经过一定时间运转后,逐步形成泥渣层。为保持泥渣层稳定,必须控制池内活性泥渣量,不断排除多余的陈旧泥渣,使泥渣层始终处于新陈代谢状态,保持接触絮凝的活性。澄清池按泥渣的情况,一般分为泥渣循环(回流)和泥渣悬浮(泥渣过滤)等形式。

泥渣循环型澄清池是利用机械或水力的作用使部分沉淀泥渣循环回流,增加同原水中杂质接触碰撞和吸附的机会。泥渣一部分沉积到泥渣浓缩室,大部分又被送到絮凝室重新工作,如此不断循环。借机械抽力形成泥渣循环的澄清池为机械搅拌澄清池,借水力抽升形成泥渣循环的澄清池为水力循环澄清池。

泥渣悬浮型澄清池的工作原理是絮凝体既不沉淀也不上升,处于悬浮状态,当絮凝体集结到一定厚度时,形成泥渣悬浮层,加药后的原水由下向上通过时,水中的杂质充分与泥渣层的絮凝体接触碰撞,并且因吸附、过滤而被截留下来。此种类型的澄清池常用的有脉冲澄清池和悬浮澄清池。

2. 常用澄清池的形式

(1)机械搅拌澄清池。

机械搅拌澄清池总体上由第一絮凝室、第二絮凝室、导流室及分离室组成。池体上部是圆筒形,下部是截头圆锥形(见图 4.12)。它利用安装在同一根轴上的机械搅拌装置和提升叶轮使加药后的原水通过环形三角配水槽的缝隙均匀进入第一絮凝室,通过搅拌桨缓慢回转,水中的杂质和数倍于原水的回流活性泥渣凝聚吸附,处于悬浮状态,再通过提升叶轮将泥渣从第一絮凝室提升到第二絮凝室,继续混凝反应,凝结成良好的絮凝体。然后从第二絮凝室出来,经过导流室进入分离室。在分离室内,由于过水断面突然扩大,流速急剧降低,絮状颗粒靠重力下沉,与水分离。沉下的泥渣大部分回流到第一絮凝室,循环流动,形成回流泥渣。回流流量为进水流量的 3~5 倍。小部分泥渣进入泥渣浓缩室,定时经排泥管排至室外。

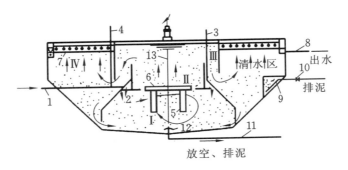

图 4.12　机械搅拌澄清池剖面图

注:1—进水管;2—三角配水槽;3—透气管;4—投药管;5—搅拌桨;6—提升叶轮;7—集水槽;8—出水管;

9—泥渣浓缩室;10—排泥阀;11—放空管;12—排泥罩;13—搅拌轴;

Ⅰ—第一絮凝室;Ⅱ—第二絮凝室;Ⅲ—导流室;Ⅳ—分离室

（2）脉冲澄清池。

脉冲澄清池是一种泥渣悬浮型澄清池,也是利用水流上升的能量来完成絮凝体的悬浮和搅拌。图 4.13 为采用真空泵脉冲发生器的澄清池剖面图。通过脉冲发生器,澄清池的上升流速发生周期性的变化。当上升流速小时,泥渣悬浮层收缩、浓度增大而使颗粒排列紧密;当上升流速大时,泥渣悬浮层膨胀。泥渣悬浮层不断产生周期性的收缩和膨胀,不仅有利于微絮凝颗粒与活性泥渣进行接触絮凝,还可以使悬浮层的浓度在全池内趋于均匀,并防止颗粒在池底沉积。

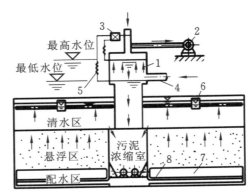

图 4.13　采用真空泵脉冲发生器的澄清池剖面图

注:1—进水室;2—真空泵;3—进气阀;4—进水管;5—水位电极;6—集水槽;7—稳流板;8—配水管

（3）悬浮澄清池。

悬浮澄清池属于泥渣接触分离型澄清池,是我国应用较早的一种澄清池。投加混凝剂的原水,先经过气水分离器分离出水中空气,再通过底部穿孔配水管进入泥渣悬浮层。

水中脱稳杂质和池内原有的泥渣进行接触絮凝,使细小的絮凝体相互聚合或被泥渣层所吸附,清水向上分离,原水得到净化,悬浮泥渣在吸附了水中悬浮颗粒后将不断增加,多余的泥渣便自动地经排泥窗口进入污泥浓缩室,浓缩到一定浓度后,由底部穿孔管排走。悬浮澄清池工作流程如图 4.14 所示。

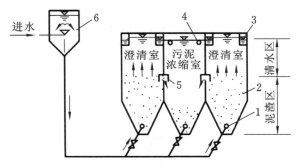

图 4.14　悬浮澄清池工作流程

注:1—穿孔配水管;2—泥渣悬浮层;3—穿孔集水槽;4—强制出水管;5—排泥窗口;6—气水分离器

3. 澄清池形式选择

澄清池是综合混凝和泥水分离过程的净水构筑物。水流基本为上向流。澄清池具有生产能力高、处理效果较好等优点;但有些澄清池受原水的水量、水质、水温及混凝剂等因素变化的影响比较明显。

澄清池一般采用钢筋混凝土结构,小型水池还可用钢板制成。

澄清池形式的选择,主要应根据原水水质、出水要求、生产规模,以及水厂布置、地形、地质、排水等条件,进行技术经济比较后决定。常用澄清池优缺点及适用条件见表 4.3。

表 4.3　常用澄清池优缺点及适用条件

形式	优缺点	适用条件
机械搅拌澄清池	优点: ① 处理效率高,单位面积产水量较大; ② 适应性较强,处理效果较稳定; ③ 采用机械刮泥设备后,对较高浊度水(进水悬浮物含量大于 3000 mg/L)处理也具有一定适应性。 缺点: ① 需要机械搅拌设备; ② 维修较麻烦	① 进水悬浮物含量一般小于 1000 mg/L,短时间内允许达到 3000~5000 mg/L; ② 一般为圆形池子; ③ 适用于大、中型水厂

续表

形式	优缺点	适用条件
脉冲澄清池	优点： ① 虹吸式机械设备较为简单； ② 混合充分，布水较均匀； ③ 池深较浅便于布置，也适用于平流式沉淀池改建。 缺点： ① 真空式需要一套真空设备，较为复杂； ② 虹吸式水头损失较大，脉冲周期较难控制； ③ 操作管理要求较高，排泥不好影响处理效果； ④ 对原水水质和水量变化适应性较差	① 进水悬浮物含量一般小于 1000 mg/L，短时间内允许达到 3000 mg/L； ② 可建成圆形、矩形或方形池子； ③ 适用于大、中、小型水厂
悬浮澄清池 （无穿孔底板）	优点： ① 构造较简单； ② 形式较多。 缺点： ① 需设气水分离器； ② 对进水量、水温等因素较敏感，处理效果不如机械搅拌澄清池稳定	① 进水悬浮物含量一般小于 1000 mg/L； ② 可建成圆形或方形池子； ③ 一般流量变化每小时不大于 10%，水温变化每小时不大于 1 ℃

4.4　过　　滤

4.4.1　水的过滤处理

用于截留悬浮固体的过滤材料称为过滤介质，按介质的结构不同，过滤分为粗滤（格栅）、微滤（筛网、无纺布）、膜滤（膜材料）和粒状材料过滤四个类型。粒状材料过滤是最常用的过滤形式，石英砂是最常用的滤料。过滤是传统给水处理中去除悬浮物的最后把关工艺。

对于循环水量较大的冷却系统，为节省费用也可直接用混凝沉淀或澄清的水作补充水进入循环冷却系统；但对循环水量较小、要求较高的系统，最好将原水浊度进一步降低，这就需要采用过滤处理。另外锅炉用水在软化和除盐处理过程中，微量浊度可使离子交换树脂受污染,影响离子交换效率,因此也需对已沉淀澄清的水进行过滤净化。

4.4.2　滤池分类

1. 慢滤池

慢滤池构造简单(见图 4.15),是较早出现的过滤工艺。

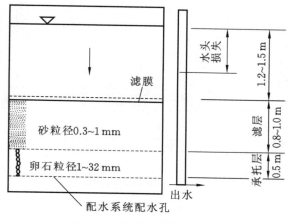

图 4.15　慢滤池结构示意图

慢滤池的过滤速度较慢,一般为 0.1～0.3 m/h。由于过滤速度较慢,在过滤过程中慢滤池也发挥了一定的微生物滤膜的作用,能有效地去除水的色度、嗅和味,对水的浊度和微生物去除效果突出,出水浊度可以小于 1 NTU(NTU 为浊度单位),细菌和颗粒物去除率均可达到 99% 以上。然而,由于慢滤池工作效率低、占地面积大、操作麻烦(刮泥)、寒冷季节时其表层容易冰冻,逐渐被快滤池所代替。

2. 快滤池

为提高过滤效率,人们在慢滤池的基础上开发了快滤池。快滤池滤速最初采用 5 m/h,现代快滤池的滤速可达 40 m/h,冲洗强度通常控制为 12～15 L/(m² · s)。

由于快滤池的滤速是慢滤池的几十到几百倍,快滤池单位面积的滤层在数小时内所截留的悬浮固体量相当于同面积慢滤池在几个月内所截留的量。这就要求每隔数小时必须对滤池的滤层清洗一次,而不能像慢滤池那样采用刮砂的方法来恢复过滤性能。

普通快滤池为下向流、四阀式滤池,其构造如图 4.16 所示,工艺过程由过滤与反冲洗两部分组成。从过滤开始到过滤结束称为"过滤周期"。从过滤开始到冲洗结束的一段时间称为快滤池的"工作周期"。滤池的工作周期为 12～24 h。该工艺主要优点是有成熟的运行经验,稳定可靠;采用砂滤料,材料易得,价格便宜;采用大阻力配水系统,单池面积可做得较大,池深较浅;可以采用降速过滤,水质好。该工艺的主要缺点是阀门多,必须设有全套反冲洗设备。

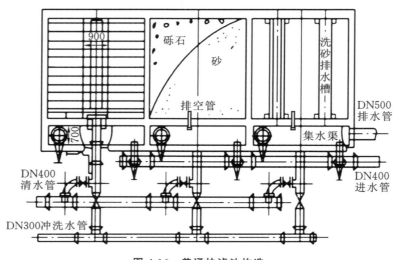

图 4.16 普通快滤池构造

为少用阀门,后期又开发了双阀滤池、单阀滤池、虹吸滤池及无阀滤池等,一些滤池的构造特征将在后文描述。

4.4.3 影响过滤效果的工艺参数

1. 滤料的性能

滤料是过滤工艺的关键,其性能决定了过滤效果和过滤的经济性。一般要求滤料具有足够的机械强度和稳定性,能就地取材、价廉,外形接近于球状,表面较粗糙。滤料的一些重要性能描述如下。

(1)比表面积。

粒状滤料的比表面积可以表示为单位重量或体积的滤料所具有的表面积,单位为 cm^2/g 或 cm^2/cm^3。滤料的比表面积与滤料的颗粒大小及其内部结构有关,是表征吸附性能的重要参数。

(2)有效粒径与不均匀系数。

粒径级配:砂样中粒径小于 d_p 的颗粒占总重量的 $p\%$。如用 d_{10} 表示砂样的有效粒径，$d_{10}=1$ mm，表示粒径小于 1 mm 的颗粒占总重量的 10%；$d_{80}=3$ mm，表示粒径小于 3 mm 的颗粒占总重量的 80%，即大于该粒径的颗粒占总重量的 20%；则 70% 的颗粒粒径为 1～3 mm。可用 d_{80}/d_{10} 表示滤料不均匀系数，即 K_{80}，该值越大，说明砂样中大颗粒比小颗粒大得多，不均匀程度大。

（3）孔隙度。

快滤池以粒状材料的表面来附着悬浮固体，以颗粒间的孔隙来贮存所截留的悬浮固体。因此粒状材料所具有的比表面积和孔隙度决定了快滤池所具有的去污能力极限。这个极限是可以估计的。1 m³ 滤料约含 450 L 孔隙，为了让水流能继续通过滤层，假设可供贮存悬浮固体的比例为 25%，按附着絮凝体所含干物质浓度为 10～60 g/L 计算，这些滤料所能截留的干物质质量为 1100～6600 g。粒状滤料的截留能力一般难以突破这个极限，除非开发其他材料作为过滤介质。

2. 滤层的厚度和滤料的粒度

与欧洲的实践（1.2～1.8 m 深床过滤）相比，我国所用的滤层较薄（0.7 m），但粒度较细（0.5～1.2 mm），都可以取得良好的水质，由此体现了这两个因素的消长与过滤水质的关系。其选择存在经济上的比较和全厂高程布置是否合适的问题。

3. 滤料的层数

试验对比分析发现，单层滤料主要靠表面 28 cm 的滤层去除悬浮固体，而多层滤料各层均发挥了去除悬浮固体的作用，具有纳污能力强和水头损失增长较慢的优点，缺点是滤料不易获得，价格贵，管理麻烦，滤料容易流失，冲洗困难，易形成泥球，需要采用中阻力配水系统。

4. 滤速、化学因素的影响

滤速与出水悬浮物浓度关系密切，高于设计滤速，出水水质会恶化。化学因素的影响主要指滤进水的化学处理，化学混凝对过滤效果有突出的影响，某些水未经化学处理，滤出水水质不合格。

原水经过混凝后即进入滤池过滤，称为"直接过滤"。该工艺没有沉淀过程，但有混凝过程，直接过滤工艺中的絮凝称为"接触絮凝"。由于接触絮凝形成的絮凝体很小，因此直接过滤工艺也称"微絮凝过滤"。由于该工艺没有沉淀池，截留悬浮物的量要比快滤池多，反冲洗水量需要提高几倍，但整个水厂总体投资大大减少。

4.4.4　过滤装置

给水厂水量大,一般采用滤池过滤,从节能、节水、节省设备投资、操作方便及高效等方面考虑开发了多种形式的滤池;而一般工业企业水量相对较少,采用占地较小的压力过滤器进行过滤。

1. 重力无阀滤池

重力无阀滤池的主要特点是,过滤过程依靠水的重力流进行过滤和反冲洗,且滤池不使用阀门。重力无阀滤池工艺如图 4.17 所示。

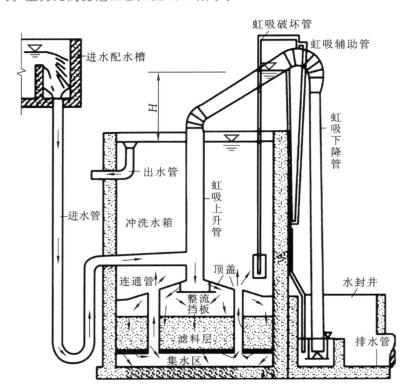

图 4.17　重力无阀滤池工艺

具有一定浊度的原水通过高位进水配水槽由进水管经整流挡板,进入滤料层,开始由上而下过滤,过滤后的水进入集水区,再由连通管进入水箱(反冲洗时的冲洗水箱),并从出水管溢出净化水。当滤层截留物多,阻力变大时,水由虹吸上升管上升,当水位达到虹吸辅助管口时,水便从此管中急剧下落,并将虹吸管内的空气抽走,使管内形成真空,虹吸上升管中水位继续上升。此时虹吸下降管将水封井中的水也吸至一定高度,当虹吸上升管中的水与虹吸下降管中上升的水相汇合时,虹吸即形成,水流便冲出管口流入排水管排出,反冲洗即开始。因为虹吸流量为进水流量的 6 倍,一旦虹吸形成,进水管来的水立即被带入虹吸管,水箱中的水也立即通过连通管沿着过滤相反的方向,自下而上地经过滤池,自动进行冲洗。冲洗水经虹吸上升管流到水封井中排出。当水箱中水位降到虹吸破坏管缘口以下时,管口露出水面,空气大量由破坏管进入虹吸管,破坏虹吸,反冲洗即停止,过滤又重新开始。

重力无阀滤池的运行全部自动进行,操作方便,工作稳定可靠,结构简单,造价也较低。该滤池的缺点是反冲洗耗水量较大。

2. 均粒滤料滤池

均粒滤料滤池主要特点是通过调节出水阀的开启度进行恒水位等速过滤,当某单元滤池冲洗时,待滤水继续进入该单元滤池作为表面扫洗水,使其他各格滤池的进水量和滤速基本不变。该工艺采用均粒石英砂滤料,滤层厚度比普通快滤池的大,截污量大,所以过滤周期长、出水效果好。根据待滤水浊度的大小,滤速一般为 8～14 m/h,过滤周期可达 48 h 甚至更长。该工艺设有 V 型进水槽,故滤池也称为"V 型滤池",该 V 型槽在滤池冲洗时兼作表面扫洗的布水槽,布水均匀,适用于大、中型水厂。

滤池滤料的有效粒径一般为 0.9～1.2 mm,不均匀系数 K_{80} 为 1.2～1.4;滤层厚度一般为 0.9～1.5 m,当滤速为 8～12 m/h 时,厚度取 1.1～1.2 m。滤池滤帽顶至滤料层之间承托层厚度为 50～100 mm,采用粒径为 2～4 mm 的粗石英砂材料。

滤池进水和布水系统如图 4.18 所示。

溢流堰设置于进水总渠,以防止滤池超负荷运行。当进水量超过一定值时,超出部分的流量经溢流堰流入进水槽底部的排水渠。

进水孔包括主进水孔和扫洗进水孔。当滤池过滤时,主进水孔及扫洗进水孔均开启;当滤池冲洗时,主进水孔关闭,扫洗进水孔保持开启。

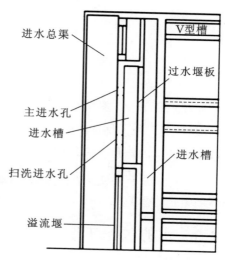

图 4.18　滤池进水和布水系统

V 型槽在滤池过滤时处于淹没状态,冲洗时池水下降。V 型槽底部开有水平布水孔,表面扫洗水经此布水。

滤池采用空气、水反冲和表面扫洗,提高了冲洗效果并节约了冲洗用水,冲洗时滤层保持微膨胀状态,避免出现跑砂现象。配气配水系统一般采用长柄滤头,该系统由配气配水渠、气水室及滤板滤头组成。

3. 压力过滤器

压力过滤器占地面积小,市场上有系列产品供应,可以缩短工程建设周期,而且运转管理方便,适用于小型水处理厂或工业用水领域。另外,过滤器滤速较高,其出水压力可利用,由于系统密闭,不易滋生微生物,过滤过程可防臭。图 4.19 为压力过滤器示意图。

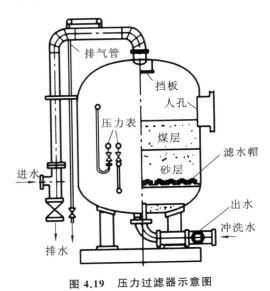

图 4.19　压力过滤器示意图

如图 4.19 所示,装置的进水管位于过滤器的上部,与配水装置连接,在过滤时用于进水,在反冲洗时用于反冲水的出水。配水装置主要是用来防止进水将滤层冲起来,也兼有收集反冲水的作用。装置的出水管一般位于过滤器的下部或底部,过滤时,用于排放清水,反冲时,用于清水进水。装置下部也有配水装置,可采用穿孔管布水或滤头布水,用来收集清水或均匀反冲。另外,装置设有放气管口、压力表口、人孔和排气管。

4.4.5　水的过滤工艺设计

1. 滤池的个数及单池面积

滤速相当于滤池负荷(单位时间、单位表面积滤池的过滤水量)。因此可根据流量和滤速计算出滤池总面积 $F(\text{m}^2)$,见式(4.13)。

$$F=\frac{Q}{v}$$

(4.13)

式中:Q 为设计流量(水厂供水量与水厂自用水量之和),$\mathrm{m^3/h}$;v 为设计滤速,$\mathrm{m/h}$,从表 4.4 中查取。

表 4.4　滤池滤速及滤料组成

滤料种类	滤料组成				正常滤速/(m/h)	强制滤速/(m/h)
		粒径/mm	不均匀系数 K_{80}	厚度/mm		
单层细砂滤料	石英砂	$d_{10}=0.55$	<2.0	700	$7\sim9$	$9\sim12$
双层滤料	无烟煤	$d_{10}=0.85$	<2.0	$300\sim400$	$9\sim12$	$12\sim16$
	石英砂	$d_{10}=0.55$	<2.0	400		
三层滤料	无烟煤	$d_{10}=0.85$	<1.7	450	$16\sim18$	$20\sim24$
	石英砂	$d_{10}=0.50$	<1.5	250		
	重质矿石	$d_{10}=0.25$	<1.7	70		
均匀级配粗砂滤料	石英砂	$d_{10}=0.9\sim1.2$	<1.4	$1200\sim1500$	$8\sim10$	$10\sim13$

表 4.4 中有两个滤速,在设计计算时,用正常滤速计算滤池面积和个数,用强制滤速验算调整。即按 1 个或 2 个滤池停产检修,其余滤池分担全部负荷考虑,计算其超负荷工作的滤速 v_n,滤速 v_n 应能满足表 4.4 中的强制滤速要求。

单池面积 $F'(\mathrm{m^2})$ 可根据滤池总面积 F 与滤池个数 n 确定,见式(4.14)。

$$F'=\frac{F}{n} \tag{4.14}$$

式中:符号意义同前。

滤池个数直接涉及滤池造价、冲洗效果和运行管理。滤池个数多时,单池面积小,冲洗效果好,运转灵活,但滤池总造价高,操作管理较麻烦;若滤池个数过少,单池面积过大,布水均匀性差,冲洗效果欠佳,尤其是当某个滤池反冲洗或停产检修时,对水厂生产影响较大。设计时,滤池个数可参考表 4.5 来选取,但最少不能少于 2 个。

表 4.5　单池面积与滤池总面积　　　　　(单位:$\mathrm{m^2}$)

滤池总面积	单池面积
60	$15\sim20$
120	$20\sim30$
180	$30\sim40$

续表

滤池总面积	单池面积
250	40~50
400	50~70
600	60~80

2. 滤池尺寸的确定

滤池长宽比取决于处理构筑物总体布置,同时与造价有关系,应通过技术经济比较确定。一般情况下,单个滤池的长宽比可参考表 4.6。

表 4.6 单个滤池长宽比

单个滤池面积/m²	长∶宽
≤30	1∶1
>30	1.25∶1~1.5∶1
选用旋转式表面冲洗时	1∶1、2∶1、3∶1

滤池总深度包括 4 个部分。①滤池保护高度:0.20~0.30 m。②滤层表面以上水深:1.5~2.0 m。③滤层厚度:单层砂滤料一般为 0.70 m,双层及多层滤料一般为 0.70~0.80 m。④承托层厚度:参考表 4.7 和表 4.8。考虑配水系统的高度,滤池总深度一般为 2.8~3.5 m。

表 4.7 快滤池大阻力配水系统承托层粒径和厚度

层次(自上而下)	粒径/mm	厚度/mm
1	2~4	100
2	4~8	100
3	8~16	100
4	16~32	本层顶面高度至少应高出配水系统孔眼 100 mm

表 4.8 三层滤料滤池承托层材料、粒径与厚度

层次(自上而下)	材料	粒径/mm	厚度/mm
1	重质矿石(如石榴石、磁铁矿等)	0.5~1.0	50

续表

层次 （自上而下）	材　料	粒径 /mm	厚度/mm
2	重质矿石（如石榴石、磁铁矿等）	1～2	50
3	重质矿石（如石榴石、磁铁矿等）	2～4	50
4	重质矿石（如石榴石、磁铁矿等）	4～8	50
5	砾石	8～16	100
6	砾石	16～32	本层顶面高度至少应高出配水系统孔眼 100 mm

注:配水系统如用滤砖且孔径为 4 mm,第 6 层可不设。

3. 管（渠）设计流速

快滤池管（渠）设计流速参考表 4.9。

表 4.9　快滤池管（渠）设计流速 （单位：m/s）

管渠	设计流速
进水	0.8～1.2
清水	1.0～1.5
冲洗水	2.0～2.5
排水	1.0～1.5

注:考虑到处理水量有可能增大,流速不宜取上限值。

4. 管廊布置

集中布置滤池的管（渠）、配件及闸阀的场所为管廊。管廊中的管道一般采用金属材料,也可用钢筋混凝土。管廊布置应力求紧凑；要有良好的防水、排水、通风及照明设备；要留有设备及管配件安装、维修的必要空间。

当滤池个数少于 5 个时,宜采用单行排列,管廊设置于滤池一侧；超过 5 个时,宜采用双行排列,管廊设置于两排滤池中间。后者布置紧凑,但应注意通风、采光和检修条件。常见的管廊布置形式如图 4.20 所示。

（1）进水、清水、冲洗水及排水四个总渠,全部布置于管廊内,如图 4.20(a)所示。

（2）冲洗水和清水两个总渠布置于管廊内,进水渠和排水渠则布置于滤池的一侧,如图 4.20(b)所示。

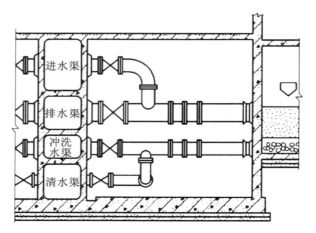

（a）管廊布置形式一

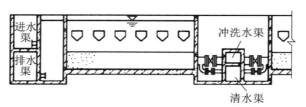

（b）管廊布置形式二

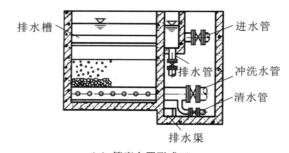

（c）管廊布置形式三

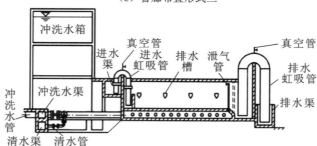

（d）管廊布置形式四

图 4.20 快滤池管廊布置图

（3）进水、冲洗水及清水管均采用金属管道，排水总渠单独设置，如图 4.20(c) 所示。

（4）用排水虹吸管和进水虹吸管分别代替排水和进水管，冲洗水和清水两个总渠布置于管廊内，冲洗水管和清水管仍用阀门控制，称为"虹吸式双阀滤池"，简称"双阀滤池"，如图 4.20(d) 所示。

5. 设计中应注意的问题

设计中应注意以下问题。

（1）滤池底部应设排空管，其入口处设栅罩，池底应有一定的坡度，坡向排空管。

（2）每个滤池宜装设水头损失计及取样管。

（3）滤池壁与砂层接触处应拉毛，呈锯齿状，以免过滤水在该处形成"短路"。

（4）滤池清水管上应设置短管，管径一般为 75～200 mm，以便排放初滤水。

（5）各种密封渠道上应设人孔，以便检修。

4.5　消　　毒

4.5.1　水的消毒处理

消毒是指灭活水中病原微生物，切断其传染传播途径的方法，该过程不一定能杀死细菌芽孢。据世界卫生组织的调查，受污染饮用水的致病微生物有上百种，人类疾病 80% 与用水有关。为保障人体健康和社会稳定，应杜绝通过水介质传染的疾病的发生和流行，生活用水必须经过消毒处理才可供使用。

在城市供水系统中，消毒是最基本的水处理工艺，可保证居民安全用水。氯消毒是国内外最主要的消毒技术。但自 20 世纪 70 年代发现氯消毒产生"三致"消毒副产物后，其他消毒工艺受到了重视，并进行了大量的工作。随后，如二氧化氯、臭氧、光催化消毒、紫外线及相关复合技术等逐渐被推广。同时随着生物化学和基因工程等前沿科技的迅速发展，传统的生物消毒方法也正在取得突破，在水处理消毒领域的应用前景十分广阔。

4.5.2　物理法消毒

1. 加热消毒

加热消毒在很多行业都有所应用，而且已经有很长的应用历史。人们把自来水煮沸后饮用，早已成为常识，这是一种有效而实用的饮用水消毒方法。但是如果把此法应用于大规模的城市供水或污水消毒处理,则费用高,很不经济,因此,这种消毒方法仅适用于特殊场合很少量水的消毒处理。

2. 紫外线消毒技术

紫外线消毒技术是 20 世纪 90 年代兴起的一种快速、经济的消毒技术。它是利用特殊设计的高效率、高强度和长寿命的波段紫外光发生装置产生紫外辐射,从而杀灭水中的各种细菌、病毒、寄生虫、藻类等。其机理是一定剂量的紫外辐射可以破坏生物细胞的结构,通过破坏生物的遗传物质而杀灭水生生物,从而达到净化水质的目的。

紫外线消毒是一种物理方法,它不向水中增加任何物质,没有副作用,不会产生消毒副产物,但缺乏持续灭菌能力,一般要与其他消毒方法联合使用。另外,该工艺电耗较高,灯管寿命还有待提高。现有一些城镇污水中水回用工程实践表明,紫外线消毒投资运行费用较大,灯管容易发热滋生微生物,发生结垢,影响紫外线发射效果,运行管理较复杂。

3. 辐射消毒

辐射消毒是利用高能射线(电子射线、γ 射线、X 射线、β 射线等)照射待处理水,杀死其中的微生物,从而达到灭菌消毒的目的。由于射线有较强的穿透能力,可瞬时完成灭菌作用,一般情况下不受温度、压力和 pH 值等因素的影响,效果稳定。通过控制照射剂量,还可以有选择地杀死微生物。

辐射消毒法的一次投资大,而且还要用到辐射源,有一定的风险,必须有严格的安全防护设施和完善的操作管理制度。

除上述消毒方法外,人们还在探索研究高压静电消毒、微电解消毒、微波消毒等消毒方法在水处理中的应用。

总体来说,物理法消毒方便快捷,消毒后对水质没有影响,单从水处理的角度来讲,非常理想。但其费用较高,在应用上有一定的局限性,因此,在大规模水处理中应用较多的还是化学法消毒。

4.5.3　化学法消毒

1. 氯消毒技术

氯消毒主要是通过次氯酸的氧化作用来杀灭细菌,次氯酸是很小的中性分子,能扩散到带负电的细菌表面,通过细菌的细胞壁进入细菌内部,进行氧化作用,破坏细菌的酶系统而使细菌灭活。氯消毒对于水中的病毒、寄生虫卵的杀灭效果较差,需要较高的投加量才能达到理想的效果。

　　由于氯消毒价格低廉、消毒持续性好、操作使用简单，应用十分广泛。目前，在公共给水系统中，氯消毒成为最为经济有效和应用最广泛的消毒工艺。

　　普通的氯消毒工艺主要包括液氯、氯胺、漂白粉、次氯酸钠消毒工艺等。液氯消毒工艺一般应用较多；漂白粉、次氯酸钠消毒工艺一般应用于小型水厂。

　　投加氯气装置必须注意安全，不允许水体与氯瓶直接相连，必须设置加氯机；液氯汽化成氯气的过程需要吸热，可以采用淋水管喷淋；氯瓶内液氯的汽化和用量需要监测，除采用自动计量仪器外，较为简单的方法是将氯瓶放置在磅秤上。具体布置如图 4.21 所示。

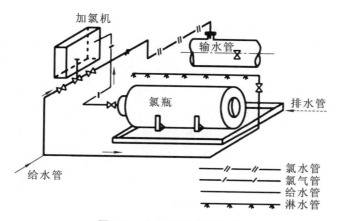

图 4.21　投加氯气装置布置

　　一般水源的滤前加氯量为 1.0～2.0 mg/L，过滤出水或地下水加氯量为 0.5～1.0 mg/L。氯与水的接触时间不得少于 30 min。当水中氨氮含量较高时，可以采用折点加氯法进行氧化、消毒，降低水中的氨氮含量，产生氯胺消毒作用，该工艺停留时间较长（1～2 h），氯投加量较高。

　　氯在水中的作用是相当复杂的，它不仅可以起氧化反应，还可与水中天然存在的有机物起取代或加成反应而得到各种卤代物，其中许多卤代物是致癌物或诱变剂，会对人体健康产生严重的危害。

2. 臭氧消毒技术

　　臭氧的消毒机理包括直接氧化和产生自由基的间接氧化，与氯和二氧化氯一样，通过氧化作用破坏微生物的结构，达到消毒的目的。其优点是杀菌效果好，用量少，作用快，能同时控制水中铁、锰的含量以及水的色、味、嗅。可将氰化物、酚等有毒有害物质氧化为无害物质；可氧化嗅味和致色物质，从而减少嗅味，降低色度；可氧化溶解性铁、锰，形成不溶性沉淀，通过过滤去除；可将难以生物分解的大分子有机物氧化分解为易于生物降解的小分子有机物。

臭氧消毒存在的主要问题是生产设备庞大,流程复杂,需要较高的运行管理水平,制取臭氧的产率低,电能消耗大,基建设备投资也较大,成本很高。此外,单独采用臭氧消毒难以保证持续的杀菌效果,因此在使用中受到一定限制。

3. 二氧化氯消毒

二氧化氯是一种强氧化剂,对细菌的细胞壁有较好的吸附和穿透性能,可以有效地氧化细胞酶系统,快速地控制细胞酶蛋白的合成,因此在同样条件下,对于大多数细菌,二氧化氯表现出比氯更高的去除效率,是一种较理想的消毒剂,它兼有氯和臭氧消毒的许多优点。二氧化氯本身也有害,且不能贮存,须现场制备。

二氧化氯的制备方法较多,根据其化学原理可以分为还原法、氧化法和电化学法,一般常采用还原法中的盐酸法。即采用次氯酸钠和盐酸反应生成二氧化氯、氯气和氯化钠等。该工艺特点是系统封闭,反应残留物主要是氯化钠,可以经电解生成氯酸钠,生产成本低。该工艺的不足之处是一次性投资大,收益率较低,耗电量较大等。

与所有消毒剂一样,二氧化氯在净水过程中也会产生副产物。它的副产物包括两部分:一部分是被其氧化而生成的有机副产物;另一部分是本身被还原以及其他原因而生成的无机副产物。二氧化氯的氧化能力要比氯和过氧化氢强,但比臭氧弱。二氧化氯具有广谱杀菌性,它对一般细菌的杀灭作用不弱于氯,对很多病毒的杀灭作用强于氯。

4.5.4 其他消毒技术

随着纳米科技的飞速发展,国内外研究人员利用纳米材料制成抗菌剂,对水中抗菌消毒的应用展开了深入研究。纳米材料特殊的结构和性质,使其在水处理领域有着巨大的潜力,能够有效地杀灭水中存在的细菌和病毒,与传统的消毒剂相比显示出特殊的优势。

用于水中杀菌的纳米粉体类抗菌材料主要是纳米金属粉体,如 Au(金元素)、Ag(银元素)、Cu(铜元素)、Mo(钼元素)等。由于其具有巨大的比表面积和催化活性,在去除有毒污染物、去除重金属离子、杀菌等方面取得了显著的效果。

有关纳米银应用于水处理的研究较多,这是由银的化学结构决定的,高氧化态银的还原势极高,足以使其周围空间产生原子氧,原子氧具有强氧化性,可以灭菌;Ag^+(银离子)可以强烈地吸引细菌体中蛋白酶上的—SH(活性巯基),迅速与其结合在一起,使蛋白酶丧失活性,导致细菌死亡。当细菌被 Ag^+ 杀灭后,Ag^+ 又从细菌尸体中游离出来,再与其他菌落接触,周而复始地进行上述过程,因而具有持久性杀菌的特点。银纳米粒子是高效的杀菌、抗菌剂。纳米银在水中杀菌消毒技术的研究表明,对于水中常见的革兰氏阳性和革兰氏阴性菌,包括奥里斯葡萄球菌、大肠埃希菌、绿脓假单胞菌和克雷伯氏杆菌,纳米银都有高效的杀灭能力和抑制其繁殖的能力。

纳米银抗菌剂虽然性能优异,但 Ag 是贵金属,应用成本较高;另外,Ag^+ 能与水介质中的 Cl^-(氯离子)、HS^-(硫氢根离子)、S^{2-}(硫离子)和 SO_4^{2-}(硫酸根离子)等多种阴离子发生反应,形成不溶于水的氯化银和硫化银,从而失去抗菌活性。在无机抗菌剂中,金属铜也有很强的抗菌性能,而且铜的价格比银便宜很多,铜离子具有较高的化学稳定性和环境安全性。因此,研究纳米铜抗菌性能是很有意义的工作,近年来对纳米铜的研究也已经引起了国内外的广泛关注。但是由于纳米铜的化学性质十分活泼,暴露在空气中很快会被氧化,存在稳定性和分散性较差等问题,因此稳定性和分散性良好、尺寸和形貌可控的铜纳米材料制备方法及其性能研究已经成为纳米材料领域的研究热点。

由于纳米材料颗粒极小,在应用中容易流失、扩散、难回收等,会引起纳米颗粒污染问题,所以与其他材料一样,纳米材料也需要与其他材料复合后才能体现真正的应用价值。由此,纳米颗粒载体材料的研究也成为水处理材料和抗菌材料研究中的热点。

抗菌剂的抗菌力是与载体紧密相连的,同一种抗菌剂在不同的载体里会表现出抗菌力的差异。总之,在抗菌材料的制备时,应先分析清楚该材料的物理化学性质、制备工艺特征、使用环境,然后选择满足以上几方面要求的载体,再筛选出既经济又易与抗菌成分结合,且稳定的、抗菌效果好的抗菌剂载体。

4.6　地下水除铁、除锰、除氟工艺

4.6.1　概述

我国分布着较广的含铁和含锰的地下水。铁和锰可共存于地下水中,但含铁量往往高于含锰量。含铁量一般小于 10 mg/L,含锰量一般为 0.5~2.0 mg/L。

水中的铁以 +2 价或 +3 价氧化态存在;锰以 +2 价、+3 价、+4 价、+6 价或 +7 价氧化态存在,其中 +2 价和 +4 价锰不太稳定,但 +4 价锰的溶解度低,所以以溶解度高的 +2 价锰为处理对象。地表水中含有溶解氧,铁、锰主要以不溶解的 $Fe(OH)_3$(氢氧化铁)和 MnO_2(二氧化锰)状态存在,所以水中铁、锰含量不高。地下水或湖泊和蓄水库的深层水中,由于缺少溶解氧,以致 +3 价铁和 +4 价锰还原成为溶解的 +2 价铁和 +2 价锰,因而水中铁、锰含量较高,需加以处理。

水中含铁量较高会使水具有铁腥味,影响水的口味;若将含铁量较高的水作为造纸、纺织、印染、化工和皮革精制等的生产用水,会降低产品质量;水中含铁量较高时会使家庭用具如瓷盆和浴缸产生锈斑,使洗涤的衣物出现黄色或棕黄色斑渍;铁质沉淀物 Fe_2O_3(氧化铁)会助长铁细菌的繁殖,阻塞给水管道,有时会使得水质变黄或变红。

含锰量高的水所引发的问题和含铁量高的情况相类似,例如使水有色、嗅、味,损害纺织、造纸、酿造、食品等工业产品的质量,家用器具会被污染成棕色或黑色,洗涤衣物会有微黑色或浅灰色斑渍等。

《生活饮用水卫生标准》(GB 5749—2022)规定,铁、锰浓度分别不得超过 0.3 mg/L 和 0.1 mg/L,这主要是为了防止水污染生活用具,并没有毒理学的意义。超过标准的原水须经除铁除锰处理。

我国地下水含氟地区的分布范围较广,长期饮用含氟量高的水可引起慢性氟中毒,特别是对牙齿和骨骼产生严重危害,轻者患氟斑牙,表现为牙釉质损坏、牙齿过早脱落等,重者则骨关节疼痛,甚至骨骼变形,出现驼背等,完全丧失劳动能力,所以含氟量高的水的危害是很严重的。我国饮用水标准中规定氟的含量不得超过 1 mg/L。

4.6.2　地下水除铁

1. 地下水除铁原理

本节所介绍的除铁对象是溶解状态的铁,主要包括以下两种铁。

(1)以 Fe^{2+}(二价铁离子)存在的二价铁。水的总碱度高时,Fe^{2+} 主要以重碳酸盐的形式存在。

(2)Fe^{3+}(三价铁离子)或 Fe^{3+} 形成的络合物。铁可以和硅酸盐、硫酸盐、腐殖酸、富里酸等相络合而形成无机或有机铁。

在设计除铁工艺之前,除总铁含量需要测定外,还需要知道铁的存在形式,因此须在现场采取代表性水样进行详细分析。地下水中如有铁的络合物会增加除铁的困难。一般当水中的含铁总量超过按 pH 值和碱度的理论溶解度值时,可认为有铁的络合物存在。

地下水除铁、锰是氧化还原反应过程。采用锰砂或锈砂(石英砂表面覆盖铁质氧化物)除铁、锰,实际上是一种催化氧化过程。去除地下水中的铁、锰,一般利用同一原理,即将溶解状态的铁、锰氧化成为不溶解的 Fe^{3+} 或 Mn^{4+}(四价锰离子)化合物,再经过滤即达到去除的目的。

以下对铁的化学平衡和氧化进行讨论。

水中铁的氧化速率受到多种因素(如氧化还原电位 E_H、pH 值、重碳酸盐、硫酸盐和溶解硅酸等)的影响,以致铁的化学反应比较复杂。例如,一般假定铁氧化后成为 $Fe(OH)_3$(氢氧化铁)沉淀,但当水的碳酸盐碱度大于 250 mg/L[$CaCO_3$(碳酸钙)计]时,可能生成碳酸亚铁 $FeCO_3$(碳酸亚铁)沉淀而不是 $Fe(OH)_3$ 沉淀。此外,有机络合剂可使铁的反应更加复杂,各种腐殖质可以与铁络合成为有机铁,使氧化过程非常缓慢,此时如用曝气氧化法,由于氧化时间太短,不能将络合物破坏,因此,几乎不能产生除铁效果。

为去除地下水中的铁,一般用氧化方法,将水中的 Fe^{2+} 氧化成 Fe^{3+},再从水中沉淀出来。氧化剂有氧、氯和高锰酸钾,因为利用空气中的氧既方便又经济,所以生产上应用最广。氧化反应见式(4.15)。

$$4Fe^{2+} + O_2 + 10H_2O = 4Fe(OH)_3 + 8H^+ \tag{4.15}$$

式中:O_2 为氧;H_2O 为水;H^+ 为氢离子;其余符号意义同前。

根据化学计量关系,每氧化 1 mg/L 的二价铁,需要氧 $2 \times 16 \div (4 \times 55.8) \approx 0.14$(mg/L),同时产生 $1 \times 8 \div (4 \times 55.8) \approx 0.036$(mg/L)的 H^+。但是每产生 1 mol/L 的 H^+ 会减小 1 mol/L 的碱度,所以每氧化 1 mg/L 的二价铁会降低 1.8 mg/L 以 $CaCO_3$ 计的碱度。如水的碱度不足,则在氧化反应过程中,H^+ 浓度增加、pH 值降低,以致氧化速率受到影响而变慢。

尽管二价铁的氧化速率比较缓慢,难以在并不太长的水处理过程中完成氧化作用,但如存在催化剂,可因催化作用而加速氧化,例如含铁水曝气后在滤池中过滤时,滤料颗粒表面会逐渐生成深褐色的氢氧化铁覆盖膜,覆盖膜的催化氧化作用可加速完成二价铁的氧化。利用空气中的氧使二价铁氧化时,曝气的作用是向水中充 O_2 和散除少量水中 CO_2(二氧化碳)以提高 pH 值。O_2 和 CO_2 是略溶于水的气体,溶解度的大小和它在液面上的分压成正比,并随水温的升高而降低。在标准大气压下,空气中 O_2 的分压约为 21.3 kPa,CO_2 的分压为 $0.03 \sim 0.1$ kPa,O_2 和 CO_2 在水中的溶解度见表 4.10。

表 4.10　O_2 和 CO_2 在水中的溶解度

水温/(℃)	O_2	CO_2
0	0.049	1.713
5	0.043	1.424
10	0.038	1.194
15	0.034	1.019

续表

水温/(℃)	O_2	CO_2
20	0.031	0.878
25	0.028	0.759
30	0.026	0.665

空气中,O_2 的体积约占 20.93%,CO_2 的体积约占 0.03%,而地下水中不含溶解氧,水中的 CO_2 浓度比空气中的更高。因此,当含铁地下水曝气时,空气中的 O_2 必然溶解到水中,水中的 CO_2 则逸出到大气中,以保持平衡状态。

为提高曝气效果,可将空气以气泡形式分散于水中,或将水流分散成水滴或水膜状,以增加水和空气的接触面积和延长曝气时间,提高曝气效果。

在曝气溶氧过程中,所需的溶解氧量,理论上可按 1 mg/L Fe^{2+} 需要 0.14 mg/L O_2 计算,但是增加氧的浓度可以加快二价铁的氧化,而且水中的其他杂质也会消耗氧,所以实际需要的溶解氧量应比理论值高,通常采用理论值的 3～5 倍。一般 1 m^3 水每去除 1 mg/L Fe^{2+} 所需的空气量为 1 L。

2. 地下水除铁工艺

地下水除铁曝气装置有多种形式,如射流曝气、曝气塔、跌水、喷淋等,可根据原水水质和曝气要求选定。下面主要介绍射流曝气除铁和曝气塔除铁。

(1) 射流曝气除铁。

射流曝气是通过水射器利用高压水吸入空气。高压水一般为压力滤池的出水回流,经过水射器将空气带入深井泵吸水管中,如图 4.22 所示。这种形式构造简单,适用于小型设备,以及原水铁、锰含量较低且无须去除 CO_2 以提高 pH 值的情况。

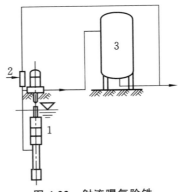

图 4.22 射流曝气除铁

注:1—深井泵;2—水射器;3—除铁滤池

（2）曝气塔除铁。

曝气塔是一种重力式曝气装置，如图 4.23 所示，适用于含铁量不高于 10 mg/L 的地下水处理。曝气塔中填以多层板条或者是 1～3 层厚度为 0.3～0.4 m 的焦炭或矿渣填料层，填料层的上下净距在 0.6 m 以上，以便空气流通。含铁的水从位于塔顶部的穿孔管喷淋而下，成为水滴或水膜通过填料层，由于空气和水的接触时间长，所以除铁效果好。焦炭或矿渣填料常因铁质沉淀堵塞而需要更换，因此在含铁量较高时，采用板条较佳。曝气塔的水力负荷为 5～15 m³/(h·m²)。

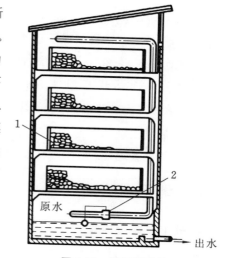

图 4.23　曝气塔除铁
注：1—焦炭层（厚度为 0.3～0.4 m）；2—浮球阀

地下水除铁的工艺流程应按原水水质、处理后水质要求决定，国内采用较多的工艺流程是：原水→曝气→催化氧化过滤。

当地下水的铁、锰含量高，或含硅酸盐、有机铁时，应通过试验确定除铁的工艺流程。

曝气后产生的三价铁沉淀，可以采用重力式或压力式等多种形式的快滤池去除。滤料可以采用石英砂或锰砂等，石英砂的粒径范围为 0.5～1.2 mm，锰砂的粒径范围为 0.6～2.0 mm；重力式滤池滤层厚度为 700～1000 mm，压力式滤池滤层厚度为 1000～1500 mm。

滤池刚使用时，一般不能使出水含铁量达到饮用水水质标准，直到滤料表面覆盖有棕黄色或黄褐色的铁质氧化物时，除铁效果才能显示出来，这是由于滤料表面上已形成氢氧化物膜，由于它的催化氧化作用，在较短的处理时间内即将水的含铁量降到饮用水标准。石英砂或锰砂为滤料都会有这种过程，所需的时间称为成熟期。根据原水水质，石英砂滤料的成熟期从数周到 1 月以上不等，不过锰砂滤料的成熟期稍短，但成熟后的滤料层都会有稳定的成熟效果。

除铁滤池的滤速一般为 5～10 m/h。国外学者通过长期的试验研究并总结实践经验，得出二价铁过滤的关系式，见式（4.16）。

$$v = 0.8\left[(3.0\text{pH} - 18.6)\frac{t^{0.8}}{\text{Fe}_0^{0.1}\ln(\text{Fe}_0/\text{Fe}_\text{L})}\frac{L}{d}\right] \qquad (4.16)$$

式中：v 为除铁滤池滤速，m/h；t 为水温，℃；Fe_0 为滤池进水含铁量，mg/L；Fe_L 为滤池出水含铁量，mg/L；L 为滤层厚度，m；d 为滤料有效粒径，mm。

式（4.16）适用的条件是：滤速 $v \leqslant 30$ m/h；进水 pH 值为 6.8～7.3；水温 t 为 6～

18 ℃；进水含铁量 Fe_0 为 0.5～12.0 mg/L；$Fe_0 \leqslant 4$ mg/L 时，过滤水中含氧量不小于 5 mg/L；4 mg/L＜$Fe_0 \leqslant 6$ mg/L 时，过滤水中含氧量不小于 7 mg/L；6 mg/L＜$Fe_0 \leqslant$ 10 mg/L 时，过滤水中含氧量不小于 8 mg/L；滤料为石英砂，厚度 L 为 1.0～3.0 m；滤前水暂时硬度不小于 120 mg/L CaO(氧化钙)。

从式(4.16)可以看出，滤速 v、pH 值、原水含铁量、水温、滤层厚度和滤料粒径之间具有相关关系。因为过滤过程中，催化氧化作用一旦形成即恒定不变，所以未考虑过滤周期。不过，氢氧化铁沉积在滤层中后，过滤阻力增大，当滤料粒径越小、进水 pH 值和含铁量越高，则周期就越短，这时应采用较小的滤速。

4.6.3 地下水除锰

1. 地下水除锰原理

铁和锰的化学性质相近，通常共存于地下水中，但铁的氧化还原电位较锰低，容易被氧气氧化，相同 pH 值时二价铁比二价锰的氧化速率快，以致影响二价锰的氧化，因此地下水除锰比除铁难。

地下水中 Mn^{2+}(锰离子)被氧气氧化时的动力学和铁的氧化不同，而且在 pH 值小于 9.5 时，Mn^{2+} 的氧化速率很慢。而且经过试验结果表明，Mn^{2+} 的氧化和去除是自动催化氧化过程。

除锰时的自动催化氧化性质表现为：在反应过程中缓慢生成 MnO_2(二氧化锰)沉淀，然后水中 Mn^{2+} 很快吸附于 MnO_2 成为 $Mn^{2+}MnO_2$，此后吸附的 Mn^{2+} 以缓慢的速度氧化。

2. 地下水除锰工艺

除锰时所采用的工艺流程为：原水→曝气→催化氧化过滤。

上述工艺适用于含铁量小于 2.0 mg/L、含锰量小于 1.5 mg/L 时的地下水处理。

除锰的曝气装置和除铁时相同，锰氧化时的反应见式(4.17)。

$$2Mn^{2+} + O_2 + 2H_2O = 2MnO_2 + 4H^+ \tag{4.17}$$

式中：符号意义同前。

根据化学计量关系，每氧化 1 mg/L Mn^{2+} 需要氧(2×16)/(2×54.9)≈0.29(mg/L)，同时产生 0.036 mg/L 的 H^+。实际上所需氧量较理论值高。

过滤可以采用各种形式滤池，在同一滤层中，铁主要截留在上层滤料内。当地下水中铁、锰含量不高时，可在同一滤层的上层除铁、下层除锰，不致因锰的泄漏而影响水质。但如铁、锰含量大，则除铁层的范围增大，剩余的滤层不能截留水中的锰，因而部分泄漏，滤后水不符合水质标准。显然，原水含铁量越高，锰的泄漏时间将越早，因此缩短了过滤周期,所以铁对除锰的干扰是除铁除锰时须注意的问题。这时为了防止锰的泄漏,可在流程中建造 2 个滤池,前面是除铁滤池,后面是除锰滤池。在压力滤池中也可将滤层做成两层,上层用以除铁,下层用以除锰,如图 4.24 所示。

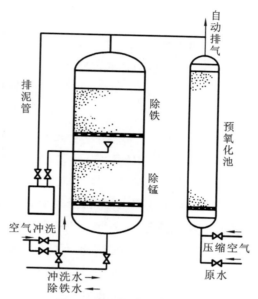

图 4.24　除铁除锰双层滤池

除锰滤池的滤料可用石英砂或锰砂,滤料粒径、滤层厚度和除铁时相同。滤速为 5～8 m/h,石英砂滤料的冲洗强度为 12～14 L/(s·m²),膨胀率为 28%～35%,冲洗时间为 5～15 min。

除锰滤池成熟后,滤料上有催化活性的滤膜,外观为黑褐色,据仪器分析,它的成分是高价铁、锰混合氧化物,以铁、锰为主,可优先吸附 Mn^{2+}、Fe^{2+}、Ca^{2+}(钙离子)等并进行催化氧化反应而沉积在滤料上,使活性滤膜不断增长。它是使 Mn^{2+} 较快地形成高锰氧化物的催化剂,并且是在除铁除锰很短的曝气、过滤过程中,能够氧化和去除 Mn^{2+} 的原因。

除锰过程中,除溶解氧将水中 Mn^{2+} 氧化成 MnO_2,以及某些催化剂参与反应外,也不能忽视铁细菌的作用。微生物的生化反应速率远大于溶解氧氧化 Mn^{2+} 的速率,随着滤料的成熟,可观测到滤料上或滤料孔隙之间有铁细菌群体,数量为 $(10～20)×10^4$ 个/mL,其对于活性滤膜的形成有促进作用。

4.6.4　地下水除氟

吸附过滤法是我国饮用水除氟应用最多的方法,滤料的吸附剂主要是活性氧化铝,其次是骨炭,它是由兽骨燃烧去掉有机质的产品,主要成分是磷酸三钙和炭,因此骨炭过滤称为"磷酸三钙吸附过滤法"。两种方法都是利用吸附剂的吸附和离子交换作用,是比较经济有效的除氟方法。其他还有混凝、电渗析等除氟方法,但应用相对较少。

1. 活性氧化铝法

活性氧化铝是白色颗粒状多孔吸附剂,有较大的比表面积。活性氧化铝是两性物质,等电点约为 9.5,当水的 pH 值小于 9.5 时可吸附阴离子,大于 9.5 时可去除阳离子,因此,在酸性溶液中活性氧化铝为阴离子交换剂,对氟有较大的选择性。

活性氧化铝除氟有下列特性。

(1) pH 值影响。原水含氟量 C_0 为 20 mg/L,取不同 pH 值的水样进行试验,结果显示:在 pH 值为 5~8 时,除氟效果较好;在 pH 值为 5.5 时,吸附量最大。因此如将原水的 pH 值调节到 5.5 左右,可以增加活性氧化铝的吸氟效率。

(2) 吸氟容量。吸氟容量是指 1g 活性氧化铝所能吸附氟的质量,一般为 1.2~4.5 mg/g。它取决于原水的氟浓度、pH 值、活性氧化铝的颗粒大小等。在原水含氟量为 10 mg/L 和 20 mg/L 的平行对比试验中,当保持出水 F^-(氟离子)在 1 mg/L 以下时,所能处理的水量大致相同,说明原水含氟量增加时,吸氟容量可相应增大。进水 pH 值可影响 F^- 泄漏前可以处理的水量,pH 值为 5.5 时为最佳值。颗粒大小和吸氟容量呈线性关系,颗粒小则吸氟容量大,但小颗粒会在反冲洗时流失,并且容易被再生剂 NaOH(氢氧化钠)溶解。国内常用的粒径是 1~3 mm,但已有粒径为 0.5~1.5 mm 的产品。

由上可见,加酸或加 CO_2 调节原水的 pH 值为 5.5~6.5,并采用小粒径活性氧化铝,是提高除氟效果和降低制水成本的根本途径。

活性氧化铝除氟工艺可分成原水调节 pH 值和不调节 pH 值两类。调节 pH 值时,为减少酸的消耗和降低成本,我国多将 pH 值控制为 6.5~7.0,除氟装置的接触时间应不少于 15 min。

除氟装置有固定床和流动床。固定床的水流一般为升流式,滤层厚度为 1.1~1.5 m,滤速为 3~6 m/h。移动床滤层厚度为 1.8~2.4m,滤速为 10~12 m/h。

活性氧化铝柱失效后,出水含氟量超过标准时,运行周期即结束,须进行再生。再生时,活性氧化铝柱首先反冲洗 10~15 min,以去除滤层中的悬浮物。再生液浓度和用量应通过试验确定,一般采用 $Al_2(SO_4)_3$(硫酸铝)再生时,其浓度为 1%~2%,采用 NaOH 再生时,其浓度为 1%。再生后用除氟水反冲洗 8~10 min。再生时间为 1.0~1.5 h。采用 NaOH 溶液时,再生后的滤层呈碱性,需要再转变为酸性,以便去除 F^- 离子和其他阴离子。这时可在再生结束重新进水时,将原水的 pH 值调节为 2.0~2.5 并以平时的滤速流过滤层,连续测定出水的 pH 值。当 pH 值降低到预定值时,出水即可送入管网系统中应用,然后恢复原来的方式运行。和离子交换法一样,再生废液的处理是一个麻烦的问题,再生废液处理费用往往占运行维护费用很大的比例。

2. 骨炭法

骨炭法又称"磷酸三钙法",是仅次于活性氧化铝的除氟方法,在我国应用较广泛。骨炭主要成分是羟基磷酸钙,其分子式可以是 $Ca_2(PO_4)_2 \cdot CaCO_3$,也可以是 $Ca_{10}(PO_4)_6(OH)_2$(碱式磷酸钙)。

当水的含氟量高时,反应向右进行,氟被骨炭吸收而去除。

骨炭再生一般浓度为用 1% 的 NaOH 溶液浸泡,然后用浓度为 0.5% 的硫酸溶液中和。再生时水中的 OH^- 浓度升高,反应向左进行,使滤层得到再生又成为羟基磷酸钙。

骨炭法除氟较活性氧化铝法的接触时间短,只需 5 min,且价格比较便宜,但是机械强度较差,吸附性能衰减较快。

3. 其他除氟方法

混凝法除氟是利用铝盐的混凝作用,适用于原水含氟量较低并须同时去除浊度的情况。由于投加的硫酸铝量太大会影响水质,处理后水中含有大量溶解铝,引起人们对健康的担心,因此应用越来越少。电凝聚法除氟的原理和铝盐混凝法相同,应用也少。

电渗析除氟法可同时除盐,适用于苦咸高氟水地区的饮用水除氟,尽管在价格上和技术上仍然存在一些问题,但预计其应用有增长的趋势。

4.7　给水深度处理

4.7.1　活性炭吸附

活性炭吸附被视为能有效去除水体中溶解性物质的一种处理技术,活性炭最初被用来降低饮用水中的臭味。后来,由于水中微量有机物对人体造成威胁,活性炭被更广泛地应用于给水工程中。影响活性炭吸附效果的因素大致包括活性炭本身性质、有机物特性及水质条件等。

活性炭主要分为粉末状活性炭(powdered activated carbon,PAC)、颗粒状活性炭(granular activated carbon,GAC)及纤维状活性炭(activated carbon fiber,ACF)三种。在给水处理上,PAC 多用于控制因季节性变化或水质恶化所导致的臭味问题,解决臭味能力很好,但对消毒副产物(disinfection by-products,DBPs)和前驱物的吸附能力较差。GAC 由于可以吸附 DBPs 及其前驱物,在饮用水处理上,常以混凝沉淀作为 GAC 的前处理单元,此种方式的优点为利用混凝沉淀去除大部分颗粒性有机物与部分溶解性有机物,使通过 GAC 床的悬浮固体量与总有机碳(total organic carbon,TOC)含量减少,可以减少 GAC 床水头损失及延长贯穿时间,增加去除量,减少 GAC 使用量。此方式 TOC 去除率超过 50%,但是对大分子有机物的去除效果较差。ACF 是将活性炭制成织状,直径5~20 m,对挥发性碳氢氯化物有很强的吸附力,对有机物的去除率可达 50%~60%,色度去除率也是传统活性炭的 4~6 倍。

活性炭深度处理是采用压力过滤容器,即一种装填粗石英砂垫层及优质活性炭的压力容器。图 4.25 和图 4.26 为活性炭过滤罐及给水活性炭深度处理工艺。

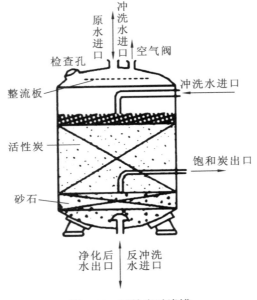

图 4.25　活性炭过滤罐

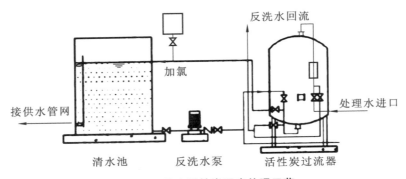

图 4.26　给水活性炭深度处理工艺

4.7.2　高级氧化

高级氧化法是指反应程序中能生成氢氧自由基等活性中间产物,以破坏有机、无机的毒性污染物及其中间产物的方法。除了光催化、异相催化、紫外线、臭氧、超声波等,还包括上述两种或多种组合程序。在净水处理上,应用较广的属臭氧及紫外线。

1. 臭氧氧化法

臭氧氧化法是指在净水处理上利用臭氧强氧化的性质去除水中溶解性有机物与臭味,同时达到消毒效果的方法。臭氧可将大分子有机物氧化成微生物容易分解的小分子,增加生物的可分解性,因此通常和生物活性炭处理配合,但同时能提供配水系统中微生物生长的基质,造成配水系统中微生物的再生长,故多用于预处理程序。pH 值愈高或温度愈低,臭氧在水中溶解度愈大,20 ℃蒸馏水中的臭氧半衰期一般为 20～30 min,因此其处理效果较不稳定,易受现场环境影响。

2. 光催化氧化技术

光催化氧化技术作为高级氧化技术的一种,是指有机污染物在光照下,通过催化剂实现降解。一般可分为有氧化剂直接参加反应的均相光化学催化氧化,以及有固体催化剂存在,紫外光或可见光与氧或过氧化氢作用下的非均相(多相)光化学催化氧化。均相光化学催化氧化主要指 UV/Fenton(光/芬顿)试剂法。辅助以紫外线或可见光辐射,可极大地提高传统 Fenton 氧化还原的处理效率,同时减少 Fenton 试剂用量。

光照半导体材料如 TiO_2(二氧化钛)、ZnO(氧化锌)等通过光催化作用可氧化降解有机物。光催化技术原理是这些半导体材料在紫外线的照射下,如果光子的能量高于半导体的禁带宽度,则半导体的价带电子从价带激发到导带,产生光致电子和空穴,光致电子和空穴具有很强的氧化性,可夺取半导体颗粒表面吸附的有机物或溶剂中的电子,使原本不吸收光而无法被光子直接氧化的物质,通过光催化剂被活化氧化。光致电子具有很强的还原性,使得半导体表面的电子受体被还原。光催化氧化还原机理可以分为几个阶段:光催化剂在光照射下产生电子空穴对;表面羟基或水吸附后形成表面活性中心;表面活性中心吸附水中的有机物;羟基自由基形成,有机物被氧化;氧化产物分离。

水的光催化处理是在光催化反应器中完成,光催化反应器决定了催化剂活性的发挥和对光源的利用等问题,这直接决定了光催化反应的效率。根据处理池中催化剂的存在状态,光催化反应器可以分为三种:悬浮式光催化反应器、镀膜催化剂反应器、固定床式光催化反应器。

(1)悬浮式光催化反应器。

早期光催化以悬浮相光催化为主,这类反应器通常是将光催化剂粉末加到所要处理的溶液中。它的优点是在反应中,污染物容易和光催化剂接触,但处理效率不高,当提高催化剂的浓度时会造成悬浮液浑浊,影响光的穿透,降低光效率,而且催化剂与液体分离困难,处理成本昂贵。将 TiO_2 与含有害物质原水溶液组成的悬浮液通过环纹型、直通型或同轴石英管夹层构成流通池,辐射光源直接辐射流通池。此类反应器结构简单,通过上述方式能保持催化剂固有的活性,但催化剂无法连续使用,后期处理必须经过过滤、离心、絮凝等方法将其分离并回收,过程复杂,且由于悬浮粒子对光线的吸收阻挡影响了光的辐照深度,使得悬浮式光催化反应器很难用于实际水处理中。悬浮相光催化的反应速率一般随催化剂浓度增加而增加,当 TiO_2 浓度高达一定值时(0.5 mg/cm^3 左右),反应速率达到极值。

(2)镀膜催化剂反应器。

镀膜催化剂反应器是将 TiO_2 等半导体材料喷涂在反应器的内外壁、光纤材料、灯管壁、多孔玻璃、玻璃纤维、玻璃板或钢丝网上,催化剂膜在紫外光的照射下,将吸附在膜表面的污染物降解、矿化。以这种形式存在的 TiO_2 不易流失,但催化剂因固定而降低了活性,且运行时需要提高进入反应器的水压,催化剂还存在易淤塞和难再生的问题。图 4.27所示为多重中空管反应器,它是由众多中空石英管组成的,每只管外面覆盖一层催化剂膜,光源在一端照射,通过石英管中间将光传到催化剂,水流从管与管之间的缝隙穿过,在石英管表面催化剂作用下将污染物降解。它的特点是由于增加了接触面积以及在液体里分布均匀,减少了光催化反应中所受到的质量传输限制,而且容易放大,但缺点是不能得到一致的光照,在石英管的远端光照不足,造成远端活性较低。图 4.28 所示为光导纤维反应器,这类反应器以光导材料为载体,同时这种光导材料又可以直接传递光源。

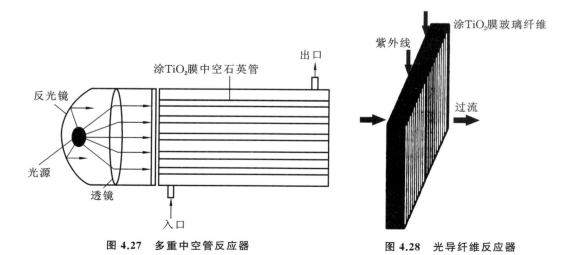

图 4.27 多重中空管反应器　　　　图 4.28 光导纤维反应器

（3）固定床式光催化反应器。

根据光催化剂固定方式的不同,固定床式光催化反应器可分为以下两种不同的反应器。

① 非填充式固定床型光催化反应器。它以烧结或沉积方法直接将光催化剂沉积在反应器内壁,但仅有部分光催化表面积与液相接触,其石英管反应速率低于悬浮式光催化反应器。

② 填充式固定床型光催化反应器。将半导体烧结在载体(如砂、硅胶、玻璃珠、纤维板)表面,然后将上述颗粒填充到反应器里。如图 4.29 所示,这些载体通常是具有二维表面、结构紧密且具有多孔的颗粒。由于它有效地让光通过并且有较高比表面积,适用于具有较高传质能力的反应系统。

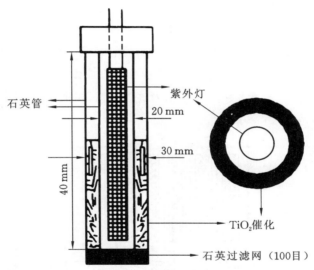

图 4.29　填充式固定床型光催化反应器

4.7.3　膜分离技术

在某种推动力作用下,选择性地让混合液中的某种组分透过,如颗粒、分子、离子等,而保留其他组分的薄层材料均可认为是膜,利用这种半透膜作为选择障碍层进行组分分离的技术,总称为"膜分离技术"。膜分离技术发展极为迅速,其优点是处理水质佳,水量、水质稳定,可同时去除多种污染物。膜分离技术对某些有机物含量高的原水能有效且经济地控制消毒副产物。实际运行表明,大部分已使用的膜工艺对 DBPs 的去除效果都很好。

已经成熟和不断研发出来的微滤(microfiltration,MF)、超滤(ultrafiltration,UF)、纳滤(nanofiltration,NF)、反渗透(reversed osmosis,RO)、电渗析(electrodialysis,ED)等

现代膜技术正广泛用于石油、化工、环保等行业中,并产生了巨大的经济和社会效益。微滤、超滤、纳滤能有效地去除水中悬浮物、胶体、大分子有机物、细菌与病毒,但不能去除水中的小分子有机物。反渗透系统能够有效地去除水中的重金属离子、有机污染物、细菌与病毒,并能将对人体有益的微量元素、矿物质(如钙、磷、镁、铁、碘等)一并去除干净。电渗析通常在海水浓缩、苦咸水淡化、工业废水回用、工业提纯浓缩分离等领域发挥作用。同传统的水处理方法相比,在小水量方面,采用膜分离技术的水厂具有明显的优势。随着我国改革开放的不断深入,人民生活水平的不断提高,膜分离技术不仅可用于给水深度处理,也可为农村和小城镇水厂提供很好的处理工艺选择。

　　用于给水处理中的膜组件主要是利用物理过滤作用,膜组件除了膜本身,一般还包括压力支撑体、原水进口、液体分配器、污染物混合液出口和处理水出口等。目前已有工业应用的膜组件,主要有板框式膜组件(见图 4.30)、管式膜组件、卷式膜组件、单体型滤膜组件、褶式滤膜组件和中空纤维式膜组件等。按照组件工作方式,膜组件分为外壳收装方式的加压式组件和放置槽内的浸没式组件,后者多用于膜生物处理(membrane bioreactor,MBR)工艺,前者是把滤膜芯(滤膜和支撑体等一体化的部件)收装到外壳里作为滤膜组件使用,一般用水泵把原水压入壳体内进行过滤,如图 4.31 所示。

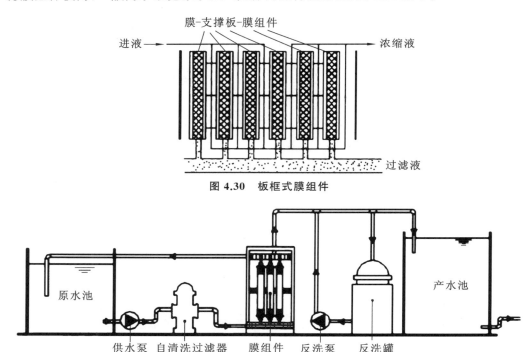

图 4.30　板框式膜组件

图 4.31　膜处理工艺

第 5 章

城市供水突发事件应急管理

5.1 城市供水突发事件应急预案体系

5.1.1 概述

在科技日新月异,城市化步伐逐年加快的背景下,城市供水系统也面临着多重挑战。首先,供水突发事件种类日益增多,与 20 世纪 50 年代相比,供水系统不仅面临着地震、洪灾、滑坡、泥石流等自然灾害的影响,还遭受着人类活动所产生的诸如毒剂、病毒、油污、放射性物质等的污染;其次,供水突发事件产生频率也在增加;最后,从供水突发事件影响范围和程度来看,由于人口密集度增加,供水突发事件受害人数以及对社会团结安定的破坏程度也在增加。

为提高城市供水系统应对突发事件的应急处理能力,进一步完善城市应急预案体系显得尤为必要。城市供水应急预案旨在健全城市供水事故应急处置运行机制,加强城市供水系统相关部门和人员的预防意识以避免和减少各类、各级供水事故,并针对可能发生的城市供水突发事件及时、高效地展开应急响应工作,尽量减少事故所造成的人身、财产损失,缩小事故影响范围,维护社会安定,保障经济持续健康发展。

5.1.2 供水突发事件分级制度及预警

1. 供水突发事件分级制度

在城市供水中,突发事件大致可分为自然灾害、供水设施事件、社会安全事件和人为事件四类。其中:自然灾害包括导致水源或输送水管等产生不可逆破坏的地震、暴雨滑坡、泥石流等;供水设施事件为供水管或配水管等供水设施设备因使用寿命、操作不当等原因大面积损坏;社会安全事件表现为大范围传染病暴发、火灾、爆炸等;人为事件表现为导致水源污染、供水设施损坏、监控系统失控等后果的人类活动,如有害化学物质泄漏、投毒等。

根据国家总体应急预案中的分类,将事件发生的严重程度、影响范围和发展趋势分为四级,以特别重大(Ⅰ级)、重大(Ⅱ级)、较大(Ⅲ级)、一般(Ⅳ级)表示,对应的四个预警标示颜色依次为红色、橙色、黄色和蓝色。国内大部分城市特别是特大型城市供水应急预案分级标准与此相符,也有部分城市根据各自供水实际情况,将供水突发事件分为三级,如南昌市、淄博市等,少部分城市则无分级标准。

　　下面以国内特大型城市的 GZ 市供水企业的供水突发事件分级为例,具体说明事件分级标准及处理权限(各供水企业按行政管理机制设置决定分类级别及报送程序)。

　　GZ 市供水企业供水突发事件应急预案所称的供水突发事件,是指突然发生,造成或者可能造成供水系统瘫痪、严重影响道路交通、人员伤亡,危及公共安全的紧急事件。根据供水突发事件的发生过程、性质和机理,主要分为以下五类:①水源污染;②水厂、加压站停产;③供水水质不合格;④管网爆漏;⑤其他影响供水安全的因素。

　　各类供水突发事件按照其性质、危害程度、可控性和影响范围等因素,一般分为以下四级:特别重大(Ⅰ级)、重大(Ⅱ级)、较大(Ⅲ级)、一般(Ⅳ级)。

　　特别重大(Ⅰ级):上级主管部门领导负责指挥,供水企业主要领导和责任部室、基层单位配合、协调、组织开展应急处置工作,及时将现场情况向上级政府应急机构报告。

　　重大(Ⅱ级):上级主管部门负责指挥,供水企业主要领导和责任部室、基层单位配合、协调、组织开展应急处置工作。

　　较大(Ⅲ级):供水企业领导负责指挥,责任部室和基层单位具体处理,及时将现场情况向集团应急办报告。

　　一般(Ⅳ级):责任部室单位领导负责具体处理。

2. 供水突发事件预警

　　针对各种可能发生的供水突发事件,建立预测预警信息系统,完善预测预警机制,开展风险分析,做到早发现、早报告、早处置。

　　(1) 预警的流程、分级。

　　预测预警的流程为:监测预测→预警启动→预警响应(处置)→预警解除。

　　预警等级分为四级:红色预警戒备(特别重大)、橙色预警戒备(重大)、黄色预警戒备(较大)、蓝色预警戒备(一般),具体对应出现的情况分级见表 5.1。

表 5.1　预警等级对应出现的情况分级

项目	红色预警(特别重大)	橙色预警(重大)	黄色预警(较大)	蓝色预警(一般)
最高特殊保障要求	政府或集团供水企业在特殊社会活动期间对供水安全提出最高特殊保障要求	(1) 重大会议期间; (2) 政府或集团供水企业在特殊社会活动期间对供水提出特殊保障要求	(1) 法定重大节假日期间; (2) 集团供水企业在特殊社会活动期间对供水提出特殊保障要求	(1) 法定节假日期间; (2) 供水企业在特殊社会活动期间对供水提出特殊保障要求

项目	红色预警(特别重大)	橙色预警(重大)	黄色预警(较大)	蓝色预警(一般)
自然灾害预警	(1) 该灾害极有可能引起全市性水厂停产、全市性用水恐慌; (2) 气象部门红色暴雨、台风警报	(1) 重大自然灾害保障预警已发布红色或橙色保障预警信号,该灾害极有可能引发城市供水管线遭到严重破坏等Ⅰ、Ⅱ级突发性事件; (2) 气象部门橙色暴雨、台风警报	(1) 重大自然灾害保障预警已发布橙色或黄色保障预警信号,该灾害极有可能危及城市供水管线等Ⅱ、Ⅲ级突发性事件; (2) 气象部门黄色暴雨、台风警报	(1) 重大自然灾害保障预警已发布黄色或蓝色保障预警信号,该灾害极有可能危及城市供水管线等Ⅲ、Ⅳ级突发性事件; (2) 气象部门蓝色暴雨、台风警报
发生其他重大突发事件	(1) 极有可能造成水源发生有毒污染的事件; (2) 发生严重社会骚乱; (3) 地震可能导致的供水系统受破坏; (4) 战争可能导致的供水系统受破坏; (5) 因恐怖袭击可能导致的供水系统受破坏	(1) 极有可能造成水源发生明显污染的事件; (2) 发生严重社会骚乱,可能受到外来人员冲击、破坏; (3) 包括非典、霍乱等毒性病菌和隐孢子虫、蓝氏贾第鞭毛虫等急性病的流行、暴发,有可能影响城市供水系统卫生安全; (4) 咸潮(海水上溯)可能带来的原水氯化物增加,不能取水; (5) 突发性水质污染事故特别是有毒有害化学品和生物制品、油泄漏污染等,有可能影响城市供水系统正常运行	(1) 极有可能造成水源发生明显危及水质达标的事件; (2) 发生激烈社会矛盾(游行、示威等),正常生产可能受到严重影响; (3) 生产运行管理事故处理中,可能危及供水系统正常运行; (4) 台风、暴雨可能导致的内涝,冲毁供水构筑物,淹没泵站,带来污染物; (5) 持续严重干旱可能导致的水位过低无法取水; (6) 电力中断造成的运行事故可能危及供水系统正常运行	(1) 有可能造成水源发生危及水质达标的事件; (2) 发生激烈社会矛盾(游行、示威等),正常生产可能受到影响
备注	(1) 发生在法定重大节假日或举办大型会议、会展和文化体育等重大活动期间的,上升一个等级; (2) 自提出预警申请开始,先行按所申请预警级别进行响应,预警正式发布后,如有级别调整,再按对应预警调整			

（2）预警的启动与解除。

台风、暴雨等自然灾害应对预警根据气象部门发布的预警级别即时启动或解除,并由供水企业应急办立即报送上级部门应急办。

① 对于红色预警或橙色预警,供水企业根据危机预测情况,向上级部门提出启动红色预警或橙色预警申请,并立即先行按申请预警级别和预案开展响应,经上级部门研究确认后正式启动或解除,并上报上级部门应急办。

② 黄色预警由供水企业根据情况启动和解除,同时上报上级部门应急办备案。

③ 蓝色预警由供水企业各专项应急工作领导小组根据情况启动或解除,同时上报供水企业应急办备案。

5.1.3　供水突发事件应急处置及预案分类

1. 供水突发事件应急处置

（1）信息报送。

在特别重大或者重大突发供水事件发生后,各责任单位要立即向供水企业应急办报告,供水企业应急办在接到报告后 30 min 内电话上报供水企业领导小组,启动相应的应急预案。在应急处理过程中,要及时续报有关情况(见图 5.1)。

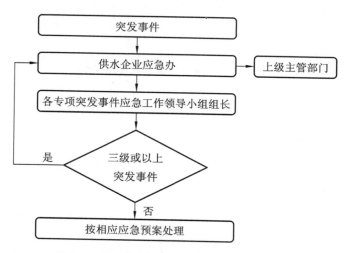

图 5.1　供水突发事件应急处置信息报送流程

（2）应急处置程序。

① 责任单位立即进行抢险自救。

② 供水企业应急办在接报后立即上报供水企业领导小组,并启动相应专项应急预

案。专项应急工作领导小组成员须在接到相关信息后立即出发,在 30 min 内到达现场(特殊情况除外)。供水企业应急办应视突发事件级别的升级先行调整和实施应急预案,同时向上级领导部门申请,经上级领导部门同意后正式启动对应的应急预案。

③ 险情消除后,专项应急工作领导小组应及时向供水企业应急办汇报,由供水企业应急办向上级领导部门申请应急结束时间。

④ 供水突发事件应急处理和抢险救援工作完成后,由供水企业应急办及专项应急工作领导小组做好善后处理工作,并对事件造成的影响进行调查分析,形成上报材料。

⑤ 供水突发事件应急处置操作流程见图 5.2。

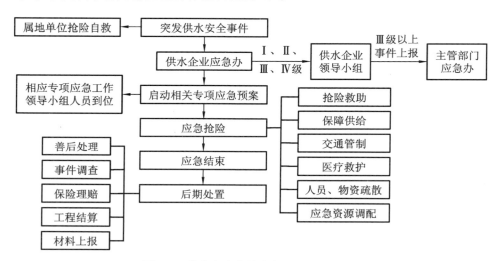

图 5.2　供水突发事件应急处置操作流程

2. 供水突发事件应急预案分类

(1) 水厂、重点加压站减停产应急调度预案。

水厂、重点加压站减停产将会使一部分区域用水紧张甚至出现缺水情况,导致不良的社会影响。鉴于企业对社会的承诺及担负的责任,制定该预案,尽全力降低水厂、重点加压站减停产带来的经济损失和社会影响,最大限度地保障城市供水安全。

(2) 水厂、加压站停电供水应急预案。

为应对城市大面积停电造成水厂、加压站停产事件,减轻停电对供水和社会造成的影响,正确、迅速、有序地组织事故处理和恢复供电、供水,提高事故应急处理能力,制定该预案,按照统一指挥、归口管理、防控结合、快速反应、高效有序、合理调度、相互协调的原则进行应急处置,尽快恢复供电供水,最大限度地降低停水事件给社会和市民造成的影响,维持社会稳定。

（3）供水水质安全预警及突发事件应急预案。

为全面提高城市供水安全保障和突发事件处置能力,有效应对水厂停产或减产、管网供水中断或水质污染事件,最大限度地预防和减轻事故对城市供水和社会稳定造成的影响,保障用水安全,特制定该预案。

（4）水厂、加压站压力突降应急调度预案。

水厂出水管受自然和人为因素的影响而发生突然爆漏时,大量自来水流失,轻则会造成居民财产损失,重则出现房倒人亡的惨祸。由于供水管网建造时间长短不一,因此部分供水管网存在爆漏隐患。当较大管径管道发生爆漏时,可能会发生上述风险,导致社会效益和经济效益损失。考虑到企业的社会责任和服务承诺,特制定该预案,尽全力降低管网爆漏带来的经济损失和社会影响,最大限度地保障城市的供水安全。

本预案压力、流量突变是指在水厂、加压站运行机组无任何变化时的压力、流量变化。

（5）管网爆漏抢修应急预案。

为履行供水企业对社会的服务承诺,最大限度地减少突发事件造成的损失,保障人民生命财产安全,保障用户切身利益,维护社会稳定,及时、快速、有序地处理自来水管网的各种爆漏事件,特制定该爆漏抢修应急预案。

管网爆漏事件处理应当遵循预防为主、常备不懈的方针,贯彻统一领导、分级负责、归口管理、反应及时、措施果断、依靠科学、加强合作的原则,最大限度地减少突发性管网爆漏对社会和市民生活造成的影响,维护社会和谐稳定。

（6）用电安全事故应急预案。

为了保障人员和设备的安全,减轻用电安全出现事故时所造成的设备损失及人员伤害,减轻对供电和社会造成的影响,正确、迅速、有序地组织对人员和设备安全事故处理,提高事故应急处置能力,根据中华人民共和国《电业安全工作规程 第 1 部分:热力和机械》(GB 26164.1—2010)的要求,特制定该预案。

（7）危险化学品事故应急预案。

为应对危险化学品发生事故造成人民生命、财产安全受到损害,环境受到污染,水厂停产,减轻事故对社会造成的影响,正确、迅速、有序地组织事故处理和恢复安全优质供水,提高事故应急处置能力,根据《危险化学品安全管理条例》(国务院令第 344 号)中的规定,特制定该预案。

（8）机械特种设备压力容器事故应急预案。

为减轻因机械、特种设备、压力容器出现事故时所造成的损失,减轻对供水和社会造成的影响,正确、迅速、有序地组织事故处理和恢复生产,提高事故应急处置能力,根据中华人民共和国《特种设备安全监察条例》(国务院令第 373 号)的要求,特制定该预案。

（9）破坏性地震应急预案。

为确保地震应急工作可靠、高效、有序进行，最大限度地减轻地震灾害的损失，根据《中华人民共和国防震减灾法》（主席令第 94 号）等规定精神和要求，结合供水企业的特点和实际，制定该预案。

（10）道路交通事故应急预案。

为提高供水企业保障公共安全和处置突发道路交通安全事故的能力，以及迅速、妥善处理好交通事故，减少事故造成的损失和影响，正确、迅速、有序地配合、协助交警部门处理事故和恢复交通的正常秩序，提高交通事故应急处置能力，根据《国家突发公共事件总体应急预案》，结合供水企业实际情况，特制定此预案。

（11）反恐应急预案。

为保障城市的供水安全，在遇到突发事件时能够正确、迅速、有序地组织事故处理和恢复生产与供水，提高事故应急处置能力，减轻事故对城市供水安全的影响，特制定此预案。

5.2　基于 GIS 的城市供水应急管理平台设计

5.2.1　需求分析

1. 功能需求

城市化的快速发展，导致我国城市应急管理方面漏洞频出，各种突发事件日益增多，且遍布各行各业。关系着人们日用生活用水的城市供水系统，也因为水污染、水源地干旱枯水等问题，导致供水突发事件频发，如 2014 年 4 月兰州市威立雅水务集团公司第二水厂被检测出苯含量严重超标事件；2017 年 5 月广元市西湾水厂被检测出铊含量超标事件；2021 年 12 月深圳市由于水源地长期干旱枯水，面临建市以来最严重旱情，号召市民节约用水事件等，严重影响人们的取水用水安全和社会的稳定，同时凸显政府在供水应急管理方面的不足。因此，"十三五"以来，国家提出推进"互联网＋水利"信息化建设行动，通过利用当前先进技术，搭建城市供水应急管理信息化平台，实现供水资源的监测、供水突发事件快速应急反应和指挥调度，从而合理利用和科学调度城市供水资源，减少城市供水突发事件造成的损失。

基于 GIS 的城市供水应急管理平台是以地理信息系统（geographic information system，GIS）、物联网等技术为核心，融合数据存储、挖掘和分析等技术，构建城市供水应急管理数据库,集供水应急数据展示、查询、应急管理和指挥调度等功能于一体的城市供水应急管理平台。该平台用数字化、信息化的城市供水管理手段和方式改变了传统城市供水管理模式,极大提高了城市供水管理效率和突发事件应急管理水平。

通过对城市供水应急管理的业务需求进行调研,需要将需求进行完善和分析,形成具体的功能需求,从而指导平台的开发建设。平台的功能需求包括以下几个方面内容:一是实现城市应急数据资源图文一体化的展示、查询和统计;二是实现城市供水应急全周期管理,将城市供水突发事件从发生、响应、会商、分析、指挥、调度、执行、结束到事后评估纳入平台管理中;三是实现平台的安全运维管理,通过权限管理、部门用户管理、日志管理、运行监测管理等功能,确保平台稳定运行。

2. 非功能需求

非功能需求主要包括环境需求、性能需求以及安全需求。

环境需求包括服务端环境和客户端环境。服务端环境:操作系统采用 CentOS Linux release 7.6.1810[community enterprise operating system,简称"CentOS",中文含义为社区企业操作系统,是 Linux(一款操作系统)发行版之一,一个基于 Red Hat Enterprise Linux(RHEL)的免费、开源的企业级操作系统],Web(万维网)服务器采用 Apache Tomcat 8.5.42(一个开源的 Java Web 服务,Java 是一门面向对象程序设计语言);数据库管理系统采用 SQL Server 2019(是由微软公司开发的一款关系型数据库管理系统)等。客户端环境:操作系统为 Windows 7(美国微软公司研发的一套操作系统)及以上版本,浏览器是 IE 9.0(美国微软公司推出的一款网页浏览器)及以上版本。

性能需求是衡量平台好坏的重要指标,主要包括平台的可靠性、可扩展性、易用性、并发性以及响应时间等。如响应时间应为 1～5 s,应能同时处理不低于 1000 个请求(并发性)等。

安全需求包括外部环境安全、内部环境安全以及容错性。外部环境安全是要保障硬件或网络出故障后,平台可以不间断运行;内部环境安全是采用数据加密、用户权限验证等方式保障数据安全;容错性是用户由于误操作或其他原因产生非法数据,平台可自动进行修复和校正。

5.2.2 平台总体设计和数据库建设

1. 平台总体设计

(1)平台框架设计。

根据平台建设的需求分析,通过科学的平台设计,构建基于云架构的城市供水应急管理平台。平台整体框架设计包括基础设施层、数据层、业务逻辑层、服务层、应用层以及用户层六大核心层,两侧是平台框架建设的信息技术、网络技术、数据库技术体系和标准规范、政策法规体系。平台框架设计示意图如图 5.3 所示。

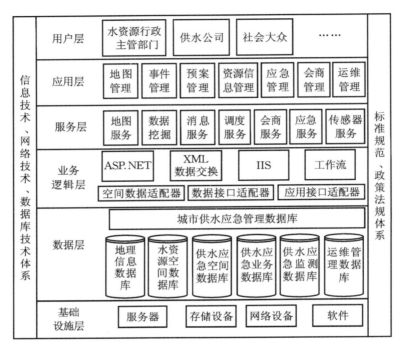

图 5.3 平台框架设计示意图

① 用户层是平台使用者,包括水资源行政主管部门、供水公司、社会大众等。

② 应用层是与用户层交换的层面,包括地图管理、应急管理、会商管理等。

③ 服务层是以 Web 服务为中心,以可扩展标记语言(extensible markup language,XML)为桥梁,实现功能模块信息的有机关联,消除数据和用户间的信息鸿沟,提供功能模块的扩展性和开放性,为应用层提供功能服务,包括地图服务、数据挖掘、应急服务等。

④ 业务逻辑层是利用 ASP.NET(一个网站开发技术)、XML 数据交换、互联网信息服务(internet information services,IIS)以及工作流等技术,为服务层开发提供技术支撑。

⑤ 数据层是对城市供水应急管理相关数据进行处理,并按照应急管理业务逻辑进行分类,构建城市供水应急管理数据库,为服务层提供翔实、准确的数据资源。

⑥ 基础设施层是在云架构的基础上,将服务器、存储设备等进行虚拟化,动态、高效地为平台提供相应的计算、存储和网络资源,为平台运行提供基础服务。

（2）平台功能模块设计。

城市供水应急管理平台研发是基于面向服务的结构（service-oriented architecture，SOA），采用 MVC 开发模式（model view controller，是模型、视图、控制器的缩写，一种软件设计典范），利用 VS.NET 平台（一款基于.NET 架构的开发工具，.NET 是一个开发者平台）和 C♯（一种面向对象的编程语言）、JavaScript（爪哇脚本）、超文本标记语言（hyper text markup language，HTML）以及层叠样式表（cascading style sheets，CSS）等多种开发语言进行功能开发，GIS 相关功能采用 ArcGIS（一款专业的电子地图信息编辑和开发软件）系列软件进行开发。平台功能结构设计示意图如图 5.4 所示。

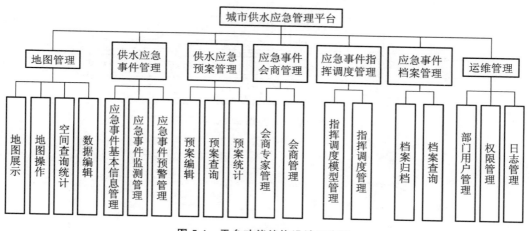

图 5.4　平台功能结构设计示意图

2. 平台数据库建设

（1）数据库资源框架。

城市供水应急管理数据库分为地理信息数据库、水资源空间数据库、供水应急空间数据库、供水应急业务数据库、供水应急监测数据库以及运维管理数据库六大部分。通过对数据进行收集、分类、标准化处理以及入库和发布，为平台功能提供数据服务。城市供水应急管理数据库资源框架结构示意图如图 5.5 所示。

（2）数据库设计。

城市供水应急管理数据库按照设计的规范要求包括概念模型设计、逻辑结构设计、物理结构设计、数据库实施以及运行等内容。此处仅对数据库的概念模型设计和逻辑结构设计进行阐述。概念模型设计是用来定义数据库中实体、实体间联系、实体属性以及实体限制等内容，通常用实体-联系图（entity-relationship approach，E-R 图）来表达。逻辑结构设计是将 E-R 图转化为数据库中的数据表，以明确实体的详细属性字段。城市供

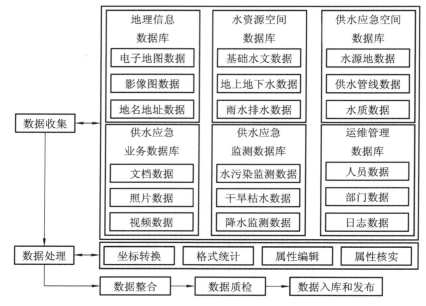

图 5.5　城市供水应急管理数据库资源框架结构示意图

水应急事件 E-R 示意图如图 5.6 所示。城市供水应急事件结构示意表如表 5.2 所示。

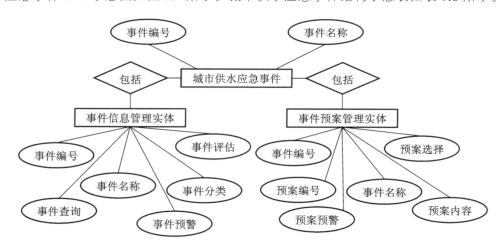

图 5.6　城市供水应急事件 E-R 示意图

表 5.2　城市供水应急事件结构示意表

序号	名称	类型	备注
1	事件名称	Char(255)	例:突发水污染
2	事件编码	Char(255)	例:202108241276

续表

序号	名称	类型	备注
3	事件时间	Data	例：2021-01-24 17：35：09
4	接报类型	Char(255)	例：电话
5	事件描述	Char(255)	例：接到居民电话反映，在某河域附近有污水排出
6	事件核实	Char(255)	例：与环保局核实，确有此事
…	…	…	…

5.2.3　平台功能实现

1. 地图管理

地图管理主要功能包括地图展示、地图操作、空间查询统计以及数据编辑等。地图展示实现了以电子地图、影像图等地理信息数据为底图，叠加城市供水水源地、供水地下管线、供水监测信息等专题数据进行图文一体和时空一体可视化。地图操作是平台提供多样化的地图操作工具，如框选放大和缩小、地图复位、图层控制、点选、收藏、量测等。利用空间查询统计功能可以按行政区划、绘制范围等方式对水源地、应急事件以及监测点数据进行查询和统计，并将查询统计结果在地图上进行高亮显示。具有编辑权限的工作人员，可以利用数据编辑功能在平台上对城市供水应急空间数据进行增、删、改等编辑工作。

2. 供水应急事件管理

供水应急事件管理主要功能包括应急事件基本信息管理、监测管理以及预警管理。应急事件基本信息管理是对供水应急事件从接收、处置到事后评估的资料信息进行记录，包括应急事件描述信息、会商记录、处置结果等。应急事件监测管理是对城市水源地、高污染企业污染物以及供水水质进行实时、动态监测，当监测结果超过安全系数警戒阈值时，平台会及时进行预警。应急事件预警管理是根据预警类型，启动相应级别的预案，同时第一时间以电话的方式通知运维和管理人员。

3. 供水应急预案管理

供水应急预案管理主要功能包括预案编辑、预案查询和预案统计。预案编辑是根据城市供水应急事件的自然灾害、工程事件以及公共卫生事件三大类型，按照供水应急事件的严重性和可控性，编制相应的供水应急预案。

在此基础上，还可以根据实际情况，对预案内容进行修改和完善，提高应急事件的响应和处置效率。利用预案查询和预案统计功能可根据应急事件类型、严重程度、发生时间段和区域进行查询和统计，自动生成多形式、多颜色的统计图形，还可以将结果进行导出和制作报表，为后期会商提供支持。

4. 应急事件会商管理

应急事件会商管理的主要功能包括会商专家管理和会商管理。会商专家管理是对供水应急专家进行选聘、使用、管理、调整及解聘，充分发挥应急管理专家在科学预防和有效处置供水应急事件中的作用。会商管理是对严重的供水应急事件进行讨论，以确定最终应急指挥调度方案，具体流程如下：一是收集实时水文、水质信息，整理应急预案和历史相关突发事件方案等；二是根据城市供水形势，进行应急指挥调度方案汇报；三是进行会商资料整理和会商方案演示，并调整调度方案；四是方案模拟仿真和后果评估；五是选择供水突发事件应急指挥调度方案，并形成会商纪要。供水应急事件会商流程设计示意图如图 5.7 所示。

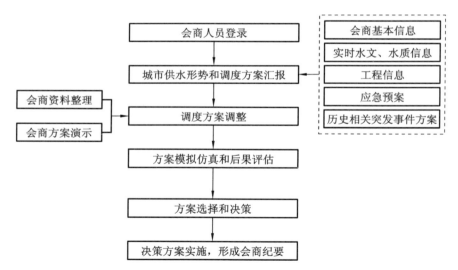

图 5.7 供水应急事件会商流程设计示意图

5. 应急事件指挥调度管理

应急事件指挥调度管理主要功能包括指挥调度模型管理和指挥调度管理。指挥调度模型管理是建立应急需求、应急预案、救援资源情况等指标参数，构建灵活可配置的指挥调度模型。指挥调度管理是根据供水突发事件应急指挥调度方案进行调度指挥，一方面是物资调配和人员调配等，另一方面是对城市供水资源进行调度。

6. 应急事件档案管理

应急事件档案管理的主要功能包括档案归档和档案查询。档案归档是将供水突发事件从发生、处置到事后评估全过程的文档资料进行整理和总结并最终归档。档案查询是根据档案编号和内容,进行快速索引,并将索引结果在三维档案架上进行位置显示,以便管理人员查找。

7. 运维管理

运维管理的主要功能包括部门用户管理、权限管理以及日志管理。部门用户管理是对平台使用的部门和人员进行管理;权限管理一方面是对地图服务权限的控制,另一方面是对平台功能权限的控制;日志管理是对平台运行状态进行记录。

第6章

城市给水工程规划设计实践

——以重庆市万州区中心城区城市给水专项规划为例

6.1　给水工程现状

6.1.1　现状城镇供水情况

1. 现状供水厂（站）

（1）现状各供水厂（站）供水规模及服务范围。

重庆市万州区中心城区供水厂（站）共 12 座,包括区自来水公司 6 座、水利局直属企业 5 座、万光实业集团子公司 1 座,总供水规模达 20.65 万 m³/d。其中规模较大的水厂有 2 座:重庆万州三峡水资源开发有限公司的江北水厂(供水规模为 10 万 m³/d,以甘宁水库为水源)和万州区自来水公司的三水厂(供水规模为 6 万 m³/d,以长江为水源)。其余均为供水规模为 0.15～0.50 万 m³/d 的小水厂,以邻近的小水库为水源。据城建资料统计,市政公用水厂平均日供水量为 13.00 万 m³/d,最高日供水量达 16.00 万 m³/d,日变化系数为1.2～1.4。

（2）现状各主要水厂基本情况。

① 江北水厂。万州区江北水厂是甘宁水库的配套工程,地处龙宝镇岩上村玉罗十组,占地 76 亩(1 亩≈666.67m²,下同),设计总供水能力为 20 万 t/d,于 1999 年 1 月动工建设,已建成的一期工程供水能力为 10 万 t/d。江北水厂源水取自甘宁水库,源水经地17.68 km 密封隧洞自流到水厂,水厂清水池底板高程为 324.3 m。甘宁水库作为江北水厂的饮用水水源,水库库容为 3390 万 m³,多年平均径流量为 9429 万 m³。江北水厂是一座拥有先进水处理工艺和先进设备的水厂。水处理工艺采用法国得利满的先进工艺,澄清池采用超脉冲澄清池,占地小,效率高,非常适用于处理水库水。滤池采用 V 型滤池。水处理的全过程均由在线仪表通过计算机实时监控。水厂的主要设备从美国、法国、日本进口。

② 三水厂。万州区自来水公司第三自来水厂(简称三水厂)位于万州区牌楼街道辖区的长江边,设计供水规模为 6 万 m³/d,主要向万州区高笋塘组团(原万州老城区)、枇杷坪组团以及周家坝组团、申明坝组团、龙宝组团的部分区域供水。

③ 戴家岩水厂。以万年水库、普安水库两座小(一)型水库为水源,主要保障万州区山顶组团戴家岩片区、戴家岩二级台地的石峰片区、学林上城片区、清风柳庄片区及大包村、桐花村、黄梅村、太白村、永宁村等的企事业单位、村居民的生活、生产、办公用水。水厂水源全部靠泵站加压供给,泵站设置在万年水库东北口岸,承担万年水库、普安水库水

源的加压任务。净水厂采用常规处理工艺,主要有混合池混凝、穿孔旋流絮凝、斜管沉淀、重力式无阀滤池过滤、二氧化氯消毒等。通过净水厂的处理,出厂水、末梢水符合《生活饮用水卫生标准》(GB 5749—2022)的规定。清水供给采用重力流和加压相结合的方式,重力流出厂压力为清水池水位深度,一般为 3~5 m(清水池底部高程 540 m),随着向低端供水,压力随地势降低逐渐加增大;压泵站出口压力为 0.6 MPa(高地水池底部高程 602 m)。随着山顶组团规划的推进,需水量将逐步增加,供水能力将不能满足规划要求。

④ 龙宝自来水厂。主要承担双河口、龙都两个街道办事处辖区及龙腾工业园区的市政供水。以购买江北水厂的成品水从事自来水供应,无自己的生产厂区。主要接点为:万州火车站后(高速路边),主要负责白猫、火车站前片区的供水任务;原万忠路碳素厂河沟,主要负责龙宝大街及螺丝包片区的供水任务。

⑤ 双堰自来水厂。位于铁峰山脉北东,万州区中心城区西北部、工业区天生园区以东的天城镇境内,距万州区中心城区 10 km,海拔为 250~430 m。水厂始建于 1997 年 7 月,设计最大日供水量为 5000 m³,属集体所有制供水企业。水厂主要担负申明坝工业园区等地部分企事业单位及天城镇塘坊、董家、狮子、茅谷等村的供水任务,供水人口为 3.5 万人。水厂净水工艺为穿孔旋流絮凝、斜管沉淀、重力式无阀滤池过滤、二氧化氯消毒等。其中设备:二氧化氯发生器,絮凝投加器,35 kW 和 75 kW 水泵各一台。水处理按照《生活饮用水卫生标准》(GB 5749—2022)的规定执行。泵站设在厂内,并有高位(400 m³水池)、低位(500 m³水池)水管各一条,清水供给采用重力流供水,出厂压力为 1 MPa。原水进厂管道为 350 mm,出厂管道为 300 mm。

⑥ 百安供水站。下辖芦家坝水厂和长岭水厂,两个水厂供水规模均为 5000 t/d。芦家坝水厂位于五桥街道办事处民安七组,始建于 1994 年,主要担负五桥芦家坝工业园区的供水任务。该水厂采用的净水工艺设备有絮凝穿孔反应池、斜管沉淀池、重力式无阀滤池、清水池、二氧化氯发生器及投加设备,出厂水符合《生活饮用水卫生标准》(GB 5749—2022)的规定,出厂水压力为 0.7 MPa。长岭水厂位于长岭镇付家二组(长岭中学旁),建于 1995 年,与芦家坝水厂供水管网联网运行,主要担负长岭镇及芦家坝工业园区的供水任务。该水厂工艺与芦家坝水厂相同,出厂水符合《生活饮用水卫生标准》(GB 5749—2022)的规定,出厂水压力为 0.8 MPa。芦家坝水厂的原水由万家沟水库[小(一)型]提供,长岭水厂的原水由东桥水库[小(一)型]提供。

⑦ 金龙水厂。以万年、旋河、普岸水库为水源,设计供水规模为 5000 m³/d。出水管管径为 200 mm,清水池容积为 800 m³,高位水池容积为 200 m³,工艺流程:源水→预沉池→穿孔旋流池→斜管沉淀池→无阀滤池→清水池→用户。

⑧ 万安水厂。以万年水库为水源,设计供水规模为 5000 m³/d。进水管管径为 400 mm,出水管管径为 300 mm,清水池容积为 500 m³(共 2 个),采用重力流供水,工艺流程:源水→悬浮反应池→平流沉淀池(斜板)→普通快滤池→清水池→用户。

⑨ 上坪水厂。设计供水规模为 5000 m³/d,日均供水量约为 3000 m³/d。水厂常年运行,利用率较高。水厂为沙河、申明坝区域供水,服务水平较好。水厂规模不大,供水设备效率一般,设备维护保养较好、维护工作量不大。

⑩ 南山水厂。设计供水规模为 3000 m³/d,受水库水量及供水区域限制,日均供水量约为 800 m³/d。水厂常年运行,采用重力流供水,用电设备少,能耗不高。水厂供水量小、供水区域少,服务面积不大。

⑪ 机场水厂。设计供水规模为 3000 m³/d,专为机场供水,用户少,供水量极小,日均供水量约为 170 m³/d。水厂生产工艺较落后,制水不连续。能耗高,经济效益差。水厂供水区域少,服务面积小,利用率低。

2. 现有自备水源情况

据区节约用水办公室统计,自备水源取水量为 5 万~6 万 m³/d,最高日供水量为 7 万 m³/d 左右。城区自备水源水厂多属沿江各工矿企业,水源为长江或水库水源。其中规模较大的水厂主要有重庆宜化集团水厂(平均日供水量约为 3 万 m³/d,以甘宁水库为水源)、三阳化工水厂(平均日供水量为 1 万 m³/d,以长江为水源)、万元纸业水厂(平均日供水量在 1 万 m³/d 以上,以长江为水源,处于停产状态)、重庆飞亚公司水厂(平均日供水量为 0.12 万 m³/d,以万家沟水库为水源),其余均为供水规模在 0.50 万 m³/d 以下的小水厂,以长江或邻近的小水库为水源。

6.1.2 供水主要存在的问题

(1)现有城市的水厂布局不合理,供水安全性低。

万州区中心城区现状供水总量为 20.65 万 m³/d,其中主力水厂为三水厂和江北水厂,供水能力为 16 万 m³/d,约占供水总量的 77.48%。两个水厂的安全运行直接关系到整个城区的供水安全。但两个水厂受历史原因、地理位置、取水水源、供水能力等因素制约,已经确定需要选址重建。下面对两个水厂存在的问题逐一分析。

① 三水厂。

由于城市的发展,三水厂地理位置变得不合理,供水安全缺乏保障。1989 年三水厂立项之时,选址位于城市郊区,属于城市上游。当时,取水口上游为农村,无任何化工企业。随着 1995 年移民迁建区开始规划建设,尤其是处于取水口上游的双河口、岩上村以及五桥移民迁建区的建设,万州区城市扩张被动增速。为促进移民安稳致富,破解库区产业空心化的难题,2003 年重庆市人民政府批准成立万州盐气化工园区,该园区也主要位于三水厂的上游。为此,三水厂从 1989 年地处城市上游演变为现在地处城市的腹心位置。截至 2017 年,距三水厂上游约 1.8 km 是蓝希洛食品公司(生猪屠宰和加工),距三水厂上游约 2 km 是明镜滩污水处理厂和收集盐气化工园区污水厂出水的龙宝河,而毗邻三水厂而建的是鄂钢集团的大型码头。三水厂供水安全受到日益严重的威胁。

三水厂供水规模不能满足移民迁建区生产生活的用水需求。由于万州区属于半淹城市,老城部分需要继续供水的同时,移民迁建区的建设必须要保证供水。随着移民迁建区的快速发展,城市规模日益扩大,2017 年城区人口已近 65 万人,其中移民迁建区人口已近 30 万人。三水厂处于超负荷运行状态,水质波动较大,高峰供水期间日供水量已突破 8 万 m^3,仍不能满足移民迁建区的要求,只能采取限时调配供水,移民反映强烈。同时,水厂建设标准较低,受周边环境的限制,已不具备提升供水规模的条件和能力。

由于历史原因,原有的设计不能满足现状的要求。三水厂设计和动工时间均在兴建三峡工程决议(1992 年)前,故水厂设计未考虑三峡库区的蓄水影响。主要的建(构)筑物(包括预沉池、反应池、沉淀池、过滤池、清水池、送水泵房)以及厂区部分场地和道路的标高为 169~174 m。2008 年三峡工程 172 m 试验性蓄水,长江水已渗(倒)入厂区,造成多次事故。且坝前水位已蓄至 175 m,加上风浪、行船和洪水影响,三水厂生产运行将受到更为严重的威胁。

② 江北水厂。

江北水厂水源水质、水量难以保障。江北水厂源水取自甘宁水库。甘宁水库是集城市供水、灌溉、发电综合利用功能于一体的中型水库。甘宁水库库容为 3360 万 m^3,兴利库容为 2710 万 m^3,年来水量可达 9429 万 m^3,每年可向城区供水(保证率 $P = 95\%$)4471 万 m^3(约 12 万 m^3/d),水库库容不能达到江北水厂的设计供水规模(20 万 m^3/d),水库还需保障化工业园(源水需求量为 3 万~4 万 m^3/d)、11 万亩农灌区、青龙瀑布景区的用水需求。另外,化工业园区由于高耗水项目的开工建设(如红太阳集团项目预计耗水 3 万~4 万 m^3/d 等),园区内的工业用水量将会快速增加,江北水厂源水量能否保障令人担忧。由于水库上游城镇污水未治理(主要是分水场镇污水未达标排放),流域内面源污染(农业生产的肥料特别是氮、磷的使用)对水库水体影响严重,因而现状取水水质不太理想。

江北水厂外部环境及输水管网安全性值得担忧。江北水厂位于盐气化工园核心地段,工业园内的生产企业都直接或间接影响到江北水厂的生产运行安全。输水管网也存在被污染的可能性。

（2）水源水质存在一定的安全隐患。

万州区中心城区的水源主要来自长江水及水库水。小型水库在农业面源污染方面尚未得到有效控制，且水质受季节影响较大，每年枯水期水体自净能力明显减弱，源水水质受到影响。水量受季节、农业灌溉、综合利用等影响，水量保障率偏低。三水厂地处城市腹心地带，现状取水口上游不远处布置了大量的工业厂房，考虑城市饮水安全，按《地表水环境质量标准》(GB 3838—2002)的要求，取水口位置应迁移。江北水厂地处盐气化工园，水质污染风险较大。

（3）多供水系统造成水资源的浪费。

各供水系统由于历史原因权属不统一，造成独自经营、管理，不利于行业统一管理和控制。且多供水系统不利于水资源的统一管理、有效配置和综合利用，造成水资源的浪费。

（4）现有供水设施无法满足城市居民生活水平需要。

现有供水设施较多，厂站分散，一些小型水厂或供水站设施简陋，水处理标准不高，不能满足城市居民生活水平日益提高的发展需要。

按照《生活饮用水卫生标准》(GB 5749—2022)，生活饮用水水质指标由原 35 项增至 106 项。贯彻该标准对城市现有公用水厂提出了严峻挑战，尤其是小水厂，其在水源、工艺、规模等方面受到很大限制。

（5）老城区管网亟待改造更新，供水管网有待进一步整合。

老城区供水管网部分路段已经经过更新改造，但其他路段仍然存在老化、管道管材差、管道压力等级低等问题，事故多，漏耗严重。管网系统未能完成整合统一，供水安全得不到保障。受经济因素制约，城区管网布局单一，个别地方存在枝状管网，供水的水量、水压及供水的可靠性和安全性都得不到保证，城市供水管网相互之间无法实施互补。

6.2 给水专项规划

6.2.1 规划范围与任务

万州区中心城区城市给水专项规划年限近期为 2020 年，远期为 2030 年。根据《重庆市万州城市总体规划(2003—2020)》(以下简称"总规")所界定的中心城区范围，规划面积约为 130 km²，规划人口约为 150 万人。

供水规划是在符合万州区总规的前提下,对 2020 年城市供水工程作统一规划。通过对城市总体规模的综合分析与论证,确定城市供水规模(按远期城市总需水量予以确定)、供水水源、供水系统以及城市供水管网的优化布置,并根据总体规划中城市近远期建设规模,制定合理的城市供水工程分期实施计划,从而确保城市供水设施满足城市发展的需求。下列关于水源分析、水库情况等现状数据均截至 2017 年。

6.2.2　城市需水量预测

1. 城市人口预测

万州区中心城区 2007—2014 年现状人口统计如表 6.1 所示。

表 6.1　万州区中心城区 2007—2014 年现状人口统计表

年份	人口/万人	增长率/(%)
2007	62.16	—
2008	64.7	4
2009	69.5	7
2010	75	8
2011	80	7
2012	83.1	4
2013	80.5	−3
2014	80.9	0.5

分析现状人口的增长率,2012 年以前人口增长率在 4% 以上,2012 年以后人口基本上没有增长,甚至 2013 年出现了负增长。因此,总规中 2015 年确定的规划人口(100 万)已经无法实现。总规中确定的人口预测公式见式(6.1)。

$$P_n = P_0(1+X)^n \tag{6.1}$$

式中:P_n 为测算期年区域人口;P_0 为基期年区域人口;X 为人口综合增长率;n 为测算年数。

以新的 2014 年为基准年,按照总规中确定的人口增长率 4%,重新测算 2020 年的人口为 102.36 万人,约 100 万人。再以 2020 年为基准年,人口增长率考虑略微减少至 3.5%,预测 2030 年人口为 144.39 万人,约为 150 万人。根据人口的预测结果,在现状人口的基数下,总规中近期 2015 年(100 万)及远期 2020 年(150 万)的人口目标,在人口均速增长等条件下,分别在 2020 年及 2030 年才能实现。总规尚未修编,根据总规中确定的单位人口用地面积,本次规划沿用总规中确定的总的建设用地,只是在规划期限上进行修改。

2. 用水量预测

(1) 人均综合用水定额法。

人均综合用水包含综合生活用水、工业用水、市政用水及其他用水的水量。由于城市综合用水中工业用水为其中的重要组成部分,各城市的工业结构和规模以及发展水平千差万别,故在国家现行各类规范及标准中并不统一。其中,《城市给水工程规划规范》(GB 50282—2016)中重庆地区人均综合用水量指标为 $0.8 \sim 1.2$ $m^3/($人·$d)$。《城市综合用水量标准》(SL 367—2006)中重庆地区城市人均综合用水量指标为 $110 \sim 155$ $m^3/($人·年$)$,即 $300 \sim 425$ $L/($人·$d)$。《室外给水设计标准》(GB 50013—2018)中重庆地区人均综合用水量指标为 $329 \sim 612$ $L/($人·$d)$。指标的取值差异直接导致城市的用水量预测相差甚远。

根据《重庆市城乡规划给水工程规划导则》,重庆市主城区 2020 年人均综合用水量规划指标为 $300 \sim 420$ $L/($人·$d)$。结合万州区 2009 年实测最高日人均综合用水量指标 340 $L/($人·$d)$ 可知,在我国调整产业结构、节约水资源的大环境下,城市的人均用水量指标普遍呈下降趋势。考虑到万州经开区的进一步扩展,随着入驻企业的增加,用水量会略有增加,故本次规划决定采用供水战略规划人均综合用水定额,计算结果如表 6.2 所示。

表 6.2 万州区中心城区近远期用水量预测(人均综合用水定额法)

序号	项目	单位	2020 年(近期)	2030 年(远期)
1	城区人口	万人	100	150
2	人均综合用水量指标	L/(人·d)	300	420
3	最高日用水量	万 m^3/d	30.0	63.0

(2) 分项指标法。

分项指标法预测城市用水量包括城市综合生活用水量、工业用水量、浇洒道路和绿化用水量、管网漏损水量及未预见水量。本次规划采用供水战略规划中的指标。

① 综合生活用水量指标。

综合生活用水量包括居民生活用水量和公共建筑用水量,预测方法有两种:按人口计算及按居住用地、公共建筑用地单位面积用水量之和计算。

本次规划按人口计算综合生活用水量。《室外给水设计标准》(GB 50013—2018)规定,最高日人均综合生活用水定额为 190~280 L/(人·d)。同时,经调查核算,2004 年 3 月重庆市供水规划修编时的调查资料显示:主城区实际最高日人均综合生活用水量为 233~239 L/(人·d)。综合考虑万州区的定位,最高日人均综合生活用水量指标建议采用如下:2020 年取 200 L/(人·d),2030 年取 240 L/(人·d)。

② 工业用水量指标。

工业用水量的计算一般有按万元产值耗水量计算和按现状工业用水量和生活用水量的比例关系计算。

本次规划以现状工业用水量和生活用水量的比例关系预测。根据《2009 年万州区城市供水统计年报》,公用水厂和自备水厂供水总能力约为 31 万 m^3/d;最高日实际供水量为 24 万 m^3/d 左右,平均日供水量约为 19 万 m^3/d,其中非生活用水量(其中大部分为工业)约为 8 万 m^3/d,生活用水量约为 11 万 m^3/d,两者相比约为 4:6,虽然非生活用水中包括部分绿化用水等,但考虑到万州新开发区以经开区为主,工业用水量比重较大,故本规划工业用水量与生活用水量比例定为 4.5:6.0。

③ 浇洒道路和绿化用水量指标。

根据《室外给水设计标准》(GB 50013—2018),浇洒道路和绿化用水量为 0.1 万~0.2 万 $m^3/(km^2·d)$。

④ 管网漏损水量指标。

根据《室外给水设计标准》(GB 50013—2018),管网漏损水量按综合生活用水量、工业用水量以及浇洒道路和绿化用水量之和的 10%~12% 计算。同时,《城市供水行业 2010 年技术进步发展规划及 2020 年远景目标》提出应在 2010 年前分步达到 12% 漏损现行指标,2015 年达到 10% 漏损的控制目标,2020 年达到当时国际先进漏控水平。本次规划按照 10% 控制。

⑤ 未预见水量指标。

根据《室外给水设计标准》(GB 50013—2018),未预见水量按综合生活用水量、工业用水量、浇洒道路和绿化用水量以及管网漏损水量之和的 8%~12% 计算。本次规划按照 8% 控制。

万州区中心城区近远期用水量预测(分项指标法)如表 6.3 所示。

表 6.3 万州区中心城区近远期用水量预测(分项指标法)

序号	项目	单位	2020 年(近期)	2030 年(远期)
1	城区人口	万人	100	150
2	人均综合生活用水定额	L/(人·d)	200	240

续表

序号	项目	单位	2020 年（近期）	2030 年（远期）
3	绿化浇洒指标	L/(m²·d)	1.5	1.5
4	公共绿地面积	hm²	700	1000
5	最高日综合生活用水量⑤	m³·d	200000	360000
6	工业用水量（生活用水量的 75%）⑥	m³·d	150000	270000
7	浇洒道路和绿化用水量⑦	m³·d	10500	15000
8	管网漏损水量⑧[（⑤+⑥+⑦）×10%]	m³·d	36050	64500
9	未预见水量[（⑤+⑥+⑦+⑧）×8%]	m³·d	2884	5160
10	最高日用水量	万 m³·d	39.9	71.5

注：本表工业用水量按比例法计算。

（3）分类用地面积指标法。

由于《城市给水工程规划规范》(GB 50282—2016)所定标准均较高，在指标的选择过程中尽量选取低值，并参考供水战略规划中的取值。万州区中心城区各类用地面积用水量指标如表 6.4 所示。

表 6.4　万州区中心城区各类用地面积用水量指标

序号	类别	给水工程规划/(万 m³/km²)	取值/(万 m³/km²)
1	居住用地	1.7～2.5	0.9
2	行政办公用地	0.5～1.0	0.5
3	商业金融用地	0.5～1.0	0.5
4	体育、文化娱乐用地	0.5～1.0	0.5
5	医疗卫生用地	1.0～1.5	1.0
6	教育科研设计用地	1.0～1.5	1.0
7	文物古迹用地	0.8～1.2	0.8
8	工业用地	1.2～5.0	1.2
9	仓储用地	0.2～0.5	0.2
10	对外交通用地	0.3～0.6	0.3
11	道路广场用地	0.2～0.3	0.2

续表

序号	类别	给水工程规划/(万 m³/km²)	取值/(万 m³/km²)
12	市政公用设施用地	0.25～0.50	0.25
13	公共绿地	0.1～0.3	0.1

通过计算,结果如表 6.5 所示。

表 6.5　万州区中心城区近远期用水量预测(分类用地面积指标法)

序号	用地代号	用地名称		规划面积(2020 年)	规划面积(2030 年)	用水量指标	用水量(2020 年)	用水量(2030 年)
				万 m²	万 m²	万 m³/km²	万 m³/d	万 m³/d
1	R	居住用地		2092.8	3506	0.9	18.84	31.55
2	C	公共设施用地		849.5	1733	0.6	5.10	10.40
		其中	行政办公用地	68.5	0.5	0.34	0.69	0.69
			商业金融用地	319.5	0.5	1.60	3.17	3.17
			文化娱乐用地	78.5	0.5	0.39	0.80	0.80
			体育用地	38	0.5	0.19	0.50	0.50
			医疗卫生用地	58.5	1	0.59	1.16	0.58
			教育科研设计用地	274.5	1	2.75	5.49	2.75
			文物古迹用地	2	0.8	0.02	0.03	0.02
			其他公共设施用地	10	33	0.5	0.1	0.17
3	M	工业用地		1672.5	3231	1.2	20.07	38.77
4	W	仓储用地		203	412	0.2	0.41	0.82
5	T	对外交通用地		212.5	418	0.3	0.64	1.25
6	S	道路广场用地		1241.5	2160	0.2	2.48	4.32
7	U	市政公用设施用地		172	359	0.25	0.43	0.90
8	G	绿地		630.5	1148	0	0.00	0.00
		其中:公共绿地		488	976	0.1	0.49	0.98
9	D	特殊用地		22.5	45	0.6	0.01	0.27
合计		城市建设用地		6749	13012	—	54.38	101.27

3. 城市需水量及供水规模的确定

上述预测结果为近期用水量 30 万～54.38 万 m³/d，远期用水量 63 万～101.27 万 m³/d。不同方法预测的结果，需水量差异巨大，前已述及，这是由于规范中指标取值范围较大。

通过对总规及战略规划的需水量进行仔细分析，两者差异在于以下方面。

(1)总规中规划人均综合日用水量指标取 500 L/(人·d)，同时考虑 20% 的不确定因素。而在供水战略规划中最大日城市人均综合用水定额指标为 420 L/(人·d)。

(2)《重庆市万州区城市供水战略规划(2011—2020)》与总规(修改版)在编制时间上存在前后差距，故在供水战略规划中未考虑总规中的新田组团及姜家组团的工业用水。

(3)工业用水量存在巨大的差异，其发展存在不确定性。两者在预测过程中差异较大。总规中取的生活用水与工业用水比值为 1.5∶1，而供水战略规划中取的比值为 2∶1。

通过以上分析可知，城市最终需水量存在较大的不确定性，综合考虑不同规划的成果，结合不同预测方法的结果，近期需水量采用分类用地面积指标法预测的结果，近期城市的需水量按照 54 万 m³/d 来控制；远期规划的工业园区的发展存在较大的不确定性，远期城市的需水量可按照 90 万 m³/d 来控制。

4. 城区各组团远期需水量预测

根据总规及已编制完成的部分控规，按人均综合用水定额法结合工业区的分布来分配各组团预测需水量。除经开区外，人均综合用水定额 2020 年为 350 L/(人·d)，2030年为 500 L/(人·d)。经开区根据工业用地面积进行分配。预测结果如表 6.6 所示。

表 6.6 万州区中心城区各组团城市用水量预测结果

序号	项目		近期(2020 年)人口/万人	远期(2030 年)人口/万人	近期(2020 年)用水量/(万 m³/d)	远期(2030 年)用水量/(万 m³/d)
1	天城片区	天城组团	21	30	9.36	12.5
2		枇杷坪组团	7	10	2.44	5
3	龙宝片区	高笋塘组团	16	22	7.24	9
4		山顶组团	10	15	4.04	6
5		龙宝组团	20	31	9.42	15
6	江南片区	江南新区组团	7	12	4.4	5.52
7		百安坝组团	8	15	9.6	14.48

序号	项目		近期(2020年)人口/万人	远期(2030年)人口/万人	近期(2020年)用水量/(万 m³/d)	远期(2030年)用水量/(万 m³/d)
8	经开片区	高峰组团	11	15	7.52	11.5
9		姜家组团				6
10		新田组团			—	5
11	合计		100	150	54	90

6.2.3　水源规划

1. 水源规划原则

(1) 先地表水,后地下水;先境内水,后过境水。根据供水战略规划,万州区中心城区供水水源为长江水、大滩口水库、甘宁水库、登丰水库和其他小型水库。

(2) 应符合城市水资源规划的要求。选择城镇给水水源,以水资源规划及水系规划、供水战略规划为依据,并应满足各规划区城镇用水量和水质等方面的要求。

(3) 满足设计枯水流量年保证率的要求。选用地表水为城市给水水源时,城市给水水源的枯水流量保证率应根据城市性质和规模确定,可采用 90%～97%。

(4) 水质应符合相关标准。城市给水水源水质应符合《生活饮用水水源水质标准》(CJ/T 3020—1993)一级或二级要求。选用地下水作为供水水源时,根据《地下水质量标准》(GB/T 14848—2017)的有关要求,其水源水质应达到 I～III 类水质量要求;选用地表水作为供水水源时,根据《地表水环境质量标准》(GB 3838—2002)的要求,水源水质的基本项目应达到 I～III 类水质量要求。工业企业可根据水质要求采用发展回用水,其水质应符合污水回用的相关标准要求。

2. 水源分析

(1) 河流。

万州区年地表径流量为 11.05 亿～43.40 亿 m³,多年平均径流量为 22.71 亿 m³。径流量在年内分配不均,其中 4—7 月的径流量占年径流量 55%～88%,12—2 月仅占 2.5%～8%。长江从万州区的西沱至巴阳流经全境,流程约为 80 km,其中中心城区段流程约为 12 km。三峡蓄水前长江枯水期最小流量为 2700 m³/s,洪水期最大流量为 99500 m³/s,多年平均流量为 14300 m³/s,多年平均径流为 4219 亿 m³,最低水位为 99.33 m,最高水位为 138.29m,最大含砂量为 12.4 kg/m³,多年平均含砂量为 1.16 kg/m³,

多年平均输砂量为 5.11 亿 t。

长江万州区段共有五条次级河流,其多年平均流量为:磨刀溪 44.6 m³/s,苎溪河 3.67 m³/s,瀼渡河 4.36 m³/s,五桥河 1.11 m³/s,龙宝河 0.994 m³/s。

(2)水库。

① 甘宁水库。

a. 甘宁水库基本情况。

万州区甘宁水库位于长江上游干流——瀼渡河中游高洞滩河段,万州区甘宁镇境内有瀼渡河干流开发的龙头控制工程,下距甘宁乡场 6.5 km,距万州—忠县公路 8 km,距万州区 44 km。甘宁水库最大坝高 57m,坝顶长 225 m,坝址以上集雨面积为 149.5 km²,多年平均径流量为 9429 万 m³。水库校核洪水位为 417.38m,总库容为 3360 万 m³,正常蓄水位为 417.0 m,相应库容为 3245 万 m³,死水位为 402m,相应死库容为 535 万 m³。该水库于 1998 年动工兴建,于 1999 年底实现大坝蓄水。工程总投资为 20602 万元,于 2003 年 11 月竣工验收。

甘宁水库灌区设计灌面 10.04 万亩,其中田 6.83 万亩,土 3.21 万亩。灌区以种植水稻、小麦、玉米、红苕等粮食作物为主,其次为油菜、花生、烟叶、芝麻等经济作物。设计灌溉保证率为 77.8%,灌溉水利用系数为 0.654,综合毛定额为 306 m³/亩,灌区农业灌溉毛需水量为 3002 万 m³。

b. 甘宁水库功能。

甘宁水库原是一座以灌溉为主,兼城市供水、防洪、发电等综合效益的中型水利工程。2009 年,万州区政府与浙旅控股公司签订开发青龙大瀑布的合同,拟采用甘宁水库水系建设 5A 级的青龙瀑布群。因此,甘宁水库水系未来将以城市供水、景观用水为主要功能,以防洪、发电和灌溉为辅助功能。

c. 甘宁水库水量情况。

甘宁水库年来水量可达 9429 万 m³,年可外用水量($P=95\%$)为 4471 万 m³(用途包括供城区用水、青龙瀑布建成后景观用水)。按最新总体规划,甘宁水库水系规划以三角凼、青龙水库作为其补水工程,全部建成后年可调用水量为 8250 万 m³($P=95\%$)。

d. 甘宁水库水源地建设情况。

2000 年 7 月,重庆万州三峡水资源开发公司根据《重庆市饮用水源保护区划分规定》的精神,划分了甘宁水库取水口一级保护区、二级保护区以及准保护区,并与区环保局、水利局建立了《甘宁湖水源保护区污染防治联系制度》,在甘宁水库水源保护区设立了监测点,由专人负责监测,加强了水源的保护、污染防治和监督管理。在区政府及有关部门的支持下,已完成退耕还林面积 1 万亩,新建梨园 1000 亩,投资 20 多万元栽植金丝垂柳、小叶榕、毛叶丁香等植物,改善库区"一级水源保护区"及取水口周边环境的绿化状况。累计投入 30 余万元鱼苗,开展白水养鱼,净化水质。按照区级有关部门的要求取缔库区内的"三无"船舶,坚持水面清漂工作。除配合区环保部门、区疾病预防控制中心定期对水库原水进行监测外,周期性抽测甘宁水库和高峰水库水质,严密监测水质变化,全力保障原水水质。

通过以上措施,甘宁水库原水水质曾取得较大的改善,但随着三峡库区移民安置工作的深入,上游城镇人口集中污染负荷有所增加,如上游分水镇污水排放和垃圾处置等点源和面源污染对水库水质造成了一定程度的影响。对此,近年来万州区各级部门对甘宁水库水系污染治理高度重视,先后安排专项资金建设分水镇污水处理工程和垃圾处理设施等,项目建成后将很大程度缓解水库水质恶化的问题。

e. 甘宁水库引水工程建设情况。

甘宁水库作为万州区中心城区的主要饮用水源,水资源公司十分重视水质的保护工作。甘宁水库现已修建有 17.68 km 至江北水厂的输水管道。

江北水厂是甘宁水库的配套工程,地处龙宝镇岩上村玉罗十组,占地 76 亩,设计日供水量 20 万 m^3,已完成并投入使用一期工程供水规模为日供水量 10 万 m^3。工程总投资为 14838.24 万元。江北水厂于 2001 年 10 月正式向万州区中心城区供水,其原水和出厂净水水质经万州区疾病预防控制中心检测符合《生活饮用水卫生标准》(GB 5749—2022),并于 2002 年通过重庆市供水资质评审小组的供水资质评审,于 2005 年通过供水资质复审,成为重庆市为数不多的具有二级供水资质的企业。其主要向化工园区企业及万州部分城区供水。

鉴于地处盐气化工园核心区,水质安全有一定风险,江北水厂不再扩容,主要承担盐气化工园等的供水任务。

② 大滩口水库。

a. 大滩口水库基本概况。

磨刀溪为长江干流上游下段右岸的一级支流(大滩口水库位于磨刀溪中游),发源于重庆市石柱县武陵山北麓的杉树坪,经湖北省利川市于重庆市万州区的石板滩与官渡河汇合,在大滩口右岸纳入罗田河,至赶场右岸汇入龙驹河后始称磨刀溪。再经长滩、向家咀至云阳县龙角镇右岸纳入泥溪河后,在新津口注入长江。河道全长 170 km,流域面积为 3167 km^2。

建设中的大滩口水库位于磨刀溪中游万州区走马镇大滩口,距五桥城区直线距离约为 25 km,正常蓄水位高程为 620 m,坝顶高程为 622m。设计最大坝高为 68.5 m,控制流域面积为 1330 km^2,总库量为 6850 万 m^3,为浆砌石重力坝,兴利库容为 3650 万 m^3。工

程总投资估算为 34679 万元。其中枢纽工程投资为 14874 万元,渠系工程投资为 16148
万元,电站工程投资为 3658 万元。本工程的功能主要为灌溉、供水、发电,灌溉、供水、电
站工程的投资按主要效益和库容进行合理分摊,分摊后灌溉工程投资为 25793 万元、供
水工程投资为 3002 万元、电站工程投资为 5884 万元。

b. 大滩口水库主要功能及其可供水量。

大滩口水库是一个灌溉、供水、发电综合利用工程,随着万州区城市战略地位的提
升、城市化进程步伐加快,大滩口水库的主要功能为发电和向城区供水,其中年可向城区
水厂供水($P = 95\%$)7590 万 m^3。

c. 大滩口水库水源地情况。

据最新提供资料,大滩口水库上游影响区内重庆石柱县河嘴乡、临溪镇和湖北恩施
利川市的建南镇将在未来 5~10 年加快城镇化进程。根据总规,大滩口水库坝前控制流
域河嘴乡、临溪镇、建南镇在规划年的城镇人口:2010 年分别为 1000 人、8000 人、5500
人;2015 年分别为 1250 人、10000 人、6875 人;2020 年分别为 1562 人、12500 人、8593
人。这三个镇规模的扩展将不可避免带来生活污水、工业污水、垃圾污染、农业面源污
染、畜禽污染等污染负荷的攀升。

③ 登丰水库。

登丰水库为 20 世纪 70 年代建成的中型水库。水库位于瀼渡河上游万州区高梁镇麻田
溪,距城区的直线距离约为 10 km,正常蓄水位高程为 637.5 m,坝顶高程为 641.8 m,最大坝
高为 40.5 m,控制流域面积为 15.0 km^2,总库容为 1000 万 m^3,兴利库容为 739 万 m^3,为
灌溉、发电的综合利用水库,该库现状效益较低。根据万州区水利局等有关部门意见,随
着城市建设的发展,登丰水库主要功能将主要表现为灌溉与供水,其中年可向城区水厂
供水 720 万 m^3。

④ 三角凼水库。

三角凼水库位于汝溪河上游万州区分水镇三角凼,属于甘宁水库水系,为甘宁水库
的补水工程,据万州区水利局介绍,三角凼水库即将竣工。三角凼水库距城区的直线距
离约为 25 km,正常蓄水位高程为 563 m,坝顶高程为 565 m,设计最大坝高为 47 m,控制
流域面积为 21.4 km^2,总库容为 1528 万 m^3,兴利库容为 737 万 m^3。

三角凼水库是一座灌溉、景观、供水的综合利用水库,三角凼水库年可外调水量为
($P = 95\%$,多年调节)779 万 m^3(用途包括供城区用水、青龙瀑布建成后景观用水)。

⑤ 青龙水库。

规划建设中的青龙水库位于普里河上游右岸一级支流关龙河中游新院予至桐子岭
河段,万州区余家镇三河、石隔两村境内,同属甘宁水库水系,为甘宁水库的补水工程。

青龙水库距城区的直线距离约为 30 km，正常蓄水位高程为 525 m，坝顶高程为 528.5 m，最大坝高为 38 m，控制流域面积为 84.98 km²，总库容为 3300 万 m³，兴利库容为 1950 万 m³。规划的青龙水库是甘宁水库的补水工程，是一座以城市供水、景观用水为主的综合水库，年可外调水量为 3000 万 m³（用途包括供城区用水、青龙瀑布建成后景观用水）。

⑥ 其他水库。

鱼背山水库位于磨刀溪中游万州区走马镇鱼背山、大滩口水库的下游（大滩口水库的下游梯级水库），距城区的直线距离约为 20 km，水库正常蓄水位为 571 m，坝顶高程为 574 m，设计最大坝高为 72 m，调节库容为 5800 万 m³，水库蓄水面积为 3.11 km²。

董家水库位于猫沱溪上游天城镇秦家沟，距城区的直线距离约为 8 km，设计最大坝高为 37 m，控制流域面积为 2.8 km²，外引流域面积为 9.7 km²，总库容为 503.5 万 m³，兴利库容为 303.9 万 m³，是一座供水、灌溉综合利用的水库，并与双堰水库联网，年可向城区水厂供水（$P=95\%$，多年调节）608 万 m³。

四方碑地下水位于万州区高梁镇四方碑（铁峰山背斜南翼），距城区的直线距离约为 12 km，出露流量为 0.125～0.07 m³/s，年可向城市水厂供水 306 万 m³。

新田水库已建成，水库功能为防洪、灌溉、供水。多年平均来水量为 2753 万 m³，总库容为 1545 万 m³，水库年可向城区供水（$P=95\%$）2035 万 m³。

万州区中心城区周围主要的中型水库如表 6.7 所示。

表 6.7　万州区中心城区周围主要的中型水库一览表

水库名称	正常蓄水位高程 /m	总库容 /万 m³	兴利库容 /万 m³	集雨面积 /km²	保证率 /(%)	年向城区供水 /万 m³
甘宁水库	现状(417.00)	3360	3245	149.50	95	4471
大滩口水库	在建(620.00)	6850	3650	1330.00	95	7590
登丰水库	现状(637.50)	1000	739	15.00	95	720
三角凼水库	在建(563.00)	1528	737	21.40	95	779
青龙水库	规划(525.00)	3300	1950	85.00	95	3000
凉水水库	规划(463.00)	1128	1010	38.00	95	1780
新田水库	现状	1545	—		95	2035
双河口水库	规划(392.50)	1150			95	410

注：三角凼水库、青龙水库为甘宁水库的补水工程。

3. 水源选择

长江支流或处于城区中央污染严重，或远离城区取水不便，均不宜作为城区的饮用水水源。长江水万州区上游段水质均保持为Ⅱ类。因此长江水可作为城市的主水源。规划新建的杨柳水厂以长江水为主要水源，取水口位于长江上游段。

水库供水存在距离城区较远、输水管道投资巨大、一次性投资较大等问题。但大部分水库海拔较高，能够实现城区扩展区的高区自流供水，长远来看，有利于节约运行费用。通过分析，其中适宜作为城市水源的水库有大滩口水库、甘宁水库、三角凼水库、登丰水库，年可向城区供水 13560 万 m^3/d。水库在 95% 的保证率下，现状年可向城区供水 1.35 亿 m^3 以上，规划青龙水库建成后总计年可向城区供水 1.65 亿 m^3 以上。中型水库集雨面积较大、水量调节能力高，易于防护，水量、水质能够达到水功能区要求，适宜作为城市水源。

根据以上水资源情况的分析得出结论：万州区城市供水以长江水与水库水形成双水源供水较为合理，形成一个以长江、大滩口水库、甘宁水库、登丰水库、三角凼水库、青龙水库和凉水水库供水相结合的多源供水体系。

4. 水源地保护措施

饮用水水源地水环境保护措施必须根据水源地实际情况确定，要针对水源地的水质现状、污染源分布现状提出污染控制以及生态修复措施。饮用水水源地的污染控制主要分为工程控制和非工程控制两个方面。

工程控制包括工艺控制和污染源控制。工艺控制是根据污染源的特征提出相应的工艺措施治理，而污染源控制是通过合理的人工措施将污染源的产污量降至最低。工艺控制和污染源控制是减少入库污染物的关键步骤。针对饮用水水源地的类别工程控制措施主要包括拆除保护区内的排放口、建立小型污水处理厂、前置人工湿地、河口前置库、截污管网工程以及生态修复等措施。

非工程控制措施主要是指对各类污染源的管理和限制，包括调整产业结构，制定饮用水水源地保护区管理条例等。

饮用水水源地环境保护工程规划必须坚持以下原则。

(1) 优先原则。环境保护与地方经济发生局部矛盾时，重点考虑水源地水质保护与治理。

(2) 可持续发展原则。积极实施生态修复措施，切实贯彻水库的健康可持续发展模式。

(3) 协调原则。与社会经济发展相协调，与各行业部门计划、规划相协调。

(4) 总量控制原则。以技术和经济为基础，对水库外污染源实行总量控制和目标控制,强化水质管理,协调污染源的排污负荷定额,采用最大限度削减外源污染负荷的总量分配原则。

万州区的主水源为长江水及水库水,针对水源,建议采取如下保护措施。

(1)长江既为全区主要饮用水源,又是航运繁忙的"黄金水道",环保、海事、航运等部门应共同加强对过往船舶的监督管理,制定过往船只环保管理办法,强制要求船舶在饮用水源一级保护区内实行不间歇通过,非特殊原因不得停靠、逗留;禁止排放含油废水以及生活污水;禁止在保护区内从事采砂、取石等影响水质安全的活动。提高对饮用水源的监控能力,逐步实行水质自动在线监测,并建立起饮用水源水质预警体系。

(2)建立大滩口水库、甘宁水库水源保护区。范围涉及大滩口水库、甘宁水库和高峰水库集雨面积区,包括走马、分水、高峰等 7 个场镇和高桥等 70 个自然村。对二级保护区内的现有工业污染源要限期治理,责令达标排放;库区水面禁止肥水养鱼、养鸭、养鹅;保护区内禁止新建对水源有污染的各类项目,以控制新的污染源。相关场镇实施生活污水集中治理。在水源保护区外的合适地点建立垃圾收运系统,场镇的生活垃圾要严格环卫管理,根治生活垃圾无组织排放状况。保持水土涵养,保护区内要以行政和经济手段实行封山育林,退耕还林,植树造林,按主管部门制定的保护区造林计划,建设库边绿化带,逐年扩大森林覆盖率;严禁毁林开荒、烧山开荒和在 25°以上的陡坡地铲草皮和开垦种植农作物。

(3)开展取水口周边环境的综合整治工作,清理保护区内及保护区外影响水质安全的煤场、砂场、码头等违章建筑;加强对饮用水源地水利设施的管理,严禁在保护区内开设占用河面经营或向水体排放污染物的餐饮场所。

6.2.4　给水管网规划

1. 管网规划原则

(1)供水干管尽可能布置在大的用水片区,以减少配水支管的数量。

(2)供水干管之间在适当间距处设置连接管,以形成环网。

(3)供水管网根据用水要求合理分布于全供水区,并尽可能缩短供水管线的总长度。

(4)所有管线尽可能沿现有城区道路和规划道路敷设。供水管网一次规划,分步实施。

(5)供水管网的布置应使干管尽可能以最短距离到达主要用水地区及管网中的调节构筑物。

(6)考虑一定的转输能力,以充分发挥整个项目的经济效益和社会效益。

(7)因供水水质及压力等级不同,本供水管网不考虑与企业或单位自备水源供水管网的联网运行。

（8）管网平差设计范围根据总规中给水规划作为本次设计的依据。

（9）根据城区供水管网现状，从经济效益和节约投资的角度出发，在不影响城市供水格局的前提下，兼顾已有管道，合理布局。

2. 管网规划内容

（1）根据规划目标，为消除二次污染，确保用户端水质达标，本次规划针对老城区旧有敷设的管道、已经老化或漏损严重的管道进行更新改造。

（2）新开发地块随同道路建设增敷新管道，以提高供水普及率。

（3）城市管网采用环状布置，提高供水安全性。供水主干管改造时尽量敷设在城市主干道上，避开尚未改造的城市旧街道。

（4）对于与规划道路不符、影响地块开发的管道采取迁移的方式。

（5）规划对现有供水系统实现互连互通，增强城区供水系统的安全。

3. 配水管网布置

（1）枇杷坪组团。现状由北山一级泵站及北山二级泵站供水，规划考虑保留北山一级泵站及北山二级泵站，增设北山二级泵站高位水池。给水管网采用环状布置，主环管网沿北滨大道、附护路等主干道路布置。管径为 200～700 mm。

（2）天城组团。现状由三环道泵站、映水泵站供水，规划考虑对现状泵站扩建，同时新建上坪泵站。给水管网采用环状布置，主环管网沿天城大道、天子路、申明大道路等主干道路布置。管径为 200～900 mm。

（3）高笋塘组团。现状由牌楼三水厂、红花岩泵站等供水。规划考虑关闭三水厂，改由杨柳水厂供水。给水管网采用环状布置，主环管网沿北滨大道、白岩路等主干道路布置。管径为 200～1200 mm。

（4）龙宝组团。现状由江北水厂等供水。规划考虑江北水厂改为工业用水，生活用水由杨柳水厂供水，同时新建万利泵站、高峰泵站、石峰泵站、戴家岩泵站等。给水管网采用环状布置，主环管网沿沙龙路、龙都大道、厦门大道、龙宝大街等主干道路布置。管径为 200～1800 mm。

（5）山顶组团。现状由戴家岩水厂等供水。规划考虑由戴家岩水厂、杨柳水厂联合供水。给水管网采用环状布置，主环管网沿戴家岩组团规划主干道路布置。管径为 200～800 mm。

（6）百安坝组团。现状由五桥一级泵站、千口岩泵站、天台泵站供水，规划考虑关闭上述泵站，新建江南水厂和百安坝第一、第二减压水池。给水管网采用环状布置，主环管网沿安顺路、安宁路、安庆路等主干道路布置。管径为 200～1800 mm。

（7）江南组团。现状由江南泵站供水，规划考虑关闭江南泵站，由百安坝第一、第二减压水池供水。给水管网采用环状布置，主环管网沿南滨大道、江南大道等主干道路布置。管径为 200～1200 mm。

（8）高峰组团。高峰组团为经开片区规划组团之一，规划考虑由高峰水厂供水。新建高峰 1 号、2 号高位水池，兴隆泵站等。给水管网采用环状布置，主环管网沿高峰组团规划主干道路布置。管径为 200～2600 mm。

（9）姜家组团。姜家组团为经开片区规划组团之一，规划考虑生活用水由高峰水厂提供，工业用水由姜家水厂提供。给水管网采用环状布置，主环管网沿姜家组团规划主干道路布置。管径为 200～1000 mm。

（10）新田组团。新田组团为经开片区规划组团之一，规划考虑由新田水厂供水。给水管网采用环状布置，主环管网沿新田组团规划主干道路布置。管径为 200～1000 mm。

4. 城市供水管网水力计算

（1）城区配水管网布置及管网平差计算原则。

① 配水管网布置范围为总规中的中心城区。

② 已完成可研或初步设计的高峰水厂、杨柳水厂在管网平差时，出厂水水压按可研或初步设计要求。

③ 按城市主城区管网远期最高日总供水量考虑。

④ 能利用重力供水的优先考虑重力供水。

（2）设计水量。

管网按到 2030 年形成配水能力 90 万 m³/d 的规模进行总体布置。各水厂的规模如表 6.8 所示。

表 6.8　中心城区规划水厂一览表

序号	水厂名称	水源	现有规模/(万 m³/d)	近期规划规模/(万 m³/d)	远期规划规模/(万 m³/d)	用地面积/hm²	服务范围
1	杨柳水厂	长江	—	20	35	净水厂：12。取水：0.87	新建，供龙宝、高笋塘、周家坝、申明坝、枇杷坪、高梁、董家和大周的生活用水

序号	水厂名称	水源	现有规模/(万 m³/d)	近期规划规模/(万 m³/d)	远期规划规模/(万 m³/d)	用地面积/hm²	服务范围
2	高峰水厂	甘宁、三角凼、青龙水库	—	6	12	6.79	新建,供高峰园(含姜家)、龙宝盐气化工园及龙腾园的生活用水
3	江北水厂	甘宁、三角凼、青龙水库	10	10	10	5	保留,供龙宝盐气化工园、龙腾园的一般工业用水
4	江南水厂	大滩口及凉水水库	—	10+5	20	10	新建,供江南新区、百安坝等区域用水
5	戴家岩水厂	登丰水库	0.5	2.0	2.0	1.5	扩建,主要供戴家岩山顶用水
6	新田水厂	长江及新田水库	—	—	5	3.5	新建,供新田港区及临港区域的用水
7	姜家水厂	长江	—	—	6	3.8	新建,供姜家组团的生活、工业用水
8	合计	—	10.5	53	90	—	

（3）水头损失水力计算公式。

水头损失水力采用海曾-威廉（Hazen_Williams）公式计算,见式（6.2）。

$$h = \frac{10.67Q^{1.852} \cdot l}{C_h^{1.852} \cdot D^{4.87}} \tag{6.2}$$

式中：h 为水头损失,m；Q 为流量,m³/s；l 为管道长度,m；C_h 为海曾-威廉系数；D 为管径,m。

C_h 值根据管道的新旧程度及材质的不同,结合现状计算模型校核,取 100～150。本规划管网水力计算中,管径小于 200 mm 的采用 PE 管,C_h 值取 150；管径大于 300 mm 的采用球墨铸铁管,C_h 值取 110。

其他参数取值如下。

① 最高时用水量 $K_{时}$＝1.25～1.58。

② 发生事故时的泵站供水量和地区用水量均按最高时用水量的 70% 计算。

③ 经济流速 V_e。DN≤300 mm，V_e=0.6～1.0 m/s；300 mm<DN≤600 mm，V_e=0.7～1.2 m/s；600 mm<DN≤1000 mm，V_e=0.9～1.4 m/s；1000 mm<DN≤1600 mm，V_e=1.0～1.7 m/s。

④ 消防用水量。根据《消防给水及消火栓系统技术规范》(GB 50974—2014)，确定消防用水量 100L/次，按同时发生三次消防用水考虑。

（4）平差计算。

管网平差计算是以总规中的中心城区为范围，并依据上述服务范围的供水量和该区域规划建成区面积来计算各节点的长度比流量，并适当考虑现有集中用水户的集中流量和居民区与工业区的用水差别。管网平差按最高日最高时城市总供水量计算。经平差计算，依据各输配水管道的经济流速，从而确定相应的管径。管网平差按最高日最高时、消防时、事故时用水量进行校核。

5. 管材的选择

配水管网应选择使用寿命长、安全可靠性强、维修量少的管材。管道内壁应光滑，输水能力保持不变。在保证管道质量的前提下，造价应相对较低。

国内较常用的供水管道的管材主要有以下几种：钢管、铸铁管、水泥管、塑料管等。根据《城市供水行业 2010 年技术进步发展规划及 2020 年远景目标》，综合考虑管材经济性和使用性能，建议管径不大于 400 mm 的管材首选聚乙烯（PE）管；管径为 500～1200 mm 的管材首选球墨铸铁管；管径不小于 1400 mm 的管材首选预应力钢筋混凝土管（PCCP）。

6. 管道附属设施

在管道低凹处，设置放空阀门及放空井、排泥湿井；在管道隆起处，设置排气阀门及井；根据输水路段和配水管分支情况，设置检修阀门及井。输水管阀门间距可参考表 6.9，以应急检修和检查事故，检修阀门井的井盖最小尺寸为 700 mm。

表 6.9　输水管阀门间距

输水管长度/km	间距/km
<3	1.0～1.5
3～10	2.0～2.5
10～20	3.0～4.0

7. 消火栓布置

消火栓的数量及布置必须遵守消防规定,并取得市消防部门同意。消火栓间距应不大于120 m;消火栓的接管直径不小于100 mm;消火栓尽可能设在交叉口和醒目处。消火栓按规定应距建筑物不少于5 m,距车行道边不大于2 m,以便消防车上水,并不应妨碍交通,一般常设在人行道边。

8. 阀门布置

配水管网中的阀门布置,应能满足事故管段的切断需要。其位置可结合连接管以及重要供水支管的节点设置,干管上的阀门间距不大于5倍消防栓距离。

6.2.5 城市给水应急保障措施

1. 完善相关供水安全应急法律法规以及政策措施

现在正在实行的《中华人民共和国水污染防治法》《城市供水条例》等相关法律法规中增加了应急供水的内容。政府成立了专门的应急指挥机构,建立技术、物资和人员保障系统,落实重大事件的值班、报告、处理制度,形成有效的预警和应急救援机制,实行统一指挥、统一协调、统一实施应急供水方案。在应急供水秩序上,须注意要在满足生活的基础上再进行生产,在充分高效地利用地表水的基础上再想方设法调用地下水,在节约用水的基础上再不惜一切代价从外地引水。在应急供水期间,可以通过对城镇生活用水实行限时限量供应或分区轮流供水的方法来缓解供水压力,以提高供水效率;还应充分发挥市场机制在经济杠杆方面的重要作用,根据供水紧张程度的不同,制定不同阶段的供水价格,通过对供水价格的调整,合理分配水资源,特别是应急供水期间,支持供水企业适当提高水价。

2. 避免城市水源单一化

城市供水系统在规划设计时,除要满足水源的水量和水质标准外,水源地不能过于单一化。各水厂或者部分水厂要有相对独立的水源地,这样即使某个水源地发生突发性的水量或水质问题,其他水厂仍然能够正常或者超负荷供水,从而满足需要。当然,水源地的经济性也要考虑,对于经济性相对较差的水源地可以适当选择作为补充。分质供水在城建规划中有其相当的必要性,平时用以改善和提高饮水水质,应急时可用以确保饮水安全。将城市内部应急用的地下水井建设纳入城建规划中,在发生事故时,可以将地下水作为生活饮用水的补充。在应急供水期间,为保证全市的有效供水,所有取用地下水的自备水源用户也须对外供水,在应急供水状态下全市对供水进行统一调度管理。

3. 水厂应急深度处理工艺的选择

我国水厂生产大多采用常规工艺,即混凝→沉淀→过滤→消毒,这种传统工艺以除去水中的悬浮物和胶体为目的,不能有效地去除水中有机物,水中的大分子有机物如腐殖质和蛋白质在水中常呈线性结构,较易形成分子聚集体,有较好的稳定性。国内外的试验研究和实际生产表明:受污染的水源水经过常规的混凝、沉淀及过滤工艺只能去除水中有机物的 20%～30%,且由于溶解性有机物的存在,不利于破坏胶体的稳定性而使常规工艺对原水的浊度去除效果也明显下降。对一个城市来说,如果把所有的水厂都按深度处理工艺设计,在满足城市正常需要的情况下,为了保证应急的需要,可以在部分水厂建设深度处理设备,如采用预臭氧＋常规处理＋臭氧活性炭、膜处理等工艺,这些水的深度处理方法可以在水源被污染后很快使水厂从常规处理变成深度处理,而且这些工艺对现有水厂的改造难度比较小,成本不高,可增加城市的供水安全应急能力。

4. 加强城市应急输配水管网的建设

要以多水库串联、多水系连接、地表水与地下水联调为原则,加快城市应急输配水管网的建设,提高城市供水安全的应急保障水平。要把城市各水厂的供水管网互相连通,从而便于各水厂出水的互相补充和统一调度。将市政管网与工业企业自备水厂的管网有机连接起来,在正常供水时,单向阀门关闭,若发生应急供水状态,可打开连接管网的单向阀门,实现联网供水。除配水管网要有相互连通的功能外,从水源到水厂的输水管道也必须进行应急改造。

以典型的水源单一型城市南京为例,南京的市政水厂以长江水为水源,在长江发生类似于松花江的突发性水污染事故时,可以用输水管道把南京周边的一些水库、湖泊的原水送到部分水厂,这时如果专门为应急供水建设一套输水管道系统,成本非常高,而且利用效率非常有限。针对这种情况,应结合河道整治、景观生态建设、城市防洪工程等综合需要建设应急输水系统,如利用现有水环境良好的河道为输水载体,建设维护成本会大大降低,在需要输水时,沿线实施封闭管理,确保输水受污染的可能性最大限度地减少。

第 7 章

城市排水工程概论

7.1 概　　述

7.1.1 排水工程的定义、任务及作用

1. 排水工程的定义及任务

在城镇生产和生活中产生的大量污水,如从住宅、工厂和各种公共建筑中不断排出的各种各样的污水和废弃物,需要及时妥善地排除、处理或利用。如不控制这些污水,任意直接排入水体或地下土体,使水体和土壤受到污染,将破坏原有的生态环境,引起各种环境问题。为保护环境和提高城市生活水平,现代城镇需要建设一整套工程设施来收集、输送和处置雨水与污水。这种工程设施称为"排水工程"。

大规模的城市建设,实现了城市的现代化。城市规模变得越来越大,城市道路硬面化提高,雨水的收集、排除和利用也是城市排水工程的基本内容。

排水工程的基本任务是保障城市生活、生产正常运转,保护环境免受污染,解决城市雨水的排除和利用,促进城市经济和社会发展。其主要内容包括:①收集各种污水并及时输送至适当地点;②将污水妥善处理后排放或再利用;③收集城市屋面、地面雨水并排除或利用。

2. 排水工程的作用

排水工程是城市基础设施之一,在城市建设中起着十分重要的作用。

(1)排水工程的合理建设有助于保护和改善环境,消除污水的危害,为保障城市健康运转起着重要的作用。随着现代工业的发展和城市规模的扩大,污水量日益增加,污水成分也日趋复杂,城镇建设必须注意经济发展过程中造成的环境污染问题,并协调解决好污水的污染控制、处理及利用问题,以确保环境不受污染。

(2)排水工程作为国民经济和社会发展的一个功能发挥着重要的作用。水是非常宝贵的自然资源,它在人民日常生活和工农业生产中都是不可缺少的。许多河川的水不同程度地被其上下游的城市重复使用,甚至有的河段已超过了水体自净能力,当水体受到严重污染,势必降低淡水水源的使用价值或增加城市给水处理的成本。为此,通过建设城市排水工程设施,以达到保护水体免受污染,使水体充分发挥其经济和社会效益的目标。同时,运用排水工程技术,使城市污水资源化,可重复用于城市生活和工业生产,这是节约用水和解决淡水资源短缺的一种重要途径。

(3)随着气候的变化,强降雨导致城镇水害日益严重,如何解决城市雨雪水的及时排

除是城市未来建设的课题。此外,对于我国淡水资源匮乏的城市,雨水的收集与利用也将成为城市建设不可忽视的问题之一。因此,排水工程的建设有利于保障城市安全及未来发展。

总之,在城市建设中,排水工程对保护环境、促进城镇化建设具有重要的现实意义和深远的影响。应当充分发挥排水工程在我国经济建设和社会发展中的积极作用,使经济建设、城镇建设与环境建设同步规划、同步实施、同步发展,以达到经济效益、社会效益和环境效益的统一。

7.1.2　废水的分类及废水、污水处理

1. 废水的分类

城市生活和生产活动都要使用大量的水,水在使用过程中会受到不同程度的污染,改变了原有的化学成分和物理性质,并由完整管渠系统进行收集和输送,成为污水或废水。废水按其来源的不同,可分为生活污水、工业废水和雨水三类。

（1）生活污水。

生活污水指人们在日常生活中用过的水,包括从厕所、浴室、盥洗室、厨房、食堂和洗衣房等处排出的水。它来自住宅、机关、学校、医院、商店以及工厂中的生活区部分。

生活污水含有大量腐败性的有机物,如蛋白质、动植物脂肪、碳水化合物、尿素等,还含有许多人工合成的有机物,如各种肥皂和洗涤剂等,以及粪便中出现的病原微生物,如寄生虫卵和肠系传染病菌等。此外,生活污水中也含有植物生长所需要的氮、磷、钾等元素。这类污水需要经过处理后才能排入水体、灌溉农田或再利用。

从建筑排水工程来看,建筑内用于淋浴、盥洗和洗涤的废水,由于比粪便污水污染程度轻,经过处理可以作为中水系统回用。因此,现在有的建筑排水将粪便污水和洗涤废水独立设置,把建筑内的生活排水分成生活污水和生活废水,这是未来的发展方向。

（2）工业废水。

工业废水指在工业生产中排出的废水。由于各种工业企业的生产类别、工艺过程、使用的原材料以及用水成分的不同,工业废水的水质变化很大。工业废水按照污染程度的不同,可分为生产废水和生产污水两类。

① 生产废水是指在使用过程中受到轻度污染或水温稍有增高的水,如冷却水。通常经简单处理后即可在生产中重复使用,或直接排放到水体。

② 生产污水是指在使用过程中受到较严重污染的水。这类污水多具有危害性,有的含大量有机物,有的含氰化物、铬、汞、铅、镉等有害和有毒物质,有的含多氯联苯、合成洗涤剂等合成有机化学物质,有的含放射性物质等。这类污水大都需经适当处理后才能排

放或在生产中重复使用。废水中有害或有毒物质往往是宝贵的工业原料,对这种废水应尽量回收利用,为国家创造财富,同时减轻污水的污染。

工业废水按所含污染物的主要成分分类,有酸性废水、碱性废水、含氰废水、含铬废水、含汞废水、含油废水、含有机磷废水和放射性废水等。这种分类明确地指出了废水中主要污染物的成分。

在不同的工业企业,由于产品、原料和加工过程不同,排出的是不同性质的工业废水。

(3)雨水。

雨水包括大气降水,也包括冰雪融化水。雨水形成的径流量大,若不及时排泄,则将积水为害,妨碍交通,甚至危及人们的生产和日常生活。目前,在我国的排水体制中,雨水被认为较为洁净,一般无须处理,直接就近排入水体。

虽然天然雨水比较清洁,但是初期降雨时所形成的雨水径流会挟带大气中、地面和屋面上的各种污染物质,使其受到污染,所以初期径流的雨水往往污染严重,应予以控制排放。有的国家对污染严重地区雨水径流的排放作了严格要求,如工业区、高速公路、机场等处的暴雨雨水要经过沉淀、撇油等处理后才可以排放。近年来,由于水污染加剧,水资源日益紧张,雨水的作用被重新认识。长期以来雨水直接径流排放,不仅加剧水体污染和城市洪涝灾害,而且是对水资源的一种浪费。为此,国内外许多城市已经或正在重视城市雨水的管理和综合利用的建设和研究。

2. 废水、污水处理

城市排水一般包含生活污水和生产污(废)水。由于工业企业的废水水质差别较大,大多数工业企业特殊的生产污(废)水需要单独处理,其处理工艺也不完全相同。对于生活污水,其水质比较稳定,处理工艺总体接近。

污水经处理后的最终去向有三种:排放水体、灌溉农田、重复利用。污水经达标处理后大部分可以直接排入水体,水体具有一定的稀释能力和净化恢复能力,所以排入水体是城市污水的自然回归,是城市水循环的正常途径。灌溉农田也是利用土地净化功能的一种方法。污水经处理达到无害化后排放并重复利用,是控制水污染、保护水资源的重要手段,也是节约用水的重要途径。

城市污水重复利用的方式有以下几种。

(1)自然复用。一条河流往往既作给水水源,也受纳沿河城市排放的污水。流经下游城市的河水中,总是掺杂有上游城市排入的污水。因而地面水源中的水,在其最后排入海洋之前,实际已被多次重复使用。

(2)间接复用。将处理后的排水或雨水注入地下补充地下水,作为给水的间接水源,也可防止地下水位下降和地面沉降。

（3）直接复用。城市污水经过人工处理后直接作为城市用水水源，这对严重缺水地区来说是必要的。近年来，我国也提倡采用中水及收集利用雨水，而且已有不少工程实例。如处理后的水经提升送至城市河道上游进行补水，改善城市河道水体水质，或者处理后的水排至城市"亲水"公园或人工湿地公园等。

7.2　排水系统的体制及主要组成

7.2.1　排水系统的体制及其选择

1. 排水系统及其体制的定义

在城市和工业企业中，应当有组织地、及时地收集、处理、排除上述废水，否则有可能影响和破坏环境，影响生活和生产，威胁人们健康。排水的收集、输送、处理和排放等工程设施以一定的方式组合成的总体称为排水系统。排水系统通常由管道系统（或称排水管网）和污水处理系统（即污水处理厂）两大部分组成。管道系统是收集和输送废水的设施，把废水从产生处输送至污水厂或出水口，它包括排水设备、检查井、管渠、泵站等工程设施。污水处理系统是处理和利用废水的设施，它包括城市及工业企业污水处理厂（站）中的各种处理构筑物及利用设施等。

在城镇和工业企业中通常有生活污水、工业废水和雨水。这些废水既可采用一个管渠系统来收集与排除，又可采用两个或两个以上各自独立的管渠系统来收集和排除。废水的这种不同收集与排除方式所形成的排水系统就是排水系统的体制。排水系统的体制，一般分为合流制和分流制两种类型。

2. 排水系统体制的类型

（1）合流制排水系统。

当采用一个管渠系统来收集和排除生活污水、工业废水和雨水时，称为合流制排水系统，也称为合流管道系统，其排水量称为合流污水量。

合流制排水系统又分为直排式和截流式。

直排式合流制排水系统是将排除的混合污水不经处理直接就近排入水体，国内外很多城镇的老城区仍保留这种排水方式。但这种排除形式因污水未经处理就排放，使受纳水体遭受严重污染，所以，这也是目前乃至今后很长一段时间内老城镇改造中的重要工程。

随着城市化的推进和对水域环境保护的重视,对老城区及小城镇需要进行基础设施改造,除采用分流制排水系统外,最常见的排水系统改造是采用截污工程,即截流式合流制排水系统,如图 7.1 所示。这种系统是在临河岸边建造一条截流干管,同时在合流干管与截流干管相交前或相交处设置溢流井,并在截流干管下游设置污水厂。晴天和初期降雨时所有污水都送至污水厂,经处理后排入水体,随着降雨量的增加,雨水径流也增加,当混合污水的流量超过截流干管的输水能力后,就有部分混合污水经溢流井溢出,直接排入水体。截流式合流制排水系统相较于直排式合流制排水系统,在污水管理上有了很大提高,但仍有部分混合污水未经处理就直接排放,从而使水体遭受污染,这是它的不足之处。

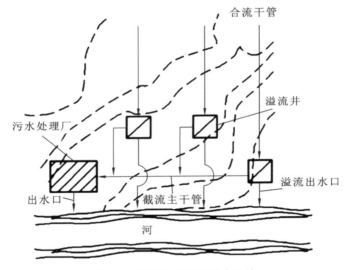

图 7.1 截流式合流制排水系统

(2)分流制排水系统。

当采用两个或两个以上各自独立的管渠来收集或排除生活污水、工业废水和雨水时,称为分流制排水系统,如图 7.2 所示。收集并排除生活污水、工业废水的系统称为污水排水系统,收集或排除雨水的系统称为雨水排水系统,这就是常说的雨污分流形式。

根据排除雨水方式的不同,分流制排水系统又分为完全分流制和不完全分流制两种排水系统。

完全分流制排水系统是同时建有独立的污水排水管道和雨水排水管道,而且一般建有污水处理厂(站)。

不完全分流制排水系统只建有污水排水系统,未建有雨水排水系统,雨水沿天然地

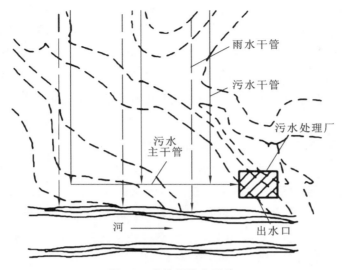

图 7.2　分流制排水系统

面、街道边沟、水渠等原有渠道系统排泄,或者采用对原有雨水排洪沟道的整治,来提高排水渠道系统输水能力,待城市进一步发展再修建完整的雨水排水系统。

在工业企业中,一般采用分流制排水系统。然而,由于工业废水的成分和性质往往很复杂,不但与生活污水不宜混合,而且彼此之间也不宜混合,否则将加大污水厂污水和污泥处理的难度,并给废水重复利用和回收有用物质造成很大困难。所以,在多数情况下,采用分质分流、清污分流的几种管道系统来分别排除废水。但如生产污水的成分和性质同生活污水类似,可将生活污水和生产污水用同一管道系统排放。

大多数城市,尤其是较早建成的城市,往往是混合制的排水系统,既有分流制,也有合流制。在大城市中,各区域的自然条件以及修建情况可能相差较大,因此应因地制宜地采用不同的排水体制。

3. 城市排水系统体制的选择

排水体制的选择是城市排水系统规划的核心问题,它不仅关系到整个城市排水系统的可用性,制约着能否满足水环境保护的目标,而且影响到城市排水系统的投资规模和运营管理成本,以及运行维护的复杂性。无论在城市排水系统的研究领域还是在实际的排水工程规划领域,目前"合流制"常指截流式合流制,"分流制"常指完全分流制。下面从水环境保护、建设运行、工程投资及维护管理四个角度对两种排水体制进行比较。

(1) 从水环境保护的角度。

在旱季,合流制排水系统将全部城市污水输送到污水处理厂进行处理;在雨季,合流制排水系统对初期降雨径流截流,并与城市污水一同输送到污水处理厂进行处理。从污染排放方面来看,虽然合流制排水系统可以处理部分降雨径流,通常可以减少入河污染负荷总量,但由于这一系统只能在截流允许范围内对降雨径流进行控制,一旦排水量超过系统的截流能力,大量的混合雨污水将发生溢流,直接排入并污染受纳水体。由于混合溢流中含有城市污水和管网中的沉积物,因此,溢流已经成为水体短期污染事故的重要原因之一。

分流制排水系统将雨污水分别收集排放,避免了合流制排水系统中的混合污水溢流现象。但是由于分流制排水系统在雨季将降雨径流直接排入受纳水体,当降雨径流中污染物浓度较高时,也会给受纳水体带来较强的瞬间负荷冲击,从而对水体的水质和生态系统产生严重影响。在分流制排水系统的实际建设和运行过程中,由于不可避免地会出现雨污管的错接现象,这将使部分城市污水不经任何处理直接从雨水管道排入受纳水体,从而给城市水环境质量的控制带来新的压力。

合流制和分流制排水系统对受纳水体影响的强与弱,与排水系统所在城市的自然地理条件、城市管理水平以及生活习惯等诸多因素密切相关。两种系统各有优势和不足,分流制排水系统排放的有机物和营养物负荷较低,而合流制排水系统排放的颗粒物和重金属负荷较低。如果同时考虑系统的建设投资成本,分流制排水系统并不能显示出绝对的优势。

为进一步改善水体质量,必须对分流制初期降雨径流和合流制溢流进行处理。合流制系统可以降低对受纳水体水力条件、累积性污染和富营养化程度的影响,但由于雨污水混合溢流的问题,合流制排水系统对受纳水体急性毒性和溶解氧含量的影响较分流制排水系统严重。初期降雨径流中污染物浓度峰值非常高,分流制雨水与合流制溢流的污染物浓度水平基本相当。对于单次降雨与全年平均的污染负荷排放量,只有当初期降雨径流的污染物浓度远低于城市污水的污染物浓度时,分流制雨水的污染物排放量才小于合流制溢流的排放量,否则合流制溢流的污染排放量将较小。

(2)从建设运行的角度。

合流制排水系统只有一套管网,管线单一,在地下占据的空间较小,与其他地下管线的交叉也少,便于施工。如果用该系统对采用直排式合流制排水系统的老城区进行改造,无须大规模改造,只需要选择在适当的位置铺设截流管并沿途设置溢流井,工程量相对较小。

与合流制排水系统相比,分流制系统需要修建两套管网系统,占据的地下空间较大,管道平面敷设和竖向交叉的处理较为困难,特别是在街道狭窄的地区,施工的难度更大,甚至无法进行施工。另外,两套管网增大了系统的复杂性,难以避免发生管道错接现象,从而导致在实际的运行中,雨水管可能接纳城市污水,污水管也可能接纳雨水。如果用分流制排水系统对采用直排式合流制排水系统的老城区进行改造,工程量通常会显著增大。

由于合流制排水系统中城市污水和降雨径流采用同一管网进行排除,所用管道管径一般较大。在旱季,管网只输送城市污水,流量小、流速低,在坡度小的管道内易产生有机固体的沉积,在降雨较少的地区,这种长期沉积会带来产生 H_2S(硫化氢)的风险;在雨季,由于管网中的水量和流速增大,管网中的沉积物会被冲刷和输送,这对管网将起到一定的维护作用,但管网输送到污水处理厂的水量和负荷也会明显增大,势必会对污水处理厂的运行带来显著的冲击。与合流制排水系统相比,分流制排水系统中污水管道的污水流量和强度变化较小,只要设计合理,管道内的流速超过不淤流速,管道一般不易出现淤积现象。

由于合流制排水系统中的水力条件和污染负荷在旱季和雨季的差异较大,使污水泵站和污水处理厂在雨季受到的冲击负荷较大,这无疑会给其带来运行的难度和管理的复杂性,对于抗冲击负荷能力差的污水处理厂还可能导致出水水质不达标。

与合流制排水系统相比,分流制排水系统中的污水泵站和污水处理厂的规模较小,进水水量和水质较稳定,整个系统运行易于控制。对于降雨径流,分流制排水系统可以根据需要设置雨水泵站,并且仅在雨季需要时启用。

(3)从工程投资的角度。

由于合流制排水系统只需要一套管网系统,这大幅度减少了管网的总长度。一般合流制管网的长度比分流制管网的长度少 30%~40%,而其断面尺寸和分流制管网基本相同,因此,合流制排水管网系统的造价相对更低。虽然合流制排水系统泵站和污水处理厂的造价通常比分流制排水系统高,但由于管网造价在排水系统总造价中占 70%~80%,所以分流制排水系统的总造价一般比合流制排水系统要高。从节省初期投资角度考虑,如果初期只建污水排除系统而缓建雨水排除系统,则不仅初期建设投资少,而且施工期短,发挥效益快;随着城市的发展,可再逐步建造雨水管网。分流制排水系统有利于进行分期建设。

(4)从维护管理的角度。

在合流制排水系统管渠内,晴天时污水只是部分充满管道,雨天时才形成满流,因而晴天时合流制排水系统管内流速较低,易于产生沉淀。但经验表明,管中的沉淀物易被暴雨冲走,这样管道的维护管理费用可以降低。但是,晴天和雨天时流入污水厂的水量变化很大,增加了合流制排水系统污水厂运行管理的复杂性。而分流制排水系统可以保持管内的流速,不致发生沉淀;同时,流入污水厂的水量和水质比合流制排水系统变化小得多,污水厂的运行易于控制。

总之,排水体制的选择应该根据城市的总体规划、环境保护要求、当地自然与水体条件、城市污水量与水质以及城市原有排水设施等情况综合考虑,通过技术经济综合比较来决定。一般新建城市或地区的排水系统,多采用分流制;旧城区排水系统改造采用截流式合流制较多。同一城市的不同地区,根据具体条件,可采用不同的排水体制。此外,更需要重视排水管网建成后的运行管理和维护问题。如果不能对庞大复杂的地下排水管网进行科学有效的数字化管理,仅靠选择排水体制和建设大量排水管网来解决城市的排水问题是不经济、不现实的,仅靠传统的纸图分析、老工人记忆与经验以及简单的推理模式也不能科学有效地运营和维护错综复杂的排水管网,不能充分发挥排水管网的作用。只有在选择合理的排水体制同时对排水管网进行科学的运营管理,才能切实保障城市排水系统的安全高效运行。

7.2.2　排水系统的主要组成

因采用的体制不同,城市排水系统分为合流式和污水、雨水独立排放的分流式,下面就常见的城市污水排水系统和雨水排水系统的主要组成部分进行介绍。

1. 城市污水排水系统的主要组成

城市污水包括排入城镇污水管道的生活污水和工业废水。将工业废水排入城市生活污水排水系统,就组成城市污水排水系统,如图 7.3 所示。

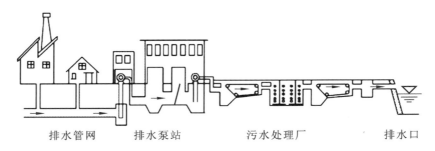

| 排水管网 | 排水泵站 | 污水处理厂 | 排水口 |

图 7.3　城市污水排水系统示意图

城市污水排水系统由以下几个主要部分组成:室内污水管道系统及设备,室外污水管道系统,污水泵站及压力管道,污水处理厂,出水口。

（1）室内污水管道系统及设备。

室内污水管道系统及设备的作用是收集生活污水,并将其送至室外居住小区的污水管道中,如图 7.4 所示。

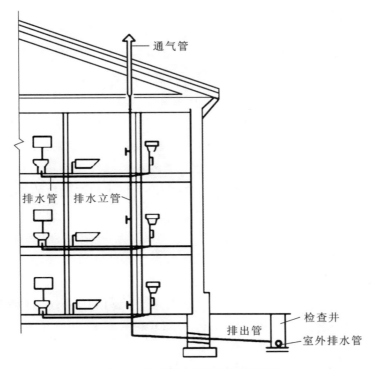

图 7.4 室内污水管道系统示意图

在住宅及公共建筑内,各种卫生设备既是人们用水的器具,也是承接污水的容器,还是生活污水排水系统的起端设备。生活污水从这里经水封管、支管、立管和出户管等室内管道系统排入室外街坊或居住小区内的排水管道系统。

(2)室外污水管道系统。

室外污水管道系统是分布在地面下,依靠重力流输送污水至泵站、污水厂或水体的管道系统。它又分为街坊或居住小区污水管道系统及街道污水管道系统。

① 街坊或居住小区污水管道系统是指敷设在一个街坊或居住小区内,并连接一群房屋出户管或整个小区内房屋出户管的管道系统。

② 街道污水管道系统是指敷设在街道下,用以排除从居住小区管道流来的污水的管道系统。在一个市区内,它由支管、干管、主干管等组成。支管接收街坊或居住小区流来的污水。在排水区界内,常按分水线划分成几个排水流域。在各排水流域内,干管汇集输送由支管流来的污水,也常称"流域干管"。主干管是汇集输送由两个或两个以上干管流来的污水,并把污水输送至总泵站、污水处理厂或出水口的管道。

管道系统上的附属构筑物类型有检查井、跌水井、倒虹管、溢流井等。

（3）污水泵站及压力管道。

城市污水的输送一般采用重力流形式，重力流污水管道需要有足够大的敷设坡度，随着管道的延伸，排水管道埋深会逐渐增加，当埋深过大时，不仅污水无法排至污水处理厂或水体，还会增加管道敷设难度及施工费用，这时就需要设置泵站。从泵站至高地自流管道或至污水厂的承压管段，称为"污水压力管道"。

（4）污水处理厂。

污水处理厂由处理和利用污水与污泥的一系列构筑物及附属设施组成。城市污水厂一般设置在城市河流的下游地段，并与居民点和公共建筑保持一定的卫生防护距离。城市污水厂采用集中建设还是分散建设，应在全面的技术经济比较的基础上合理确定，宜建设集中的大型污水处理厂。

对于城市污水处理厂建设规模的确定，一般根据城市规划先确定服务区域的服务面积、服务人口和用水量标准等有关资料，再适当考虑特殊情况（如工厂等排污大户的情况）。

我国现行的《城镇污水处理厂污染物排放标准》（GB 18918—2002）对城镇污水厂出水水质设定了三级标准，其中一级标准分为 A 标准和 B 标准，污水处理厂处理标准应根据城镇污水处理厂排入地表水域环境功能和保护目标来确定。城市污水处理厂应选择经济技术可行的处理工艺，并根据当地的经济条件一次建成，当条件不具备时，可分期建设，分期投产。

（5）出水口。

污水排入水体的渠道和出口为出水口，它是整个城市污水排水系统的终点设施。事故排出口是指在污水排水系统的中途，在某些易于发生故障的组成部分前面（例如在总泵站的前面）所设置的辅助性出水渠，一旦发生故障，污水就通过事故排出口直接排入水体。

2. 城市雨水排水系统的主要组成

城市雨水排水系统收集建筑屋面、庭院、街道地面等处的降雨及雪融水，通过排水管渠就近排至城市自然水体，雨水排水系统由下列几个主要部分组成。

（1）建筑物的雨水管道系统和设备。主要收集工业、公共或大型建筑的屋面雨水，并将其排入室外的雨水管渠系统中。

（2）街坊或厂区雨水管渠系统。

（3）街道雨水管渠系统。

（4）排洪沟。

（5）出水口。

　　屋面收集的雨水由雨水口和天沟,并经水落管排至地面;地面收集的雨水经雨水口流入街坊或厂区以及街道的雨水管渠系统。从建设和设计界限来看,前述雨水排水属于建筑排水工程范畴。这里讲的城市雨水排水系统也称"室外雨水排水系统",是指由雨水口、连接管、雨水排水主管渠及检查井等附属构筑物,以及城市排洪河道等构成的系统。

　　合流制排水系统的组成与分流制排水系统相似,同样有室内排水设备、室外居住小区以及街道管道系统。雨水经雨水口进入合流管道,在合流管道系统的截流干管处设有溢流井。

　　近年来,随着城镇化进程的加快,城市规模变得越来越大,地面径流条件改变,城市雨水排水系统负荷加大,城市洪涝灾害显著。此外,城市用水量增长,水资源紧缺,城市雨水作为低质水源利用已成为城市规划与建设的一个重要策略。强降雨引起的地面径流,同时将地面污染物带入城市水体,造成水体的污染。为解决传统城市排水系统的弊端,国内外许多城市开始或已经提出了许多工程和非工程措施,如低影响开发技术等。

7.3　城市排水系统的规划设计

7.3.1　排水工程规划设计的原则

　　排水工程是城市和工业企业基本建设的一个重要组成部分,也是控制水污染、改善和保护环境的重要措施。排水工程的规划设计应在区域规划以及城市和工业企业的总体规划基础上进行。排水系统的设计规模、设计期限的确定以及排水区界的划分,应根据区域、城市和工业企业的规划方案而定。作为总体规划的组成部分,排水工程规划设计应符合总体规划所遵循的原则,并和其他工程建设密切配合。如城市道路规划、建筑物分布、竖向规划、地下设施、城市防洪规划等都对排水工程规划设计产生影响。

　　排水工程规划设计应遵循下列原则。

　　(1)符合城市总体规划,并应与城市和工业企业中其他单项工程建设密切配合,互相协调。

　　(2)城市污水应以点源治理与集中处理相结合,以城市集中处理为主。

　　(3)城市污水、雨水是重要的水资源,应考虑再生回用。

　　(4)所设计排水区域的水资源应考虑综合处置与利用,如排水工程与给水工程、雨水利用与中水工程等协调,以节省总投资。

　　(5)排水工程的设计应全面规划,按近期设计,同时为远期发展留出扩建的可能。

　　(6)在规划和设计排水工程时,应按照国家和地方制定的有关规范和标准进行。

7.3.2 排水工程规划设计的主要任务及内容

排水工程规划设计的主要任务是根据城市用水状况和自然环境条件,确定规划期内污水处理量,污水处理设施的规模与布局,各级污水管网系统的布置;确定城市雨水排除与利用系统规划标准、雨水排除出路、雨水排放与利用设施的规模与布局。

排水工程规划设计内容,根据不同阶段有不同的要求,在城市总体规划中的主要内容有如下方面。

（1）确定排水体制。

（2）划分排水区域,估算雨水、污水总量,制定不同地区污水排放标准。

（3）进行排水管渠系统规划布局,确定雨水、污水主要泵站数量、位置,以及水闸位置。

（4）确定污水处理厂数量、分布、规模、处理排放等级以及用地范围。

（5）确定排水干管渠的走向和出口位置。

（6）提出雨水、污水综合利用措施。

在城市详细规划中的主要内容有如下方面。

（1）对污水排放量和雨水量进行具体的统计计算。

（2）对排水系统的布局、管线走向、管径进行计算复核,确定管线平面位置、主要控制点标高。

（3）对污水处理工艺提出初步方案。

（4）提出雨水管理与综合利用方案。

第 8 章

排水管渠附属构筑物及排水泵站

8.1 排水管渠附属构筑物

8.1.1 检查井、跌水井、水封井、换气井

设置检查井的目的是便于对管渠系统作定期检查和清通,同时便于排水管渠的连接。当检查井内衔接的上下游管渠的管底标高跌落差大于 1 m 时,为削减水流速度,防止冲刷,在检查井内应有消能措施,这种检查井称为跌水井。

当检查井内具有水封设施,以便隔绝易爆、易燃气体进入排水管渠,使排水管渠在进入可能遇火的场地时不致引起爆炸或火灾,这样的检查井称为水封井。水封井和换气井属于特殊形式的检查井,或称为特种检查井。

1. 检查井

检查井通常设在管渠交会、转弯、管渠尺寸或坡度改变等处,以及相隔一定距离的直线管段上(见图 8.1)。检查井在直线管段上的最大间距如表 8.1 所示。

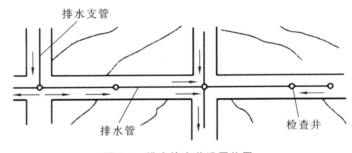

图 8.1 排水检查井设置位置

表 8.1 检查井的最大间距

管径/mm	最大间距/m	
	污水管道	雨水(合流)管道
200~400	40	50
500~700	60	70
800~1000	80	90
1100~1500	100	120
1600~2000	120	120

检查井通常由井底(包括基础)、井身和井盖三部分组成,如图 8.2 所示。

检查井井盖采用铸铁、钢筋混凝土或高分子材料制作。位于车行道的检查井,应采用具有足够承载力和良好稳定性的井盖及井座,应执行《检查井盖》(GB/T 23858—2009)的标准。井口和井盖的直径采用 0.65～0.7 m,在车行道下的井盖宜采用铸铁盖,在人行道或绿化带内的井盖可用钢筋混凝土盖。为避免在检查井盖损坏或缺失时发生行人坠落检查井的事故,排水检查井应安装防坠落装置。防坠落装置应牢固可靠,具有一定的承重能力,并具备较大的过水能力,避

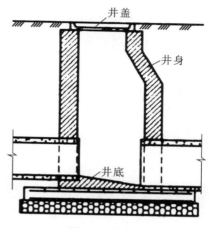

图 8.2　检查井

免暴雨期间雨水从井底涌出时被冲走。目前国内已使用的检查井防坠落装置包括防坠落网、防坠落井算等。

检查井井身的材料可采用成品砌块、钢筋混凝土等。井身的平面形状一般为圆形或方形。方形检查井通常使用在大直径排水管道的连接处。

检查井井底材料一般采用低等级混凝土,基础采用碎石、卵石、碎砖或低等级混凝土。为使水流流过检查井时阻力较小,井底宜设半圆形或弧形流槽,流槽直壁向上伸展。污水管道的检查井流槽顶与上、下游管道的管顶相平,或与 0.85 倍管径高处相平,雨水管渠和合流管渠的检查井流槽顶可与 0.5 倍大管管径高处相平。流槽两侧至检查井壁间的底板(称"沟肩")应有一定宽度,一般应不小于 20 cm,以便养护人员下井操作,并应有 0.02～0.05 的坡度坡向流槽,以防检查井积水时淤泥沉积。在管渠转弯处或几条管渠交会处,为使水流通顺,流槽中心线的弯曲半径应按转角大小和管径大小确定,但不得小于大管的管径。

2. 跌水井

跌水井是设有消能设施的检查井。目前常用的跌水井有竖管式(或矩形竖槽式)、阶梯式和溢流堰式三种形式。

竖管式跌水井构造比较简单,与普通检查井相似,只是增加了铸铁竖管和少量配件,适用于设置在口径小于 400 mm 的管路上,这种跌水井一般无须做水力计算。当管径不大于 200 mm 时,一次落差不超过 6 m,当管径为 300～400 mm 时,一次落差不超过 4 m。

阶梯式和溢流堰式跌水井可用于大管径的管路上,跌水部分采用多级阶梯或溢流堰

逐步消能,为了防止跌水水流的冲刷,每级阶梯的底板或溢流堰的底板要坚固。这种跌水井的尺寸(井长、跌水水头高度等)应通过水力计算取得。

当上、下游管底高差小于 1 m 时,可在检查井底部做成斜坡,不做专门的跌水设施;跌水水头为 1~2 m 时,宜设跌水井跌水;跌水水头大于 2 m 时,必须设跌水井跌水。在管道的转弯处,一般不宜设跌水井,且跌水井中不得接入支管。若跌水水头过大,可采用多个跌水井,分散跌落。

3. 水封井

水封井是设有水封的检查井。当工业废水能产生易燃易爆气体时,在排水管道上必须设置水封井。水封井的位置应设置在产生易燃易爆气体的废水排出口及其干管上间隔适当距离处。水封井不宜设在车行道和行人众多的地段,并应适当远离产生明火的场地。水封井的水封深度与管径、流量和废水中所含易燃易爆物质的浓度有关,一般采用0.25 m。井上宜设通风管,井底宜设沉泥槽。

4. 换气井

换气井是一种设有通风管的检查井,如图 8.3 所示。污水中的有机物常在管渠中沉积而厌氧发酵,发酵分解产生的甲烷、硫化氢、二氧化碳等气体,如与一定体积的空气混合,在点火条件下将产生爆炸,甚至引起火灾。为防止此类事故发生,同时了为了保证工作人员在检修排水管渠时的安全,有时在街道排水管的检查井上设置通风管,使此类有害气体在住宅竖管的抽风作用下,随同空气沿庭院管、出户管及竖管排入大气中。

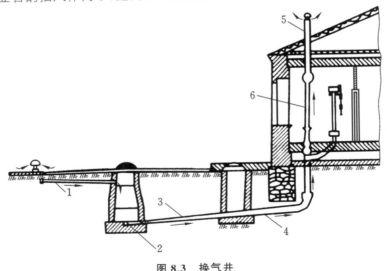

图 8.3 换气井

注:1—通风管;2—街道排水管;3—庭院管;4—出户管;5—透气管;6—竖管

8.1.2 雨水口、溢流井、冲洗井、潮门井

1. 雨水口

雨水口是在雨水管渠或合流管渠上收集雨水的构筑物。道路上的雨水经雨水口通过连接管流入排水管渠。

（1）雨水口的设置。

雨水口应设置在能保证迅速有效地收集地面雨水的位置。一般设在交叉路口、路侧边沟的一定距离处以及没有道路边石的低洼地区，以防止雨水漫过道路或造成道路及低洼地区积水而妨碍交通。雨水口的形式和数量，通常按汇水面积所产生的径流量和雨水口的泄水能力确定。一般一个平箅（单箅）雨水口的泄水能力为 15～20 L/s，箅面宜低于路面 30～40 mm，雨水口设在土质地面上时，箅面宜低于路面 50～60 mm。道路上雨水口的间距一般为 20～40 m（视汇水面积大小而定）。在路侧边沟上及路边低洼地点，雨水口的设置间距还要考虑道路的纵坡和路边石的高度，同时根据需要适当增加雨水口的数量。

（2）雨水口的构造。

雨水口的构造包括进水箅、井筒和连接管三部分，如图 8.4 所示。

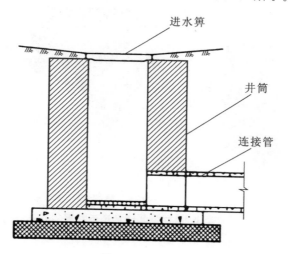

图 8.4 雨水口

雨水口的进水箅可用铸铁或钢筋混凝土制成。雨水口形式按进水箅在街道上的设置位置可分为：①边沟雨水口，进水箅稍低于边沟底水平位置；②边石雨水口，进水箅嵌入边石垂直放置；③联合式雨水口，在边沟底和边石侧面都安放进水箅。为提高雨水口

的进水能力,目前我国许多城市已采用双算联合式或三算联合式雨水口,由于扩大了进水算的进水面积,进水效果良好。

在选择雨水口的形式时,应满足以下几个方面的要求:①进水量大,进水效果好;②结构简单,易于施工、养护;③安全、卫生。合流管道的雨水口宜加设防臭设施。

雨水口的井筒可用砖砌或采用预制的混凝土管。

雨水口的深度一般宜不大于 1 m。在有冻胀影响的地区,雨水口的深度可根据经验适当加大,在泥沙量大的地区可根据需要设置沉泥槽。雨水口的底部可根据需要做成有沉泥井或无沉泥井的形式,有沉泥井的雨水口可截留雨水所夹带的砂砾,避免泥沙进入管道造成淤塞。但是沉泥井往往积水、滋生蚊蝇、散发臭气,影响环境卫生,因此需要经常清除,增加了养护工作量。

连接管的最小管径为 200 mm,坡度一般为 0.01,连接管长度不宜超过 25 m,接在同一连接管上的雨水口一般不宜超过 3 个。但排水管直径大于 800 mm 时,也可在连接管与街道排水管渠连接处不另设检查井,而设连接暗井。

在城市一些重要地段,如广场、车站、立交口、运动场等,需要采用排水截流沟形式来实现对地面雨水的有效截流作用。近年来开发的一体化线性排水装置也广泛应用于大面积地面雨水的收集与排放系统,如图 8.5 所示。

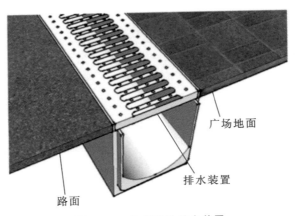

图 8.5　一体化线性排水装置

2. 溢流井

在截流式合流制排水系统中,在合流管道与截流干管的交会处应设置溢流井,其作用是将超过溢流井下游输水能力的那部分混合污水,通过溢流井溢流排出。

在对老城区综合整治工程中,常采用污水截流方式改善城市水环境,溢流井是广泛应用于截流式合流制排水系统中的构筑物,通常设置在合流管渠与截流干管的交会处。

溢流井主要有截流槽式、溢流堰式、跳跃堰式三种形式。

（1）截流槽式溢流井。其构造最简单。在井中设置截流槽,槽顶与截流干管的管顶相平,当上游来水量超过截流干管输水能力时,水从槽顶溢出,进入溢流管排入水体。

（2）溢流堰式溢流井。在流槽的一侧设置溢流堰,当槽中水位超过堰顶时,超量的水即溢入水体。

（3）跳跃堰式溢流井。当上游流量大到一定程度时,水流将跳跃过截流干管,进入溢流管排入水体。

3. 冲洗井、潮门井

当污水管内的流速不能保证自清时,为防止淤塞,可设置冲洗井。

冲洗井有人工冲洗和自动冲洗两种做法。自动冲洗井一般采用虹吸式,其构造复杂,造价很高,目前已很少采用。人工冲洗井的构造比较简单,是一个具有一定容积的普通检查井。冲洗井出流管上设有闸门,井内设有溢流管以防止井中水深过大。冲洗水可利用上游来的污水或自来水,供水管的出口必须高于溢流管管顶,以免污染自来水,如图 8.6 所示。

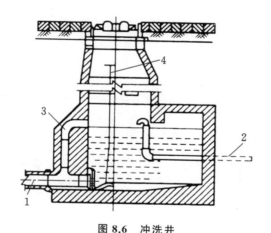

图 8.6　冲洗井

注:1—出流管;2—供水管;3—溢流管;4—拉阀的绳索

沿海城市的排水管渠往往受潮汐的影响,为防止涨潮时潮水倒灌,在排水管渠出水口上游的适当位置处应设置装有防潮门(或平板闸门)的潮门井。临河城市的排水管渠,为防止高水位时河水倒灌,有时也采用防潮门。

防潮门一般用铁制,略带倾斜地安装在井中上游管道出口处,其倾斜度一般为1:10～1:20。当排水管渠中无水时,防潮门靠自重密闭。当上游排水管渠来水时,水流顶开防潮门排入水体。涨潮时,防潮门靠下游潮水压力密闭,使潮水不会倒灌入排水管渠。

设置了防潮门的检查井井口应高出最高潮水位或最高河水位,或者井口用螺栓和盖板密封,以免潮水或河水从井口倒灌至市区。为使防潮门工作可靠有效,必须加强维护管理,经常清除防潮门周围的杂物。

8.2 倒虹管、出水口和管桥

8.2.1 倒虹管

1. 倒虹管的构造

排水管渠遇到河流、山涧、洼地或地下构筑物等障碍物时,不能按原有的坡度埋设,而是按下凹的折线方式从障碍物下通过,这种管道称为"倒虹管"。倒虹管由进水井、管道(包括沟管、溢流管、自来水管等)及出水井三部分组成。

管道有折管式和直管式两种形式,如图 8.7 所示。折管式管道包括下行管、平行管、上行管三部分,这种倒虹管施工麻烦,养护困难,在河滩很宽的情况下采用。直管式管道施工与养护较前者简易。

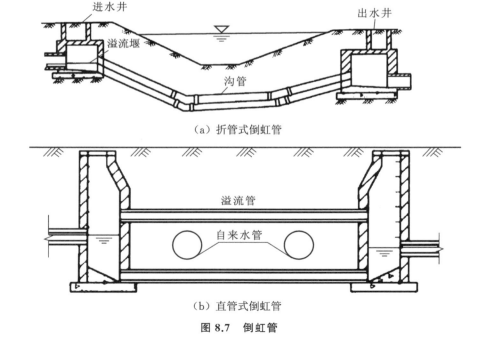

(a) 折管式倒虹管

(b) 直管式倒虹管

图 8.7 倒虹管

2. 倒虹管的设计

（1）倒虹管的断面形式。

倒虹管的过水断面根据设计流量和给定的水头通过水力计算确定,采用的具体形式主要有矩形、圆形和拱形。

矩形又称箱形,一般用于低水头、大流量的引水工程中。根据流量大小,倒虹管可以布置为单孔、双孔或多孔。箱形倒虹管的结构相对简单,容易施工。

圆形包括圆环形和内圆外城门洞形,圆形管道湿周小,与相同大小过水面积的箱形、拱形管道相比,水流条件好,过流能力大。管壁所受的内水压力均匀。与同样流量的箱形钢筋混凝土管相比,圆形管道可节约 10％～15％钢材,能承受高水头的压力,且小型的管道适宜于成批生产,缺点是施工复杂。

直墙连接的正反拱形管道过水能力居中,适用于平原河网地区的低水头、大流量和外水压力大、地基软弱的条件。缺点是施工比较麻烦,结构计算还不成熟。

（2）材料选择。

倒虹管不仅要满足过水能力,还要承担自重、内水压力、外部荷载(垂直土压力和外水压力)、侧向土压力、地震荷载和温度应力等各种因素作用。所以倒虹管的材料选择也就非常重要,常用的有以下几种。

① 现浇钢筋混凝土管。现浇钢筋混凝土倒虹管结构是当前一种比较经济、适用、合理的管型。适用于水头不太高(不大于 25 m)、流量较大的输水管道。布置比较灵活,耐久性较好,造价比较低廉。缺点是当流量过大时,会造成自重过大而不再经济,裂缝的出现也是一个比较严重的问题。

② 球墨铸铁管。在中小型引水工程中,国内外也经常采用球墨铸铁管,强度很高,施工简单,一般口径不超过 2600 mm。另外,铸态球墨铸铁管(未经过退火处理的球墨铸铁管)的性能除延伸率低于球墨铸铁管外,其他性能均与球墨铸铁管类似,价格却低廉得多。

③ 钢管。我国使用钢管的历史比较长,使用的范围也比较广,如水利、水电工程,给排水工程等。可以埋置,也可以露天架设。可通过焊接来加长,施工比较方便,管径过大后焊缝的可靠度会降低。特别要注意防腐处理。

④ 玻璃钢管。常用的玻璃钢管有玻璃钢夹砂管,近年来还有离心浇筑增强树脂夹砂复合管和玻璃纤维缠绕加砂复合管等。其优点是力学性能优越、水力特性好、强度高、重量轻,便于运输和施工,耐腐蚀、耐磨,寿命较长。缺点是对地基与回填土要求较高,造价高。

⑤ 聚乙烯管和聚氯乙烯管。常用的聚乙烯管有高密度聚乙烯缠绕增强管和高密度聚乙烯双壁波纹管两种。特点是耐外压、耐腐蚀、无毒、无污染，内壁光滑，适用于东部沿海软土、沼泽地基。聚氯乙烯管性能与聚乙烯管相似，内径一般不大于 800 mm，适用于小型输水工程。

⑥ 预应力钢管混凝土管。预应力钢管混凝土管是钢管和混凝土的复合体，兼备二者的优点，因而能承受较高的内外力。管径小于 4500 mm 的管采用内衬形式，即将钢管作为内衬，外包混凝土，用离心法和径向压实法制作；管径较大的管采用嵌埋型，即把钢管嵌埋在混凝土管芯靠近 1/3 处，使用立式浇筑法制作。其优点是耐久性好，维护费用低。

⑦ 预应力钢筋混凝土管。小型的预应力钢筋混凝土结构造价低廉，自重轻，可以预制。大尺寸现浇的预应力结构可以有效地控制裂缝的开展，减小结构的厚度。现阶段南水北调工程中的大型工程多采用预应力钢筋混凝土结构。总的来说，预应力钢筋混凝土的优点是：改善和提高结构的力学性能；提高结构的耐久性、耐疲劳性和抗震性能；节约钢材，减轻结构自重；增强结构的抗裂性和抗渗性；提高构件的刚度，减小变形等。

（3）倒虹管的建造形式。

倒虹管的建造形式主要有穿越式和横跨式两种。

① 穿越式倒虹管。从河流、渠道或公路下面穿过，埋于地下，一般水头不大，主要荷载是管上部的土压力。

② 横跨式倒虹管。在河道或山谷比较宽阔，位置较低时采用，当管道跨越深谷和山洪沟时，可在深槽部分建桥，在其上铺设管道过河。管道在桥头两端山坡转弯处设镇墩以加强稳定性，并于其上开设放水冲沙孔。两岸管道仍沿地面敷设。这类倒虹管又称"桥式倒虹管"。

（4）设计注意要点。

在进行倒虹管设计时应注意以下几个方面。

① 确定倒虹管的路线时，应尽可能与障碍物正交通过，以缩短倒虹管的长度，并符合与该障碍物相交的有关规定。

② 选择在河道地质条件好的地段、不易被水冲刷地段及埋深小的部位敷设。

③ 穿过河道的倒虹管一般不宜少于 2 条，当近期水量不能达到设计流速时，可使用其中的 1 条，暂时关闭另 1 条。穿过小河、旱沟和洼地的倒虹管，可敷设 1 条工作管道。穿过特殊重要构筑物（如地下铁道）的倒虹管，应敷设 3 条管道，其中 2 条工作，1

条备用。

④ 倒虹管一般采用金属管或钢筋混凝土管。管径不小于 200 mm。倒虹管水平管的长度应根据穿越物的形状和远景发展规划确定,水平管的管顶距规划的河底一般不宜小于 0.5 m,通过航运河道时,应与当地航运管理部门协商确定,并设有标志。遇到冲刷河床应采取防冲措施。

⑤ 倒虹管采用复线时,其中的水流用溢流堰自动控制,或用闸门控制。溢流堰和闸门设在进水井中,用以控制水流。当流量不大时,井中水位低于堰口,污水从小管中流至出水井;当流量大于小管的输水能力时,井中水位上升,管渠内的水就溢过堰口通过大管同时流出。

(5) 防止倒虹管内污泥淤积的措施。

由于倒虹管的清通比一般管道困难得多,因此必须采取各种措施来防止倒虹管内污泥淤积。在设计时可采用以下措施。

① 提高倒虹管内的设计流速。一般采用 1.2～1.5 m/s,在条件困难时可适当降低,但不宜小于 0.9 m/s,且不得小于上游管道内的流速。当流速达不到 0.9 m/s 时,应采用定期冲洗措施,但冲洗流速不得小于 1.2 m/s。

② 为防止污泥在管内淤积,折管式倒虹管的下行管、上行管与水平管的夹角一般不大于 30°。

③ 在进水井或靠近进水井的上游管道的检查井底部设沉泥槽,直管式倒虹管的进水井和出水井中也应设沉泥槽。

④ 进水井应设事故排出口,当需要检修倒虹管时,使上游废水通过事故排出口直接排入水体。如因卫生要求不能设置,则应设备用管线。

⑤ 合流制管道设置倒虹管时,应按旱流污水量校核流速。

污水在倒虹管内的流动是依靠上、下游管道中的水位差(进水井、出水井的水面高差)进行的,该高差用来克服污水流经倒虹管的阻力损失。

在计算倒虹管时,应计算管径和全部阻力损失值,要求进水井和出水井的水面高差稍大于全部阻力损失值,其差值一般取 0.05～0.10 m。

8.2.2　出水口和管桥

1. 出水口

出水口是排水管道向水体排放污水、雨水的构筑物。排水管道出水口的设置位置应根据排水水质、下游用水情况、水文及气象条件等因素而定,并征得当地卫生监督机关、环保部门、水体管理部门的同意。如在河渠的桥、涵、闸附近设置,应设在这些构筑物的下游等。不能设在取水构筑物保护区内和游泳池附近,不能影响到下游居民点的卫生和饮用。

雨水排水管出水口宜采用非淹没式排放,出水口顶不宜低于多年平均洪水位,一般在常水位以上,以免水体倒灌。为使污水与水体水较好地混合,污水排水管出水口宜采用淹没式排放,出水口淹没在水体水面以下。当出水口标高比水体水面高出太多时,应设置单级或多级跌水。当出水口在洪水期有倒灌的可能时,应设置防洪闸门。

排水管道出水口在河岸边多采用八字式、一字式和门字式管道出水口。

2. 管桥

当排水管道穿过谷地时,可不改变管道的坡度,采用栈桥或桥梁承托管道,这种设施称为管桥。管桥比倒虹管易于施工,检修维护方便,且造价低。管桥也可作为人行桥,无航运的河道可考虑采用。但其只适用于小流量污水。

管道在上桥和下桥处应设检查井,通过管桥时每隔 40~50 m 应设检修口。在上游检查井应设有事故排放口。

8.3　排水泵站

8.3.1　排水泵及排水泵站

将各种污(废)水由低处提升到高处所用的抽水机械称为"排水泵"。排水泵站由安置排水泵及有关附属设备的建筑物或构筑物(如水泵间、集水池、格栅、辅助间及变电室等)组成。

1. 常用的排水泵

常用的排水泵有离心泵、轴流泵、螺旋泵及潜水排污泵等。

(1)离心泵。

离心泵中水流在叶轮的驱动下受到离心力的作用,形成径向流动,然后由叶轮与泵壳之间的槽道汇集于泵出口,通过出口压水管压送至排出口位置。

常用的污水泵有 PW、PWA 及 PWL 型离心泵。由于污水中常挟带各种粗大的杂质,为防止堵塞,离心式污水泵叶轮的叶片数比离心式清水泵少。同时,为使污水泵站适应排水量的变化并保证水泵的合理运行,离心式污水泵可以并联工作,以达到调节流量的目的。

（2）轴流泵。

轴流泵的水流方向和泵轴平行，形成轴向流。其特点是流量大、扬程低。由于在大多数情况下，雨水管渠的设计流量很大，埋深较浅，故该泵主要用在城市雨水防洪泵站。雨水泵站有时也用混流泵，混流泵叶轮的工作原理介于离心泵和轴流泵之间。

（3）螺旋泵。

与其他类型的水泵相比，螺旋泵适用于需要提升的扬程较低（一般为 3～6m）、进水水位变化较少的场合，尤其是它具有转速小的优点，用于提升絮体易于破碎的回流活性污泥时具有独特的优越性。

（4）潜水排污泵。

潜水排污泵具有节省土建费用、安装方便、操作简单、易于维修等优点，大多数潜水排污泵有自动搅匀、自动切割和自动耦合安装导轨装置，还具有根据不同水位进行自动启停等功能，因而被广泛应用于中小型排水泵站中。

2. 排水泵站的分类

（1）按排水的性质分类。

排水泵站按排水的性质，可分为污水泵站、雨水泵站、合流泵站和污泥泵站等。

（2）按在排水系统中所处的位置分类。

排水泵站按在排水系统中所处的位置，可分为中途泵站、终点泵站和局部泵站。

由于排水管道中的水流基本上是重力流，管道需要沿水流方向按一定的坡度倾斜敷设，在地势平坦地区，管道埋深增大，使施工困难，费用升高，须设置泵站，把离地面较深的污水提升到离地面较浅的位置上。这种设在管道中途的泵站称作"中途泵站"。

当污水和雨水需要直接排入水体时，若管道中水位低于河流中的水位，就需要设终点泵站。有时，出水管渠口即使高出常水位，但低于潮水位，在出口处也需要建造终点泵站。当设有污水处理厂时，为了使污水能自流流过地面上的各处理构筑物，也需要设终点泵站。在某些地形复杂的城市，需要把低洼地区的污水用水泵送至高位地区的干管中。

另外，一些低于街道管道的高楼的地下室、地下铁道和其他地下建筑物的污水也需要用泵站提升送入街道管道中，这种泵站称为"局部泵站"。

（3）按集水池与机器间的组合情况分类。

排水泵站按集水池与机器间的组合情况，可分为合建式泵站和分建式泵站。

合建式泵站的集水池和机器间设在由隔墙分开的同建筑物内，如图 8.8 所示。其平面形状有圆形、矩形和下圆上矩形等。圆形泵站结构受力条件好，有利于采用沉井法施工，造价较低，但因机器间为半圆形，机组及设备布置较困难，适用于中小规模的泵站。当污水量较大，水泵数量较多时，宜采用矩形泵站。这种泵站的机器间布置合理，其长度可根据水泵型号及台数确定。当污水量较大,水泵台数较多,地质水文条件较差须采用沉井法施工时,则可采用下圆上矩形的泵站。

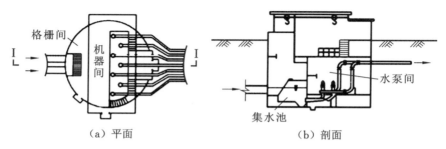

图 8.8　合建式泵站

合建式泵站采用卧式水泵或立式水泵。采用卧式水泵时,电动机置于泵房下部,易受潮,操作人员上下楼梯,管理不便。采用立式水泵可避免上述缺点,但在安装时须保持机组轴线垂直,以免运行时产生振动,造成机件磨损,缩短机件寿命。

分建式泵站一般是将集水池与机器间分开修建,如图 8.9 所示。水泵吸水方式为非自灌式。当地基承载力差及地下水位较高时,为节省工程投资和施工方便,多采用分建式泵站。这种泵站机器间的地坪标高可高于集水池水位,但须低于水泵实际最大允许吸水真空高度。分建式泵站的优点是构造简单,施工方便,投资低;缺点是水泵启动时须先用真空泵抽除吸水管中的空气,然后才能启动水泵抽水,操作不便。

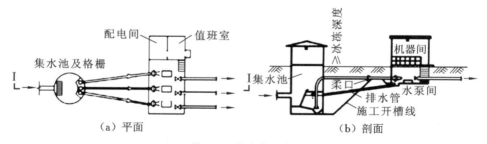

图 8.9　分建式泵站

随着潜水排污泵的广泛应用,泵站形式也有所改进,图 8.10 和图 8.11 为设置潜水排污泵的污(废)水提升泵站,泵站主要由进水井、格栅间、集水池、潜水排污泵等构成。潜水排污泵具有体积小、安装检修方便、无噪声、运行稳定等优点,特别是潜水排污泵站相对于传统干式泵站简化了地下结构,减少了地面建筑,甚至不用地上建筑,降低了泵站的工程造价,因而被广泛运用。图 8.12 为小型排水泵站,常见于城镇局部排涝泵站。

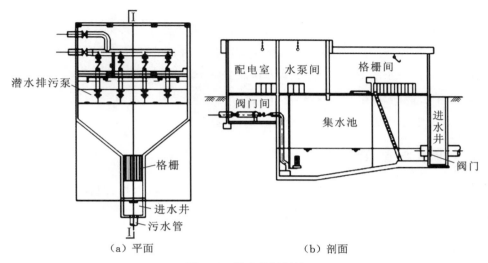

（a）平面　　　　　　　　　　　（b）剖面

图 8.10　潜水排污泵站

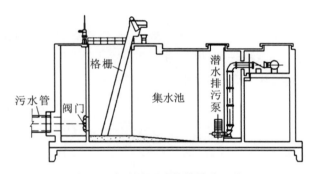

图 8.11　无地面建筑的排水泵站

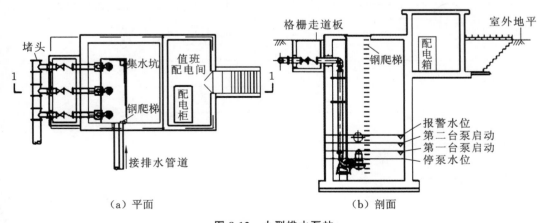

（a）平面　　　　　　　　　　　（b）剖面

图 8.12　小型排水泵站

（4）其他分类。

排水泵站按泵站的平面形状，可分为圆形、矩形和下圆上矩形的泵站。

排水泵站按操作方式，可分为人工操作、自动控制和遥控（远程控制）的泵站。

排水泵站按水泵的灌水方式，可分为自灌式和非自灌式的泵站。前者污水可自流灌入水泵，水泵直接启动运行；后者在水泵启动前，一般需要先用真空泵抽除吸水管内空气。由于污水泵站开停频繁，水泵大多数为自灌式工作。

8.3.2 排水泵站工艺设计

城市排水泵站分为雨水泵站和污水泵站，两种泵站的基本构成是相同的，主要有进出水管、格栅、排水泵、起吊设备、控制设备和泵站主体结构等。泵站工艺设计内容主要有：确定泵站等级、选择泵站站址、泵站布置、确定设计流量、计算扬程以及绘制排水泵站施工图等。

1. 确定泵站等级

泵站等级反映了泵站的重要性，是泵站设计、运营维护标准的依据，泵站的规模，应根据流域或地区规划所规定的任务，以近期目标为主，并考虑远期发展要求，综合分析确定。泵站土建按远期规模设计，水泵机组可按近期规模配置。城市排水泵站等级一般按设计流量来确定，如表 8.2 所示。

表 8.2　排水泵站分级指标

泵站级别	泵站规模	分级指标	
		雨水泵站设计流量/（m³/s）	污水泵站、合流泵站设计流量/（m³/s）
Ⅰ	特大	＞25	＞8
Ⅱ	大	15～25	3～8
Ⅲ	中	5～15	1～3
Ⅳ	小	＜5	＜1

2. 选择泵站站址

排水泵站站址的选择一般是依据城镇排水系统的特点，结合城镇总体规划和排水工程专业规划，通过技术经济研究后才能确定。选择排水泵站的位置时，应考虑当地卫生要求、地质条件、电力供应以及设置应急出水渠的可能性。排水泵站应与居住房屋和公共建筑保持适当距离，以避免泵站臭味和机器噪声对居住环境的影响。在泵站周围尽可能设置宽度不小于 10 m 的绿化隔离带。中途泵站的设置受整个管渠系统的规划和街道干管与主干管高程上衔接等因素的影响。在有污水厂的管道系统上设置终点泵站时,一般应设在污水厂内,以便于管理。

3. 泵站布置

进行泵站布置时,首先应确定排水泵机组的平面布置,排水泵机组一般按单排布置,排水泵机组较多时,可采用两排或交叉排列布置。影响泵站布置的因素主要是水泵型号、外形尺寸、水泵台数、泵站建筑形式等。排水泵机组之间、排水泵机组与墙壁之间应有一定的距离,以满足维修和安装需要。

由于泵站的设计流量变化较大,一般应采取大、小水泵搭配使用,水泵的台数应不少于 2 台。为便于维修和水泵部件的更新,同一泵站内的泵型宜不超过两种。设置在道路立体交叉处的雨水泵房,当地下水位高于机器间地面时,为避免地下水渗入,应设置降低地下水位的专用水泵。

排水泵站进水池有效容积一般不小于最大一台泵的 30s 出水量,进水池的设计应使进水均等地流向每台水泵,必要时可以设置导流壁或椎,以防产生涡流而影响水泵的工作。

4. 确定设计流量和计算扬程

污水泵站设计流量是按泵站服务的街区内最高时污水设计流量来确定的。雨水泵站设计流量一般取流入管渠流量的 120%。根据泵站设计流量及排水泵工作方式,确定排水泵台数,从而计算单台泵的工作流量。

雨水泵站内水泵的设计扬程,应由进水池水位与排出水体水位之差和水泵管路系统的水头损失组成。污水泵站和合流泵站内水泵的设计扬程,应由进水池水位与出水管渠(或沉砂池)水位之差、水泵管路系统的水头损失以及安全水头(0.3 m)组成。

5. 绘制排水泵站施工图

排水泵站施工图一般包括:设计说明、泵站位置总图、泵站平面布置图和剖面图。

设计说明包括设计依据、设计规模、排水泵选型、施工安装注意事项等;泵站平面布置图和剖面图应反映设备、管道及泵站构筑物布置详细尺寸、标高,以及管件、构件、泵基础等施工安装要求等。对于大型复杂泵站,有时还需要管道系统轴测图。管道系统轴测图应反映排水泵与管道的连接关系、管道敷设标高等。

8.3.3 一体化排水泵站

随着国家基础设施建设和城镇化进程的加快,传统混凝土泵站也日益暴露出它自身难以克服的缺点如混凝土池壁容易腐蚀渗漏,造成环境污染;泵坑杂质沉积,减小了泵站容积,还导致毒性恶臭气体挥发,带来安全隐患;水泵长期在恶劣环境下工作,磨损和故障率增加,缩短水泵寿命。一体化预制泵站是一种新型集成式污水、雨水自动化收集与提升的一体化排水泵站,较好地解决了上述问题。

1. 传统混凝土排水泵站的缺点

(1)占地面积大。

(2)建设周期长。混凝土泵站底板、池壁、板顶分别施工,浇筑和养护需要 2～3 个月,现场施工相比产品工厂化生产精度差。

(3)造价成本较高。传统混凝土泵站造价基本是预制泵站造价的 1.5～2 倍以上,需要考虑的土地、建设、安装、维护等综合因素非常复杂。

(4)无法处理腐蚀问题。排污水时,污水长期浸泡混凝土结构,将严重影响寿命,因为混凝土为多孔材料,可与土壤中的气体和酸性物质发生反应,易腐蚀泄漏。

(5)后期维护费用大。泵房需要人值守管理,衍生一系列的问题和费用。

(6)淤泥沉积问题严重。传统泵站结构会产生严重的淤泥沉积的问题,淤泥沉积会堵塞水泵,导致系统崩溃,同时聚集有毒有害气体,危害人身安全,并且清理麻烦,不仅费用较大,而且必须上游停止排水,影响生产生活。

(7)选址要求非常高。不仅涉及拆迁问题,还要考虑是否影响周围环境,由于必须有前池,水的聚集会有大量臭气,影响居民生活。

(8)地基一旦沉降,将导致泵站无法运行。

2. 一体化排水泵站的优点

(1)占地面积更小,节省土地资源,只有传统泵站的 10%;且体积更小,但是可用有效容积优良。

(2)工程周期短。该产品为成品供货,厂内完成各部件的安装调试,货到现场只需要整体定位、掩埋,所需安装调试时间相比于传统泵站大大缩短。货期 1 个月,施工期10 天。

(3)费用更低。为一次性投入,长期运行成本低,节能效果明显,且在遇到拆迁或被占地的情况下可以吊装起来进行二次填埋再次利用。

(4)坚固耐用。筒体采用缠绕玻璃钢制成,坚固、持久耐用,不会因为地质结构的变化导致撕裂,并且耐腐蚀性超强。

(5)自动化程度高。可实现异地监控与管理,还可以实现手机监控与故障报警,无须专人值守,后期管理成本大幅度降低。

（6）不堵塞，免清淤。泵坑采用计算流体动力学（computational fluid dynamics，CFD）分析和设计，具有流态好、无堵塞的特点，自清洁淤泥，免除了清淤的麻烦。一体化排水泵站更加安全，其合理的设计大大减少了剧毒及恶臭气体的产生，降低了人员安全风险。

（7）选址更方便。可以放置在很多地方，甚至是非机动车道和人行道路上。且地埋式的构造与周围环境融为一体，美观大方。

（8）使用寿命更长。合理的底座设计和光滑的内壁保证长期使用且无须保养；泵、格栅、管路均采用防腐材料制成，使用寿命长，可以使用 50 年以上。

（9）维修方便。机泵设备和格栅设备都可以沿着导轨吊进吊出，方便维护。

（10）无噪声污染。高品质的污水泵对环境几乎没有影响，即使是在居民区。

3. 一体化排水泵站的构造与设计

一体化排水泵站技术源于欧洲发达国家，由于其自身的优点，在国外已被广泛应用于市政行业。一体化排水泵站的构造如图 8.13 所示。

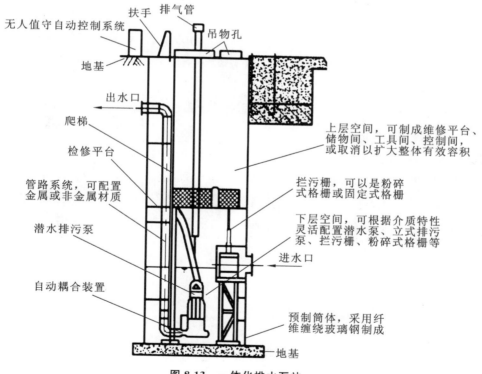

图 8.13　一体化排水泵站

我国于 2010 年引进一体化排水泵站技术。该技术被引进后，因其具有占地面积小、操作简单、维修、管理便捷，对环境影响小等特点，在国内迅速崛起，被广泛应用于市政工程、工业或其他一切不能依靠重力作用直接把废水排放到污水处理系统的建筑。其中，在市政排水中所应用的预制泵站技术被广泛应用于污水泵站、雨水泵站、合流泵站等中途泵站，也常应用于城市下穿立交排水系统。

　　预制泵站是替代老式排水泵站最理想的方案，是集成式一体化预制泵站。泵站主体由井筒、水泵、管道、阀门、传感器、控制系统和通风系统等部件组成，进水可根据要求设置粉碎式格栅。泵站筒体大多采用先进的无碱强化玻璃钢（glass fiber reinforced plastics，GFRP），热固性树脂为高标号顶级树脂，采用计算机控制整体缠绕工艺制成，确保厚度均匀并达到设计要求，结构层厚度由结构设计确定。筒体内壁光滑，不允许在内部额外加其他任何材料的支撑。筒体巴氏硬度达到 40 HBa 以上，抗压强度达到 120 MPa，环向拉伸强度达到 150 MPa，轴向拉伸强度达到 60 MPa。出厂前进行 100％防渗漏实验，确保无泄漏，保证使用寿命不低于 50 年。经 CFD 特殊设计的预制泵站智能化底部采用下凹式结构，可抵抗地下水的压力而不变形，同时只允许少量的污水停留在泵坑。泵站底部采用优化自清洁设计，缩小底部面积，增大底部流速，避免沉积，实现每次启动水泵都可以清洁泵站底部的效果，免除了人工清淤。泵站内部的水泵、管道、阀门、传感器、控制系统和通风系统以及其他用户所需要的附件成套提供，并安装完毕后出厂。它是一种使用方便、质量可靠、土建工作少、成本较低的新型一体化泵站设备，容积优化是其最显著的特征。

　　在工程设计方面，一般只需要确定设置位置，计算设计流量和扬程，确定进水管与出水管的标高和管径、最高水位和最低水位，按照设计要求提出一体化设备技术数据，如泵站流入流量、最大流量时变化系数、所需水泵的数量和扬程、室外地面标高、进水管外接管径及管中标高、出水管外接管径及管中标高、控制系统要求、选用格栅类型、电控箱形式等。土建设计图主要包括井室开挖回填图、支护结构图和一体化泵井基础结构图等。工艺设计还需采用适宜的管件及技术措施确定进水管与出水管的连接方法。

第 9 章

市政排水管道系统设计

9.1 排水管渠设计

9.1.1 排水管渠的断面形式及其要求

1. 排水管渠的断面形式

排水管渠的断面形式很多,常用的有圆形、半椭圆形、矩形、拱顶矩形和梯形等,如图 9.1 所示。

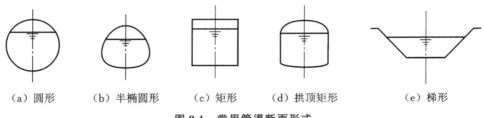

(a) 圆形 (b) 半椭圆形 (c) 矩形 (d) 拱顶矩形 (e) 梯形

图 9.1 常用管渠断面形式

圆形是一种最常用的断面形式,它有良好的水力性能,在一定坡度下,指定的断面面积具有最大的水力半径,因此流速高、流量大。此外,圆形管便于制造,使用材料经济,对外部压力的抵抗能力强。在运输、施工、维修等方面也较便利。

当土压力和活荷载较大时,半椭圆形断面可以更好地分配管壁压力,以此减小管壁厚度。当污水量无较大变化以及管渠直径大于 2 m 时,采用此种断面形式较合适。

矩形断面形式构造简单,施工方便,适用于多种建筑材料构造,并可以就地浇制或砌筑,它使用较灵活,可按需要增加深度,以加大排水量;对于路面狭窄的街道,采用矩形断面较适宜。可在矩形断面的基础上加以改进,一般是将矩形断面渠道底部用细石混凝土或者水泥砂浆做成弧形流槽,可利用此流槽排除合流制系统中的非雨天时的城市污水,以获得较大的流速,从而减少管渠淤积的可能。另外,也可将渠顶砌成拱形,以更好地分配管壁压力。为加快施工,可加大预制块的尺寸。

梯形断面适用于明渠,其形式、结构简单,便于施工,可用于多种材料建造。梯形明渠的底宽一般应不小于 0.3 m,以便于渠道的清淤、维护及管理。明渠采用砖、石、混凝土块铺砌时,一般采用 1∶0.75~1∶1 的边坡。

2. 排水管渠的断面形式要求

排水管渠的断面形式必须满足以下几点要求。

（1）在静力学方面，管渠必须有较大的稳定性，在承受各种荷载时保持稳定坚固。

（2）在水力学方面，管渠断面应具有最大的排水能力，并在一定的流速下不产生沉淀物。

（3）在经济方面，管道造价应是最低的。

（4）在养护方面，管道断面应便于冲洗和清通，不易淤积。

9.1.2　排水管渠的材料

1. 排水管渠材料的要求

（1）必须具有足够的强度，以承受土壤压力及车辆行驶造成的外部荷载和内部水压，以保证在运输和施工过程中不致损坏。

（2）应具有较好的抗渗性能，以防止污水渗出和地下水渗入。若污水从管渠中渗出，将污染地下水及附近房屋的基础；若地下水渗入管渠，将影响管渠正常的排水能力，增加排水泵站以及处理构筑物的负荷。

（3）应具有良好的水力条件，管渠内壁应整齐光滑，以减少水流阻力，使排水畅通。

（4）应具有抗冲刷、抗磨损及抗腐蚀的能力，以使管渠经久耐用。

（5）排水管渠应就地取材，可降低管渠的造价，加快进度，减少工程投资。

排水管渠材料的选择，应根据污水性质，管道承受的内、外压力，埋设地区的土质条件等因素确定。

2. 常用排水管渠

市政排水多采用预制的混凝土管和钢筋混凝土管。近几十年来，随着塑料管的原料合成生产、管材管件制造技术、设计理论和施工技术等方面的发展和完善，塑料管在市政管道工程中得到了突飞猛进的发展，并逐步占据了相当重要的地位。

排水管渠的材料包括金属管和非金属管两类，前者包括铸铁管和钢管等；后者包括混凝土管、钢筋混凝土管和塑料管等。此外，还有由砖或石等材料制成的大型排水沟渠。

（1）金属管。

金属管质地坚固，强度高，抗渗性能好，管壁光滑，水流阻力小，管节长，接口少，且运输和养护方便。但其价格较高，抗腐蚀性能较差，大量使用会增加工程投资。因此，其在排水管道中一般采用较少，只有在外荷载很大或者对渗漏要求特别高的场合才采用。如排水管穿越铁路、高速公路以及邻近给水管道或房屋基础时，一般用金属管。通常采用的是铸铁管，在土崩或地震地区最好用钢管。此外，在压力管线（倒虹管和水泵出水管）上和施工特别困难的场合（例如地下水高，流砂情况严重），也常采用金属管。

排水铸铁管经久耐用,有较强的耐腐蚀性,缺点是质地较脆,不耐振动和弯折,重量较大。连接方式有承插式和法兰式两种。钢管可以用无缝钢管,也可以用焊接钢管。钢管的特点是能耐高压、耐振动、重量较轻、单管的长度大和接口方便,但耐腐蚀性差。采用钢管时,必须涂刷耐腐蚀的涂料并注意绝缘,以防锈蚀。钢管用焊接或法兰接口。

合理选择排水管道,将直接影响工程造价和使用年限,因此排水管道的选择是排水系统设计中的重要问题。主要可从三个方面来考虑:一是看市场供应情况;二是从经济上考虑;三是满足技术方面的要求。

在选择排水管道时,应尽可能就地取材,采用易于制造、供应充足的材料。在考虑造价时,既要考虑管道本身的价格,也要考虑施工费用和使用年限。例如,在施工条件差(地下水位高或有流砂等)的场合,采用较长的管道可以减少管接头、降低施工费用;在地基承载力差的场合,强度高的长管对基础要求低,可以减少敷设费用;在有内压力的沟段上,就必须用金属管或钢筋混凝土管;当侵蚀性不太强时,可以考虑用混凝土管。

(2)非金属管。

非金属管道一般是预制的圆形断面管道,水力性能好,便于预制,使用材料经济,能承受较大荷载,且运输和养护也较方便。绝大多数的非金属管道的抗腐蚀性和经济性均优于金属管,只有在特殊情况下才采用金属管。

在我国,城市中最常用的排水管道是混凝土管、钢筋混凝土管和塑料管。下面分别介绍常用的几种非金属排水管道。

① 混凝土管。

混凝土管适用于排除雨水、污水。管口通常有承插式、企口式和平口式(见图 9.2)。混凝土管的管径 D 一般小于 450 mm,长度 L 为 1 m,用捣实法制造的管的长度仅为 0.6 m。

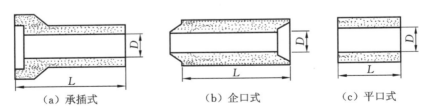

(a) 承插式　　　　　　　(b) 企口式　　　　　　　(c) 平口式

图 9.2　混凝土和钢筋混凝土排水管道的管口形式

混凝土管一般在专门的厂预制,但也可现场浇制。混凝土管的制造方法主要有捣实法、压实法和振荡法三种。捣实法是用人工捣实管模中的混凝土;压实法是用机器压制管胚(适用于制造管径较小的管子);振荡法是用振荡器振动管模中的混凝土,使其密实。

混凝土管的制作原料充足,可就地取材,制造价格较低,其设备、制造工艺简单,因此被广泛采用。其缺点是抗腐蚀性能差,耐酸碱及抗渗性能差,同时抗沉降、抗震性能也差,管节短、接头多、自重大。

② 钢筋混凝土管。

口径 500 mm 及更大的混凝土管通常加钢筋,口径 700 mm 以上的管采用内外两层钢筋,钢筋的保护层厚度为 25 mm。钢筋混凝土管适用于排除雨水、污水等。当管道埋深较大或敷设在土质条件不良的地段,以及穿越铁路、河流、谷地时可采用钢筋混凝土管。管径为 500~1800 mm,最大管径可达 2400 mm,长度为 1~3 m。

钢筋混凝土管的管口有承插式、企口式和平口式三种做法(见图 9.2)。采用顶管法施工时常用平口管,以便施工。

钢筋混凝土管制造方法主要有捣实法、振荡法和离心法三种。前两种方法和混凝土管的捣实法、振荡法基本相同,做出的管为承插管(小管)或企口管(大管,口径 700 mm 以上的管多用企口式)。离心法制造的管一般是平口式,长度在 2.5 m 以上,最长可达 6.5 m。

钢筋混凝土管的钢筋扎成一个架子,有纵向(与管轴平行的)钢筋和横向(与管口平行的)钢筋,横向钢筋是主要受力钢筋。

③ 塑料管。

由于塑料管具有表面光滑、水力性能好、水力损失小、耐磨蚀、不易结垢、重量轻、加工接口搬运方便、漏水率低及价格低等优点,因此,在排水管道工程中已得到应用和普及,但塑料管管材强度低、易老化。

我国室外排水目前较为广泛使用的是高密度聚乙烯(HDPE)管。

(3) 大型排水沟渠。

通常,当排水管渠设计口径大于 1.5 m 时,需要现场浇制或砌装。使用的材料可为砖、石、陶土块、混凝土块、钢筋混凝土块和钢筋混凝土等。其断面形式有圆形、矩形、半椭圆形等。一般大型排水沟渠由渠底、渠身、渠顶等部分组成。在施工过程中通常是现场浇筑管渠的基础部分,再砌筑或装配渠身部分,渠顶部分一般是预制安装的。此外,建造大型排水沟渠也可全部现场浇筑或全部预制安装。

为了增强渠道结构的整体性,减少渗漏的可能性以及加快施工的进度,在设备条件许可的情况下,应尽量加大预制块的尺寸。

对于大型排水沟渠的选择,除应考虑其受力、水利条件外,还应结合施工技术、材料来源、经济造价等情况,经分析比较后,确定出适合设计地区具体实际情况,既经济又合理的沟渠。过水断面窄而深的大型排水沟渠,不仅会使土方工程的单价提高,而且在施工过程中可能遇到地下水或流砂,势必会增加工程中施工的困难。因此,对于大型排水沟渠,应选用宽而浅的断面形式。

9.1.3 排水管道的接口

1. 接口形式的分类

排水管道的不透水性和耐久性在很大程度上取决于敷设管道时接口的质量。管道接口应具有足够的强度、不透水、能抵抗污水或地下水的侵蚀并有一定的弹性。根据接口的弹性不同,管道接口一般分为柔性、刚性和半柔半刚性三种形式。

柔性接口允许管道纵向轴线交错 3～5 mm 或交错一个较小的角度,而不致引起渗漏。常用的柔性接口有石棉沥青卷材及橡胶圈接口。石棉沥青卷材接口用在无地下水,地基软硬不一,沿管道轴向沉陷不均匀的无压管道上。橡胶圈接口使用范围更加广泛,特别是在地震区,对管道抗震有显著作用。柔性接口施工复杂,造价较高,在地震区有它独特的优越性。

刚性接口不允许管道有轴向的交错,但比柔性接口施工简单、造价低,因此采用较广泛。常用的刚性接口有水泥砂浆抹带接口、钢丝网片水泥砂浆抹带接口。刚性接口抗震性能差,常用在地基比较良好、有带形基础的无压管道上。

半柔半刚性接口介于上述两种接口形式之间,使用条件与柔性接口类似。常用的是预制套环石棉水泥接口。

2. 接口形式的介绍

(1) 石棉沥青卷材接口。

石棉沥青卷材接口属于柔性接口。石棉沥青卷材为工厂加工,沥青砂玛蹄脂重量配比为沥青∶石棉∶细砂＝7.5∶1∶1.5。先将接口处管壁刷净烤干,涂上一层冷底子油,然后刷 3 mm 厚的沥青砂玛蹄脂,并包上石棉沥青卷材,最后涂 3 mm 厚的沥青砂玛蹄脂,这叫"三层做法"。若再加卷材和沥青砂玛蹄脂各一层,便叫"五层做法",一般适用于地基沿管道轴向沉陷不均匀地区。

(2) 橡胶圈接口。

橡胶圈接口属柔性接口。接口结构简单,施工方便,适用于施工地段土质较差,地基硬度不均匀或地震地区。

(3) 水泥砂浆抹带接口。

水泥砂浆抹带接口是在管子接口处用 1∶(2.5～3)水泥砂浆抹成半椭圆形或其他形状的砂浆带,带宽 120～150 mm,属于刚性接口。一般适用于地基土质较好的雨水管道,或用于地下水位以上的污水支线上。企口管、平口管、承插管均可采用此种接口。

（4）钢丝网水泥砂浆抹带接口。

钢丝网水泥砂浆抹带接口属于刚性接口。将抹带范围的管外壁凿毛,抹一层 15 mm 厚的 1∶2.5 水泥砂浆,中间采用一层 20 号 10 mm×10 mm 钢丝网,两端插入基础混凝土中,上面再抹一层 10 mm 厚的砂浆。适用于地基土质较好的具有带形基础的雨水、污水管道上。

（5）预制套环石棉水泥（或沥青砂）接口。

预制套环石棉水泥（或沥青砂）接口属于半柔半刚性接口。石棉水泥重量比为水∶石棉∶水泥＝1∶3∶7（沥青砂配比为沥青∶石棉∶砂＝1∶0.67∶0.67）。适用于地基不均匀沉降且位于地下水位以下,内压水头低于 10 m 的管道上。

9.1.4　排水管道的基础

1. 基础的构造

排水管道的基础一般由地基、基础和管座三个部分组成。

地基是指沟槽底的土壤部分。它承受管和基础的重量、管内水重、管上土压力和地面上的荷载。

基础是指管与地基间经人工处理过或专门建造的设施,其作用是将管道较为集中的荷载均匀分布,减少对地基单位面积的压力,或由于土的特殊性质的需要,为使管道安全稳定地运行而采取的一种技术措施。

管座是管下侧与基础之间的部分,设置管座的目的在于使管与基础连成一个整体,以减少对地基的压力和对管的反力。管座包角的中心角愈大,基础所受的单位面积的压力和地基对管作用的单位面积的反力愈小。

2. 常见的管道基础

为保证排水管道系统能安全正常运行,除管道工艺本身设计施工应正确外,管道的地基与基础要有足够的承受荷载的能力和可靠的稳定性,否则排水管道可能产生不均匀沉陷,造成管道错口、断裂、渗漏等现象,导致对附近地下水的污染,甚至影响附近建筑物的基础。

一般应根据管道本身情况及其外部荷载的情况、覆土的厚度、土壤的性质合理地选择管道基础。目前常见的管道基础有以下几种。

（1）砂土基础。

砂土基础包括弧形素土基础和砂垫层基础。

弧形素土基础是在原土上挖一弧形素土基础管槽,管落在弧形管槽里,这种基础适用于无地下水、原土能挖成弧形的干燥土壤。对于管道直径小于 600 mm 的混凝土管、钢筋混凝土管、陶土管,管顶覆土厚度为 0.7～2.0 m 的街区污水管道,不在车行道下的管径小于 600 mm 的次要管道及临时性管道,可采用弧形素土基础。

砂垫层基础是在挖好的弧形管槽上,用带棱角的粗砂填 10～15 cm 厚的砂垫层,这种基础适用于无地下水,岩石或多石土壤,管道直径小于 600 mm 的混凝土管、钢筋混凝土管及陶土管,管顶覆土厚度为 0.7～2.0 m 的排水管道。

(2)混凝土枕基。

混凝土枕基是只在管道接口处设置的局部基础。通常在管道接口下用 C8 混凝土做成枕状垫块。此种基础适用于干燥土壤中的雨水管道及不太重要的污水支管,常与弧形素土基础或砂垫层基础同时使用。

(3)混凝土带形基础。

混凝土带形基础是沿管道全长铺设的基础,按管座形式的不同,分为 90°、135°、180° 三种管座基础。当管顶覆土厚度为 0.7～2.5 m 时,采用 90°管座基础;管顶覆土为 2.6～4 m 时,采用 135°管座基础;覆土厚度为 4.1～6 m 时,采用 180°管座基础。

这种基础适用于各种潮湿土壤,以及地基不均匀的排水管道。在地震区土质特别松软、不均匀沉陷严重地段,最好采用钢筋混凝土带形基础。管径为 200～2000 mm,无地下水时,在槽底老土上直接浇筑混凝土基础。有地下水时,常在槽底铺 10～15 cm 厚的卵石或碎石垫层,再在上面浇筑混凝土基础。

对地基松软或不均匀沉降地段,为增强管道强度,许多城市的经验是对管道基础或地基采取加强措施并且管道接口采用柔性接口。

9.2　污水管道系统设计

9.2.1　污水管道系统的设计步骤

污水管道的设计通常按以下步骤进行。

(1)收集并整理与设计相关的自然因素、工程情况等方面的资料。

(2)确定设计方案,包括排水体制的选择、污水处理方式、管道系统的平面布置等内容。

(3)计算污水管道总设计流量和各管段设计流量。

(4)进行污水管道水力计算,确定管道断面尺寸、设计坡度、埋深等。

(5)设置污水提升泵站。

（6）进行污水管道系统上某些附属构筑物的设计计算。

（7）确定污水管道连接到横断面上的位置。

（8）绘制污水管道平面图和剖面图。

这里重点介绍污水管道系统的平面布置、设计流量计算以及管道水力计算。

9.2.2　污水管道系统的平面布置

污水管道系统的平面布置也称为"定线"，定线时一般按"主干管→干管→支管"的顺序进行。在一定条件下，地形是影响平面布置的主要因素，定线时应充分利用地形，使管道的走向符合地形趋势，一般宜顺坡排水。定线时通常按以下顺序进行。

1. 确定排水区界，划分排水流域

排水区界是排水系统规划的界限。在排水区界内，应根据地形和城市的竖向规划划分排水流域。一般情况下，流域边界应与分水线相符合，具体有以下几种情况。

（1）在地形有起伏地区及丘陵地带，流域分界线与分水线基本一致。

（2）在地形平坦、无显著分水线的地区，应使干管在最小埋深的情况下，保证绝大部分污水自流排出。

（3）若有河流或铁路等障碍物贯穿，应根据地形、周围水体情况及倒虹管的设置情况等，通过对不同方案进行比较，决定是否将其分为几个排水流域。每一个排水流域应根据高程情况，由一根或一根以上的干管确定水流方向，并确定需要进行污水提升的地区。

2. 布置污水主干管和干管

城市污水主干管和干管是污水管道系统的主体，它们布置得是否合理将影响整个系统的合理性。

（1）主干管。

主干管的走向取决于城市的布局和污水处理厂的位置，主干管始端最好是排放大量工业废水的工厂，管道建成后即可得到充分利用，其终端通向污水处理厂。

（2）干管。

干管应布置成树状网络，根据地形条件，可采用平行式或正交式布置，影响其布置方式的因素通常有以下几点。

① 地形和水文地质条件。

② 城市总体规划、竖向规划和分期建设情况。

③ 排水体制、线路数量。

④ 污水处理和利用情况、污水处理厂和污水排放口位置。

⑤ 排水量大的工业企业和公共建筑的分布及排水情况。

⑥ 道路和交通情况。

⑦ 地下管线和构筑物的分布情况。

3. 布置污水支管

污水支管的平面布置要适应地形及街区建筑特征,还要便于用户接管排水。常见的布置方式有低边式、围坊式和穿坊式三种。

(1) 低边式是指将污水支管布置在街区地势较低一边的布置方式。这种布置方式适用于面积较小而污水又比较集中的街区,具有管线较短的特点,在城市规划中是普遍采用的一种方式。

(2) 围坊式是指将污水支管布置在街区四周的布置方式。这种布置方式适用于地势平坦并采用集中出水方式的大型街区。

(3) 穿坊式是指污水支管穿过街区,而街区四周不设置污水支管的布置方式。这种布置方式适用于街区内部建筑规划已经确定,或街区内部管线自成体系的地区。它具有管线短、工程造价低的特点,但由于管道维护管理不便,设计中很少采用此种形式。

4. 确定控制点

在污水排水区域内,对管道系统的埋深起控制作用的地点称为"控制点"。各管道的起点多为该管道的控制点。这些控制点中,离污水处理厂或出水口最远的一点通常是整个系统的控制点。具有一定深度的工厂排出口或某些低洼地区的管道起点,也可能成为整个管道系统的控制点。这些控制点的管道埋深影响着整个污水管道系统的埋深。

确定控制点的标高时,要注意以下两方面。

(1) 应考虑到城市的竖向规划,保证排水流域内各点的污水都能够排出,并考虑到未来的发展,在埋深上留出适当余地。

(2) 不能因照顾个别控制点而增加整个管道系统的埋深。对此可采取一些措施,如增强管材强度、通过填土提高地面高程等,以保证最小覆土厚度,这些措施都可以减小控制点管道的埋深,从而减小整个管道系统的埋深。

5. 设置泵站

由于地形等因素的影响,通常需要在排水管道系统中设置中途泵站、局部泵站和终点泵站。泵站的具体位置应在综合考虑环境卫生条件、地质条件、电源条件、施工条件等因素后予以确定,并征询城市规划、环保、建设等部门的意见。

6. 划分设计管段

两个检查井之间的管段采用相同设计流量,并且采用相同的管径和坡度时,称为"一个设计管段"。划分设计管段的目的是方便采用匀流公式进行水力计算。

为了简化计算,没必要把每个检查井都作为设计管段的起讫点,对于可以采用同样管径和坡度的连续管段,可以将其划作一个设计管段。划分时,主要以流量的变化和坡度变化为依据。一般情况下,有街区污水支管接入的位置、有大型公共建筑和工业企业集中流量进入的位置,以及有旁侧管道接入的检查井,均可作为设计管段的起讫点。

从经济角度来看,设计管段不宜划分得过长;从排水安全角度来看,设计管段不宜划分得过短。

7. 设置污水管道在街道上的位置

污水管道一般沿街道敷设,并与街道中心平行。城市街道下方常有很多用途各异的管线(管道和线路的统称)和地下设施,这些管线之间、管线与地下设施之间,以及管线与地面建筑之间,应当很好地配合。污水管道与其他地下管线或建筑设施之间的相互位置,应满足以下两点要求。

(1)保证在敷设和检修管道时互不影响。

(2)污水管道损坏时,不影响附近建筑物及其基础,不污染生活饮用水。

污水管道与其他地下管线或建筑设施等的水平和垂直最小净距,应根据两者的类型、标高、施工顺序和管线损坏的后果等因素,考虑污水管道的综合设计情况后确定,具体如表 9.1 所示。

表 9.1　污水管道与其他地下管线或建筑设施等的水平和垂直最小净距

管线或建筑设施等的名称			水平最小净距/m	垂直最小净距/m
建筑物			见注③	—
给水管		$D \leqslant 200$ mm	1.0	0.4
		$D > 200$ mm	1.5	
排水管			—	0.15
再生水管			0.5	0.4
燃气管	低压	$p \leqslant 0.05$ MPa	1.0	0.15
	中压	0.05 MPa$< p \leqslant 0.4$ MPa	1.2	0.15
	高压	0.4 MPa$< p \leqslant 0.8$ MPa	1.5	0.15
		0.8 MPa$< p \leqslant 1.6$ MPa	2.0	0.15

管线或建筑设施等的名称		水平最小净距/m	垂直最小净距/m
热力管线		1.5	0.15
电力管线		0.5	0.5
电信管线		1.0	直埋 0.5
			管块 0.15
乔木		1.5	—
地上柱杆	通信、照明杆(电压<10 kV)	0.5	—
	高压铁塔基础边	1.5	—
道路侧石边缘		1.5	—
铁路钢轨(或坡脚)		5.0	轨底 1.2
电车(轨底)		2.0	1.0
架空管架基础		2.0	—
油管		1.5	0.25
压缩空气管		1.5	0.15
氧气管		1.5	0.25
乙炔管		1.5	0.25
电车电缆		—	0.5
明渠渠底		—	0.5
涵洞基础底		—	0.15

注：① 表列数字除注明者外，水平净距均指外壁净距，垂直净距系指下面管道的外顶与上面管道基础底间净距。

② 采取充分措施(如结构措施)后，表列数字可以减小。

③ 与建筑物的水平净距，当管道埋深浅于建筑物基础时，宜不小于 2.5 m，当管道埋深深于建筑物基础时，按计算确定，但应不小于 3.0 m。

④ D 为给水管的直径；p 为燃气管的压力。

9.2.3 污水管道系统的设计流量计算

污水管道系统的设计流量指的是污水管道及其附属构筑物能保证通过的最大流量。合理确定设计流量是污水管道系统设计的主要内容。主要计算内容包括生活污水设计流量、工业废水设计流量、城市污水设计总流量和设计管段的设计流量。

1. 生活污水设计流量

生活污水设计流量包括居民生活污水设计流量、公共建筑生活污水设计流量、工业企业生活污水和淋浴污水设计流量。

（1）居民生活污水设计流量。

居民生活污水主要来自居民区，其设计流量计算公式见式（9.1）。

$$Q_1 = \frac{nNK_z}{24 \times 3600} \tag{9.1}$$

式中：Q_1 为居民生活污水设计流量，L/s；n 为居民生活污水定额，L/（人·d）；N 为设计人口数，人；K_z 为综合生活污水量总变化系数。

① 居民生活污水定额。

居民生活污水定额指的是居民每人每天日常生活产生的污水量，包括生活中的洗涤、冲厕、洗澡等活动产生的污水量。

② 设计人口数。

设计人口数指的是污水排水系统设计期限终期的规划人口数，是计算污水设计流量的基本数据，该值由城市（地区）的总体规划确定，计算公式见式（9.2）。

$$N = \rho F \tag{9.2}$$

式中：N 为设计人口数，人；ρ 为人口密度，人/hm²；F 为居民区面积，hm²。

③ 综合生活污水量总变化系数。

由于居民生活污水定额是平均值，因此，根据居民生活污水定额和设计人口数计算得到的是平均污水流量，而实际流入污水管道的污水量时刻都在变化，所以可用变化系数来表示污水量的变化情况。变化系数分为总变化系数、日变化系数和时变化系数。

总变化系数的计算公式见式（9.3）。

$$K_z = K_d K_h \tag{9.3}$$

式中：K_z 为变化系数，即最高日最高时流量与平均日平均时流量的比值；K_d 为日变化系数，即一年中最高日流量与平均日流量的比值；K_h 为时变化系数，即最高日中最高时流量与该日平均时流量的比值。

实际情况是，一般城市缺乏日变化系数和时变化系数的数据，要直接采用式（9.3）求出总变化系数是较为困难的。但总变化系数与平均日流量之间具有一定的关系，平均日流量越大，总变化系数越小。

用于居民生活污水设计流量计算的总变化系数称为综合生活污水量总变化系数。根据《室外排水设计标准》（GB 50014—2021）4.1.15 条的规定，综合生活污水量总变化系数可根据当地实际综合生活污水量变化资料确定，无测定资料时，新建项目可按表

9.2 的规定取值;改、扩建项目可根据实际条件,经实际流量分析后确定,也可按表 9.2 的规定取值。

表 9.2　综合生活污水量总变化系数

平均日流量/(L/s)	变化系数
5	2.7
15	2.4
40	2.1
70	2.0
100	1.9
200	1.8
500	1.6
≥1000	1.5

注:当污水平均日流量为中间数值时,变化系数可用内插法求得。

（2）公共建筑生活污水设计流量。

公共建筑包括公共浴室、旅馆、医院、学校住宿区、洗衣房、餐饮娱乐中心等,公共建筑生活污水设计流量的计算公式见式(9.4)。

$$Q_2 = \frac{mq_dK_h}{3600T} \qquad (9.4)$$

式中:Q_2 为公共建筑生活污水设计流量,L/s;m 为公共建筑在设计使用年限内所服务的用水单位数;q_d 为公共建筑最高日生活污水排水定额,L/(用水单位·d);T 为公共建筑最高日排水时间,h;其余符号意义同前。

（3）工业企业生活污水及淋浴污水设计流量。

工业企业生活污水及淋浴污水主要来自生产区的食堂、卫生间、浴室等。其设计流量的大小与工业企业的性质、污染程度和卫生要求有关,计算公式见式(9.5)。

$$Q_3 = \frac{A_1B_1K_1 + A_2B_2K_2}{3600T} + \frac{C_1D_1 + C_2D_2}{3600} \qquad (9.5)$$

式中:Q_3 为工业企业生活污水及淋浴污水设计流量,L/s;A_1 为一般车间最大班职工人数,人;B_1 为一般车间职工生活污水定额,一般以 25 L/(人·班)计;K_1 为一般车间生活污水量时变化系数,一般以 3.0 计;A_2 为热车间和污染严重车间最大班职工人数,人;B_2 为热车间和污染严重车间职工生活污水定额,一般以 35 L/(人·班)计;K_2 为热车间和污染严重车间生活污水量时变化系数,一般以 2.5 计;T 为每班工作时间,h;C_1 为一般车间最大班使用淋浴的职工人数,人;D_1 为一般车间的淋浴污水定额,一般以 40 L/(人·次)计;C_2 为热车间和污染严重车间最大班使用淋浴的职工人数,人;D_2 为热车间和污染严重车间的淋浴污水定额,一般以 60 L/(人·次)计。

2. 工业废水设计流量

工业废水设计流量的计算公式见式(9.6)。

$$Q_4 = \frac{mMK_z}{3600T} \tag{9.6}$$

式中:Q_4 为工业废水设计流量,L/s;m 为工业废水量定额,L/单位产品;M 为产品的平均日产量;K_z 为工业废水量总变化系数;T 为每日生产时间,h。

(1)工业废水量定额。生产单位产品或加工单位数量原料所排出的平均废水量。它是通过实测现有车间的废水量得到的。工业废水量定额取决于产品种类、生产工艺、单位产品用水量及给水方式等。

(2)工业废水量总变化系数。计算公式可参考式(9.3)。工业废水量的变化取决于工业企业的性质、生产工艺等具体情况。一般情况下,工业废水量的日变化不大,日变化系数可取为 1;时变化系数则可通过实测废水量最大一天的各小时流量后,进行计算确定。

某些工业废水量的时变化系数大致范围可参考表 9.3。

表 9.3　某些工业废水量的时变化系数大致范围

工业种类	时变化系数
冶金工业	1.0～1.1
化工工业	1.3～1.5
纺织工业	1.5～2.0
食品工业	1.5～2.0
皮革工业	1.5～2.0
造纸工业	1.3～1.8

3. 城市污水设计总流量

城市污水设计总流量是居民生活污水、公共建筑生活污水、工业企业生活污水及淋浴污水、工业废水的设计流量之和,计算公式见式(9.7)。

$$Q = Q_1 + Q_2 + Q_3 + Q_4 \tag{9.7}$$

式中:Q 为城市污水设计总流量,L/s;Q_1 为居民生活污水设计流量,L/s;Q_2 为公共建筑生活污水设计流量,L/s;Q_3 为工业企业生活污水及淋浴污水设计流量,L/s;Q_4 为工业废水设计流量,L/s。

用式(9.7)计算城市污水设计总流量时,假定了排出的各种污水都在同一时间内出现最大流量。设计污水管道系统时,应分别列表计算居民生活污水、工业废水等的设计流量,然后得出污水设计流量综合表。

4. 设计管段的设计流量

任一设计管段的设计流量是由本段设计流量(q_1)和集中设计流量(q_2)相加得到的。本段设计流量通常指生活污水设计流量。工厂的工业废水一般由工厂排放口集中排出,所以工业废水流量常作为集中流量计算。

其中,本段设计流量 q_1 的计算公式见式(9.8)。

$$q_1 = F q_0 K_z \tag{9.8}$$

式中:q_1 为本段设计流量,L/s;F 为该设计管段服务区域的总面积,hm^2;q_0 为比流量,即单位面积的本段平均流量,$L/(s \cdot hm^2)$;K_z 为综合生活污水量总变化系数(可根据平均日流量 $F q_0$ 的值查表 9.2 得到)。

其中,比流量 q_0 的计算公式见式(9.9)。

$$q_0 = \frac{n\rho}{86400} \tag{9.9}$$

式中:q_0 为比流量,$L/(s \cdot hm^2)$;n 为居民生活污水定额,$L/(人 \cdot d)$;ρ 为人口密度,人/hm^2。

9.2.4 污水管道的水力计算

1. 污水在管道内的流动特点

污水在流动过程中,通常是先经支管流入干管,再由干管流入主干管,最后经主干管流入污水处理厂或水体。污水所经管道的管径由小到大,分布类似河流,呈树枝状。污水在管道中流动时的具体特点如下。

(1) 大多数情况下,污水在管道内是依靠管道两端的水面高度差从高处流向低处的,管道不承受压力,即污水靠重力流动。

(2) 污水中含有一定量的悬浮物,它们会漂浮于水面或悬浮于水中,还有一些则会沉积在管底内壁上。因此,污水的流动与清水有一定的差别。但总的来说,污水中的水分一般为 99% 以上,这样的污水符合流体的一般规律,可以假定为普通流体,工程设计时可按水力学公式计算。

(3) 污水在管道中的流速随时都在变化,但在直线管段上,当流量没有很大变化又无沉淀物时,可认为污水的流动接近匀速,每一设计管段都可按匀流公式计算。

2. 污水管道水力计算的基本公式

水力计算的目的是确定设计管段断面尺寸、管道坡度以及管道标高和埋深。由于这种计算的依据是水力学规律,所以称为管道的"水力计算"。

为了简化计算工作,可使用匀流基本公式,见式(9.10)。

$$Q = Av \tag{9.10}$$

式中:Q 为设计流量,m^3/s;A 为过水断面面积,m^2;v 为设计流速,m/s,计算公式见式(9.11)。

$$v = \frac{1}{n} R^{\frac{2}{3}} I^{\frac{1}{2}} \tag{9.11}$$

式中:n 为粗糙系数,该值根据管道材料确定,根据《室外排水设计标准》(GB 50014—2021)5.2.3 条,宜按表 9.4 的规定取值;R 为水力半径(过水断面面积与湿周的比值),m;I 为管道坡度(即水力坡度,等于管底坡度 i)。

表 9.4　排水管渠粗糙系数

管渠类别	粗糙系数 n
混凝土管、钢筋混凝土管、水泥砂浆抹面渠道	0.013～0.014
水泥砂浆内衬球墨铸铁管	0.011～0.012
石棉水泥管、钢管	0.012
UPVC 管、PE 管、玻璃钢管	0.009～0.010
土明渠(包括带草皮)	0.025～0.030
干砌块石渠道	0.020～0.025
浆砌块石渠道	0.017
浆砌砖渠道	0.015

3. 污水管道水力计算参数

(1) 设计充满度。

在设计流量下,污水在管道中的水深 h 和管道直径 D 的比值称为设计充满度,如图 9.3 所示。污水管道的设计有两种情况:非满流和满流。当 $h/D=1$ 时,称为满流;当 $h/D<1$ 时,称为非满流。

根据《室外排水设计标准》(GB 50014—2021)5.2.4

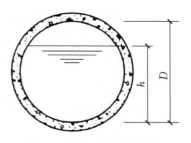

图 9.3　设计充满度示意图

条,重力流污水管道应按非满流计算,其最大设计充满度应按表 9.5 的规定取值。

表 9.5　排水管渠的最大设计充满度

管径或渠高/mm	最大设计充满度
200～300	0.55
350～450	0.65
500～900	0.70
≥1000	0.75

注:在计算污水管道充满度时,不包括短时突然增加的污水量,但当管径小于或等于 300 mm 时,应按满流复核。

做出上述规定的原因主要有以下几点。

① 确保设计安全。污水流量时刻在变化,很难精确计算,而且雨水或地下水可能通过检查井或管道接口渗入污水管道,因此,有必要保留一部分管道断面,为未预见的水量增长留有余地,避免污水溢出,影响环境卫生。

② 利于管道通风。污水管道内的沉积物可能会产生有害气体,故应留出适当空间,以便管道通风,排出有害气体。

③ 改善水力条件。管道部分充满时,管道内的水流速度在一定条件下会比满流时大一些。

④ 便于管道的疏通、维护和管理。

(2) 设计流速。

与设计流量、设计充满度相对应的水流平均速度称为设计流速。污水在管道内流动缓慢时,污水中所含的杂质可能会下沉,产生淤积。污水流速过大时,可能产生冲刷现象,甚至会损坏管道。为了避免上述两种情况的发生,设计流速不宜过小或过大。

最大设计流速是保证管道不被冲刷损坏的流速。根据《室外排水设计标准》(GB 50014—2021)5.2.5 条,排水管道(包括污水管道、雨水管道和合流管道)的最大设计流速规定如下:金属管道宜为 10 m/s;非金属管道宜为 5 m/s,经试验验证后可适当提高。

最小设计流速是保证管道内不发生淤积的流速。最小设计流速不需要按照管径大小来确定。根据《室外排水设计标准》(GB 50014—2021)5.2.7 条,污水管道在设计充满度下的最小设计流速应为 0.6 m/s。

(3) 最小管径。

污水管道系统上游管段设计流量较小,若根据流量计算,所得管径会很小,根据管道养护经验可知,管径过小极易引起堵塞。例如,管径 150 mm 的支管堵塞概率约为管径 200 mm 支管的 2 倍,在施工时,同样埋深的情况下,两种管径的管道施工费用相差不大。

此外,采用较大的管径可选用较小的坡度,以减小埋深。因此,在实际施工中,常规定一个允许的最小管径。

(4) 最小设计坡度。

在设计污水管道时,应尽可能减小管道敷设坡度,以减小管道埋深,使管道敷设坡度与该地区的地面坡度基本一致。但管道流速应大于或等于最小设计流速,以防管道内发生沉积。这一点在地势平坦或管道走向与地面坡度相反的情况下尤为重要。因此,管内流速为最小设计流速时,相应的管道坡度称为最小设计坡度。

不同管径的污水管道应有不同的最小设计坡度。管径相同的管道,因设计充满度不同,其最小设计坡度也不同。在给定设计充满度条件下,管径越大,相应的最小设计坡度越小。《室外排水设计标准》(GB 50014—2021)5.2.10 条规定了排水管道的最小管径和相应的最小设计坡度,如表 9.6 所示。

表 9.6　最小管径和相应的最小设计坡度

管道类别	最小管径/mm	相应的最小设计坡度
污水管、合流管	300	0.003
雨水管	300	塑料管 0.002,其他管 0.003
雨水口连接管	200	0.010
压力输泥管	150	—
重力输泥管	200	0.010

4. 污水管道的埋深

污水管道的埋深有两层含义:覆土厚度和埋设深度,如图 9.4 所示。覆土厚度指管道外壁顶部到路面的距离。埋设深度指管道内壁底部到路面的距离。

这二者都可以说明管道的埋深。为了减少造价,缩短工期,管道的埋深小一些较好,但又不能过小,应有一个最小限值,该最小限值称为最小埋深(或最小覆土厚度),它是为满足以下技术要求而提出的。

(1) 防止冰冻膨胀损坏管道。

《室外排水设计标准》(GB 50014—2021)5.3.8 条规定: "冰冻地区的排水管道宜埋设在冰冻线以下。当该地区或条件相似地区有浅埋经验或采取相应措施时,也可埋设在

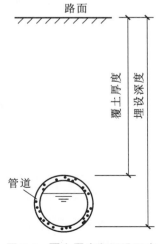

图 9.4　覆土厚度和埋设深度

冰冻线以上,其浅埋数值应根据该地区经验确定,但应保证排水管道安全运行。"

（2）防止管壁因地面荷载而破坏。

敷设在地下的污水管道同时承载着覆盖其上的土壤静荷载和地面上车辆运行造成的动荷载,为防止管壁被这些动、静荷载作用破坏,必须保证管道有一定的覆土深度。《室外排水设计标准》(GB 50014—2021)5.3.7条规定:"管顶最小覆土深度应根据管材强度、外部荷载、土壤冰冻深度和土壤性质等条件,结合当地埋管经验确定:人行道下宜为0.6 m,车行道下宜为0.7 m。管顶最大覆土深度超过相应管材承受规定值或最小覆土深度小于规定值时,应采用结构加强管材或采用结构加强措施。"

（3）满足街区污水连接管衔接的要求。

城市住宅和公共建筑内产生的污水要顺畅地排入街道污水管道,必须保证街道污水管道起点的埋深大于或等于街区污水干管终点的埋深。而街区污水支管起点的埋深必须大于或等于建筑物污水出户管的埋深。从建筑安装技术角度考虑,要使建筑物首层卫生器具内的污水能够顺利排出,其出户管的最小埋深一般为0.5~0.6 m,所以街区污水支管起点的最小埋深一般应为0.6~0.7 m。

根据图9.5和式(9.12),即可求出街道污水支管起点的最小埋深。

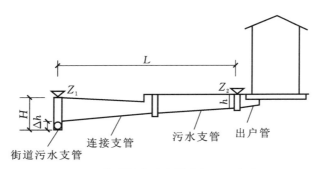

图9.5　街道污水支管最小埋深示意图

$$H = h + iL + Z_1 - Z_2 + \Delta h \qquad (9.12)$$

式中:H 为街道污水支管起点的最小埋深,m;h 为街区污水支管起点的最小埋深,m;i 为街区污水支管和连接支管的坡度;L 为街区污水支管和连接支管的总长度,m;Z_1 为街道污水支管起点检查井处地面标高,m;Z_2 为街区污水支管起点检查井处地面标高,m;Δh 为连接支管与街道污水支管的管内底高差,m。

对于一个具体管段,从上述技术要求出发,可以得到不同的埋深或覆土厚度值,这些数值中的最大值就是这一管道的允许最小埋深或覆土厚度。

5. 污水管道水力计算方法

利用公式进行污水管道水力计算时,过程比较麻烦,为了简化计算,可直接使用水力计算图。水力计算图涉及的参数包括流量 Q、粗糙系数 n、管道直径 D、充满度 h/D、管道坡度 I、流速 v,其中 2 个参数是确定的,需要再假定 2 个参数才可以求出另外 2 个,求出的参数即为污水管道设计中的水力计算参数。

9.3　雨水管道系统设计

9.3.1　雨水管道系统的设计步骤

雨水管道系统的设计通常按以下步骤进行。

（1）收集并整理设计地区的各种原始资料,包括地形图、排水工程规划图、水文和地质条件、降雨状况等,以此作为基本的设计数据。

（2）划分排水流域,进行雨水管道定线。

（3）划分设计管段。

（4）划分并计算各设计管段的汇水面积。

（5）根据排水流域内各类地面的面积或其所占比例,确定该排水流域的平均径流系数,或根据规划的地区类别,选择合适的区域综合径流系数。

（6）确定设计重现期和地面集水时间。

（7）确定管道的埋深。

（8）确定单位面积径流量。

（9）选择管道材料。

（10）计算设计流量。

（11）进行雨水管道水力计算。

（12）绘制雨水管道平面图及纵剖面图。

本节重点介绍与雨水管道系统设计相关的雨量分析、设计流量计算和水力计算等内容。

9.3.2　雨量分析及暴雨强度公式

1. 雨量分析

（1）降雨量。

降雨量是指在一定时间内,单位地面面积上降雨的雨水体积,其计量单位为"体积/(时间·面积)"。由于体积除以面积等于长度,所以降雨量的单位又可以采用"长度/时间"表示,这样表示的降雨量又称为单位时间内的降雨深度。按时间范围不同,降雨量统计数据的计量方式有以下几种。

① 年平均降雨量：指多年观测的各年降雨量的平均值，计量单位为 mm/年。

② 月平均降雨量：指多年观测的各月降雨量的平均值，计量单位为 mm/月。

③ 最大日降雨量：指多年观测的各年中降雨量最大一日的降雨量，计量单位为 mm/天。

降雨量可用专用的雨量计（自记雨量计）测得，自记雨量计记录示例如图 9.6 所示。自记雨量计测得的数据一般是每场雨的降雨时间和累计降雨量之间的对应关系。以降雨时间为横坐标、累计降雨量为纵坐标绘制的曲线称为降雨量累计曲线，如图 9.7 所示。

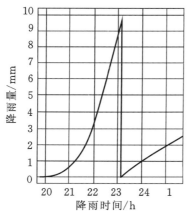

图 9.6 自记雨量计记录示例

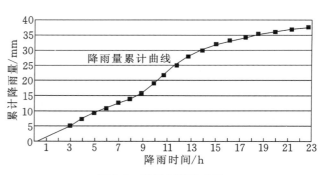

图 9.7 降雨量累计曲线

（2）降雨历时。

降雨历时指的是连续降雨时间，可指一场雨的全部降雨时间，也可指全部降雨时间中的任一连续降雨时段，用 t 表示，其计量单位为 min 或 h。

（3）降雨强度与暴雨强度。

降雨强度是指某一连续降雨时段内的平均降雨量，即单位时间内的平均降雨深度，用 i 表示，其计量单位为 mm/min 或 mm/h，其计算公式见式（9.13）。

$$i = \frac{H}{t} \tag{9.13}$$

式中：i 为降雨强度，mm/min；H 为降雨量，mm；t 为降雨历时，min。

工程设计中考虑的降雨多为暴雨性质，所以常用暴雨强度表示降雨强度。暴雨强度常用单位时间内单位面积上的降雨量 q 表示，计量单位为 L/(s·hm²)。在实际计算中，通常将用降雨深度表示的降雨强度 i 折算为用体积表示的暴雨强度 q，其折算公式见式（9.14）。

$$q=\frac{10000\times1000i}{1000\times60}\approx167i \tag{9.14}$$

式中：q 为暴雨强度，L/(s·hm²)；i 为降雨强度，mm/min。

　　降雨强度是反映降雨状态的重要指标，降雨强度越大，雨势越猛。通常，24 h 降雨量超过 50 mm 或 1 h 降雨量超过 16 mm 的降雨都称为暴雨，对雨水管道设计具有意义的是降雨量最大的那个时段的降雨量。因此，当降雨量一定时，若所取降雨历时较长，则对应的暴雨强度将小于短降雨历时对应的暴雨强度。

　　（4）降雨面积与汇水面积。

　　降雨面积指的是降雨所笼罩的面积，即接受雨水的地面面积。汇水面积指的是雨水管道汇集和排出雨水的面积，是降雨面积的一部分。降雨面积和汇水面积均可用 F 表示，单位为 hm² 或 km²。

　　（5）暴雨强度的频率和重现期。

　　暴雨强度的频率指的是观测年限内，某种强度的暴雨和大于该强度的暴雨出现的次数占观测年限内降雨总次数的百分数，计算公式见式（9.15）。

$$P_n=\frac{m}{n}\times100\% \tag{9.15}$$

式中：P_n 为暴雨强度的频率；m 为观测年限内某种强度的暴雨和大于该强度的暴雨出现的次数；n 为观测年限内降雨总次数。

　　由式（9.15）可知，频率小的暴雨强度出现的可能性小，反之则大。

　　暴雨强度的重现期指的是某种强度的暴雨和大于该强度的暴雨重复出现的时间间隔。在工程设计中，常用重现期来代替频率。暴雨强度的重现期通常用 P 表示，单位为年，计算公式见式（9.16）。

$$P=\frac{N}{m} \tag{9.16}$$

式中：P 为暴雨强度的重现期，年；N 为观测年限，年；m 为观测年限内某种强度的暴雨和大于该强度的暴雨出现的次数。

2. 暴雨强度公式

　　暴雨强度公式是反映设计暴雨强度、降雨历时、设计重现期这三者之间关系的数学表达式。根据《室外排水设计标准》（GB 50014—2021）中的规定，我国采用的暴雨强度公式见式（9.17）。

$$q=\frac{167A_1(1+C\lg P)}{(t+b)^n} \tag{9.17}$$

式中：q 为设计暴雨强度，L/(s·hm²)；P 为设计重现期，年；t 为降雨历时，min；A_1，C，

b,n 为地方参数(待定参数),根据统计方法进行计算确定。

具有 20 年以上自记雨量记录的地区,排水系统设计暴雨强度公式应采用年最大值法,并应按《室外排水设计标准》(GB 50014—2021)附录 B 的规定编制。

9.3.3　雨水管道的设计流量

降落在地面上的雨水,并非全部经雨水管道排出,一部分会渗透到地下,一部分会蒸发,还有一部分会滞留在地势低洼处,剩下的雨水才会进入附近的雨水口。因此,掌握降雨情况后,还要根据环境、地势等具体条件确定雨水管道的设计流量(简称雨水设计流量),这也是雨水管道设计中的重要内容。

城区和工业企业区的雨水管道属于小汇水面积上的排水构筑物,其雨水设计流量的计算公式见式(9.18)。

$$Q = \psi q F \tag{9.18}$$

式中:Q 为雨水设计流量,L/s;ψ 为径流系数,即径流量和降雨量的比值,其值小于 1;q 为设计暴雨强度,L/(s·hm²);F 为汇水面积,hm²。

在计算雨水设计流量时,要从确定汇水面积、确定径流系数、确定设计暴雨强度、计算雨水管段设计流量、计算单位面积径流量这几部分完成。

1. 确定汇水面积

确定汇水面积时,应结合雨水管道布置情况和地形坡度划定每个设计管段的汇水面积。地形平坦时,按就近排入附近雨水管道的原则划分;地形坡度较大时,应按地面雨水径流的水流方向划分。划分后,应对每块汇水面积进行编号并计算面积值。

雨水管道汇水面积与污水管道汇水面积不同,除街区的面积外,还要计入道路、绿地的面积。

2. 确定径流系数

雨水降落到地面之后,形成地表径流的那部分雨水量称为径流量。径流量与降雨量的比值称为径流系数,其计算公式见式(9.19)。

$$\psi = \frac{径流量}{降雨量} \tag{9.19}$$

影响径流系数的因素有很多,如汇水面积上的地面覆盖情况、建筑物的密度与分布、地形、地貌、地面坡度、降雨强度、降雨历时等。其中,主要的影响因素是汇水面积上的地面覆盖情况和降雨强度。

目前,在设计计算中,通常根据地面种类按经验来确定径流系数,具体可参考《室外排水设计标准》(GB 50014—2021)中的规定,如表 9.7 所示。

表 9.7　不同地面的径流系数

地面种类	径流系数
各种屋面、混凝土或沥青路面	0.85～0.95
大块石铺砌路面或沥青表面各种的碎石路面	0.55～0.65
级配碎石路面	0.40～0.50
干砌砖石或碎石路面	0.35～0.40
非铺砌土路面	0.25～0.35
公园或绿地	0.10～0.20

以上所讲为单一种类地面的径流系数,在实际情况中,汇水面积常由各种不同的地面面积组成,随着不同地面占有面积的变化,径流系数也会发生变化。对于由多种地面面积组成的整块汇水面积,其径流系数可按其组成中的各单一种类地面面积用加权平均法计算而得,这一径流系数称为平均径流系数,常用 ψ_{av} 表示,计算公式见式(9.20)。

$$\psi_{av} = \frac{\sum (F_i \psi_i)}{F} \qquad (9.20)$$

式中:ψ_{av} 为汇水面积上的平均径流系数;F_i 为汇水面积上各单一种类地面的面积,hm^2;ψ_i 为各单一种类地面对应的径流系数;F 为总汇水面积,hm^2。

在实践中,汇总地面种类及各类地面的面积存在一定的困难,在计算工作量很大或无法得到准确数据的情况下,可采用区域综合径流系数,具体如表 9.8 所示。

表 9.8　区域综合径流系数

区域情况	综合径流系数
城镇建筑密集区	0.60～0.70
城镇建筑较密集区	0.45～0.60
城镇建筑稀疏区	0.20～0.45

3. 确定设计暴雨强度

设计暴雨强度 q 与设计重现期 P 以及降雨历时 t 有关,在公式中只要确定这二者的值,就可由暴雨强度公式求得设计暴雨强度值。

(1) 确定设计重现期。

在设计计算中,若采用较大的设计重现期,则所得雨水设计流量就越大,雨水管道的设计断面尺寸也要相应增大,以保证排水通畅,这样一来,管道对应的汇水面积上积水的可能性会减少,但工程造价会增加。

根据《室外排水设计标准》(GB 50014—2021)的规定,雨水管道的设计重现期应根据汇水地区性质、城镇类型、地形特点和气候特征等因素,经技术经济比较后按表 9.9 取值。

表 9.9　雨水管道的设计重现期　　　　　　　　　　　　　　(单位:年)

城 镇 类 型	城 区 类 型			
	中心城区	非中心城区	中心城区的重要地区	中心城区地下通道和下沉式广场等
超大城市和特大城市	3～5	2～3	5～10	30～50
大城市	2～5	2～3	5～10	20～30
中等城市和小城市	2～3	2～3	3～5	10～20

注:①按表中所列重现期设计暴雨强度公式时,均采用年最大法。

② 雨水管道应按重力流、满流计算。

③ 超大城市指城区常住人口为 1000 万以上的城市;特大城市指城区常住人口为 500 万以上 1000 万以下的城市;大城市指城区常住人口为 100 万以上 500 万以下的城市;中等城市指城区常住人口为 50 万以上 100 万以下的城市;小城市指城区常住人口为 50 万以下的城市(以上包括本数,以下不包括本数)。

人口密集、易发内涝且经济条件较好的城镇,宜采用规定值的上限。

新建地区应按规定的设计重现期执行,既有地区应结合海绵城市建设、地区改建、道路建设等校核、更新雨水系统,并按规定设计重现期执行。

同一排水系统可采用不同的设计重现期。

中心城区下穿立交道路的雨水管渠设计重现期应按表 9.9 中"中心城区地下通道和下沉式广场等"的规定执行,非中心城区下穿立交道路的雨水管渠设计重现期不应小于 10 年,高架道路雨水管渠设计重现期不应小于 5 年。

(2)确定降雨历时。

根据《室外排水设计标准》(GB 50014—2021)的规定,雨水管道的降雨历时计算公式见式(9.21)。

$$t = t_1 + t_2 \qquad (9.21)$$

式中:t 为降雨历时,min;t_1 为地面集水时间,min;t_2 为管道内雨水流行时间,min。

① 确定地面集水时间。

地面集水时间 t_1 是指雨水从汇水面积上最远点流到第 1 个雨水口的地面雨水流行时间,应根据汇水距离、地形坡度和地面种类计算确定。在实际应用中,要准确地确定地面集水时间较为困难,故通常不予计算,而采用经验数值。根据《室外排水设计标准》(GB 50014—2021)的规定,地面集水时间一般采用 5～15 min。

根据经验,在汇水面积较小、地形较陡、建筑密度较大、雨水口分布较密的地区,宜采用较小的值,如 5~8 min;而在汇水面积较大、地形较平坦、建筑密度较小、雨水口分布稀疏的地区,宜采用较大的值,如 10~15 min。

② 确定管道内雨水流行时间。

管道内雨水流行时间 t_2 是指雨水在管道内从第一个雨水口流到设计断面的时间。它与雨水在管内流经的距离及管内雨水的流行速度有关,计算公式见式(9.22)。

$$t_2 = \sum \frac{L}{60v} \tag{9.22}$$

式中:t_2 为管道内雨水流行时间,min;L 为各设计管段的长度,m;v 为各设计管段满流时的流速,m/s。

综上所述,当设计重现期 P、地面集水时间 t_1、管道内雨水流行时间 t_2 均确定后,雨水管道的设计暴雨强度公式及设计流量公式可分别写为式(9.23)和式(9.24)。

$$q = \frac{167A_1(1+C\lg P)}{(t_1+t_2+b)^n} \tag{9.23}$$

$$Q = \frac{167A_1(1+C\lg P)}{(t_1+t_2+b)^n}\psi F \tag{9.24}$$

式中:符号意义同前。

4. 计算雨水管段设计流量

图 9.8 为某城区设计管段汇流示意图。图中Ⅰ、Ⅱ、Ⅲ分别为毗邻的三个街区,1、2、3 分别为距离街区Ⅰ、Ⅱ、Ⅲ最近的雨水口,4 为设计断面位置。1 与 2 之间为管段 1—2,2 与 3 之间为管段 2—3,3 与 4 之间为管段 3—4,这里以此为例介绍雨水管段设计流量的计算方法。

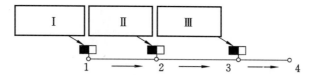

图 9.8　某城区设计管段汇流示意图

为便于求得各设计管段相应的雨水设计流量,先做出以下几点假设。

① 汇水面积随降雨历时的增加而均匀增加。

② 降雨历时大于或等于汇水面积最远点的雨水流到设计断面的集流时间。

③ 地面坡度的变化是均匀的,径流系数 ψ 为定值,且 $\psi=1$。

管段 1—2 收集的是街区Ⅰ的雨水,其设计流量见式(9.25)。

$$Q_{1-2} = F_{\text{I}} q_{1-2} \tag{9.25}$$

式中：Q_{1-2} 为管段 1—2 的设计流量，L/s；F_I 为街区 I 的汇水面积，hm^2；q_{1-2} 为管段 1—2 的设计暴雨强度，$L/(s \cdot hm^2)$。

管段 2—3 收集的是管段 1—2 和街区 II 流来的雨水，即街区 I 和街区 II 的雨水均流到了管段 2—3 中，因此管段 2—3 的设计流量见式（9.26）。

$$Q_{2-3} = (F_I + F_{II})q_{2-3} \tag{9.26}$$

式中：Q_{2-3} 为管段 2—3 的设计流量，L/s；F_I 为街区 I 的汇水面积，hm^2；F_{II} 为街区 II 的汇水面积，hm^2；q_{2-3} 为管段 2—3 的设计暴雨强度，$L/(s \cdot hm^2)$。

同理可求得管段 3—4 的设计流量见式（9.27）。

$$Q_{3-4} = (F_I + F_{II} + F_{III})q_{3-4} \tag{9.27}$$

式中：Q_{3-4} 为管段 3—4 的设计流量，L/s；F_I 为街区 I 的汇水面积，hm^2；F_{II} 为街区 II 的汇水面积，hm^2；F_{III} 为街区 III 的汇水面积，hm^2；q_{3-4} 为管段 3—4 的设计暴雨强度，$L/(s \cdot hm^2)$。

由上述内容可知，各设计管段的雨水设计流量等于该管段所承担的全部汇水面积和该管段设计暴雨强度的乘积。由于各设计管段的集水时间不同，所以各管段的设计暴雨强度是不同的。

5. 计算单位面积径流量

单位面积径流量 q_0 是暴雨强度 q 与径流系数 ψ 的乘积，见式（9.28）。

$$q_0 = \psi q = \psi \frac{167A_1(1 + C\lg P)}{(t_1 + t_2 + b)^n} \tag{9.28}$$

式中：q_0 为单位面积径流量，$L/(s \cdot hm^2)$；ψ 为径流系数；其余符号意义同前。

对于某一具体工程来说，式（9.28）中的 P，t_1，ψ，A_1，b，C，n 均为已知数，因此，只要求出各设计管段内的雨水流行时间 t_2，即可求出相应设计管段的 q_0 值，则相应的雨水设计流量 $Q = q_0 F$。

9.3.4 雨水管道的水力计算

1. 雨水管道水力参数的相关规定

为保证雨水管道的正常工作，避免发生淤积和冲刷等现象，雨水管道水力计算的各项参数应符合如下规定。

（1）设计充满度。

① 雨水中主要含有泥沙等无机物，较污水清洁，而且暴雨径流量大，对于设计重现期较大的暴雨强度，其降雨历时一般不会很长。因此，雨水管道的充满度应按满流设计，即 $h/D = 1$。

② 明渠超高不得小于 0.2 m。

③ 街道边沟应有大于或等于 0.03 m 的超高。

（2）设计流速。

为了防止雨水中的泥沙沉积,设计流速应高一些。《室外排水设计标准》(GB 50014—2021)规定:雨水管道的最小设计流速为 0.75 m/s,若为明渠,最小设计流速可采用 0.4 m/s。最大设计流速可参考污水管道的最大设计流速。

雨水管道的实际设计流速应在最小设计流速与最大设计流速之间。

（3）最小管径和最小设计坡度。

为了保证管道养护的便利性,防止管道发生阻塞,雨水管道的最小管径为 300 mm,相应的最小设计坡度为 0.003;雨水口连接管的最小管径为 200 mm,相应的最小设计坡度为 0.01。

2. 雨水管道的水力计算

雨水管道的水力计算仍按匀流考虑,其计算公式与污水管道的计算公式相同,但要按满流计算,即 $h/D=1$。

雨水管道通常选用混凝土管或钢筋混凝土管,其粗糙系数 n 一般采用 0.013。设计流量 Q 是经过计算后求得的已知数,因此只有管径 D、设计流速 v 和设计坡度 I 是未知的。

在实际应用中,可参考地面坡度假定设计坡度,并根据设计流量值,从水力计算图或水力计算表中求得 D 和 v 的值,并确保 I 与所得的 D 和 v 的值符合水力计算基本参数的规定,再进行后续计算。

9.3.5　雨水径流调节

因为雨水设计流量中包含了降雨高峰时段的雨水径流量,其值往往很大。随着城市的发展,不透水地面的面积会增加,这会使雨水的径流量增大,从而导致雨水设计流量增大,管道的断面尺寸也要随之增大,这会使管道工程的造价增高。

因此,通过各种方法调节雨水径流,可减小下游管道的高峰雨水流量,进而可以减小下游管道断面尺寸,降低工程造价。

1. 雨水径流调节方法

雨水径流的调节方法主要是蓄洪,蓄洪除了可以解决原有管道不能满足排水需求的问题,还可以利用蓄存的雨水为缺水地区供水。蓄洪方法主要有管道容积调洪法和调节池蓄洪法。

（1）管道容积调洪法。

管道容积调洪法是利用管道本身的空隙容量调节最大流量蓄洪的方法,适用于地形坡度较小的地区。但它的调洪能力有限,如果一味加大排水管径,虽然可以排出降雨高峰期的雨水,但也会增高工程造价,所以此方法较少被采用。

(2)调节池蓄洪法。

调节池蓄洪法是在雨水管道系统上设置人工调节池,把雨水径流的高峰雨水流量暂存其内,待高峰流量下降至设计流量后,再将储存在调节池内的水慢慢排出。此方法具有如下特点:①蓄洪能力强;②可有效调节雨水径流,从而使下游的管道断面尺寸减小,降低管道工程造价;③在国内外工程实践中已得到广泛的应用。

因此,接下来重点介绍调节池。

2. 调节池设置位置

在下列情况下设置调节池,通常可以取得良好的技术经济效果。

(1)城市距离水体较远,需长距离输水时,设置调节池效果较好。

(2)需设置雨水泵站排出雨水时,可在泵站前设置调节池。

(3)城市附近有天然洼地、池塘、公园、水池等,可将这些地区设为调节池,这样既可调节径流,又可补充水体景观,美化城市。

(4)在雨水干管的中游或大流量交汇处设置调节池,可降低下游各管段的设计流量。

(5)处于发展或分期建设中的城区,设置调节池可解决原有雨水管道排水能力不足的问题。

(6)在干旱地区,设置调节池可用于蓄洪养殖和灌溉。

调节池的设置位置对于雨水管道的造价及使用效果有重要影响,同样容积的调节池,其设置位置不同,经济效益和使用效果也会有明显的差别。

3. 调节池形式

(1)溢流堰式调节池。

溢流堰式调节池构造如图9.9所示。它一般设置在干管一侧,有进水管和出水管。进水管较高,管顶一般与池内最高水位相平;出水管较低,管底一般与池内最低水位相平。

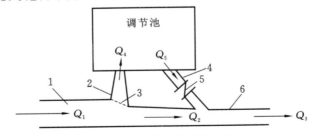

图9.9 溢流堰式调节池构造

注:1—调节池上游干管;2—进水管;3—溢流堰;4—出水管;5—止回阀;6—调节池下游干管;

Q_1—调节池上游雨水干管流量;Q_2—不进入调节池的超越流量;Q_3—调节池下游雨水干管的流量;

Q_4—调节池进水流量;Q_5—调节池出水流量

其工作原理如下。

① 刚开始雨水流量小，$Q_1 \leqslant Q_2$，雨水流量不进入调节池而直接排入下游干管。

② 当雨水流量增大，$Q_1 > Q_2$ 时，将有 $Q_4 = (Q_1 - Q_2)$ 通过进水管进入调节池，调节池中水位逐渐升高，当调节池中的水量达到最低出水水位时，调节池开始出水，出水流量为 Q_5。

③ 出水起始阶段 $Q_4 > Q_5$，调节池中的水位会不断上升。

④ 当 $Q_4 = Q_5$ 时，调节池中水位达到最大，不再上升，此时 Q_5 达到最大。

⑤ 当 Q_1 开始减小时，Q_4 也不断减小，$Q_4 < Q_5$，调节池中的水会不断排出，直至排空。

这种调节池适用于地形坡度较大的地段。

（2）流槽式调节池。

流槽式调节池构造如图 9.10 所示。

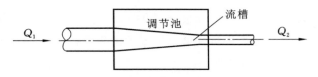

图 9.10 流槽式调节池构造

注：Q_1—调节池上游雨水干管流量；Q_2—调节池下游雨水干管流量

其工作原理如下。

① 当 $Q_1 \leqslant Q_2$ 时，雨水经池底流槽全部流入下游雨水干管，池内流槽深度等于下游干管的直径。

② 当 $Q_1 > Q_2$ 时，雨水不能及时全部排出，当雨水在调节池内淹没流槽时，调节池开始蓄水。

③ 当 Q_1 达到最大值时，池内水位和流量也达到最大。

④ 随后 Q_1 减小，调节池内的蓄水开始经下游干管排出。

⑤ 当 $Q_1 < Q_2$ 时，池内水位才逐渐下降，直到排空为止。

这种调节池适用于地形坡度较小而管道埋深较大的地区。

9.3.6 城市防洪设计

1. 防洪设计原则

防洪设计的主要任务是防止暴雨形成巨大的地面径流而产生严重危害。在进行防洪设计时应遵循以下原则。

（1）应符合城市和工业企业的总体规划。防洪设计的规模、范围和布局都必须根据城市和工业企业的工程规划制定。

（2）应使近远期建设有机结合。因防洪工程的建设费用较大，建设周期较长，因此，要做出分期建设的安排，这既能节省初期投资，又能及早发挥工程设施的效益。

（3）应从实际出发，充分利用原有防洪、泄洪、蓄洪设施，在此基础上进行设计或改造。

（4）应尽量采用分洪、截洪、排洪相结合的方式。

（5）应尽可能与农业生产（如水土保持、植树、农田灌溉等）相结合，这样既能确保城市安全，又有利于农田的水利建设。

2. 防洪标准

进行防洪设计时，需要根据该工程的性质、范围以及重要性等因素，选定某一降雨频率作为计算洪峰流量的标准，此标准称为防洪标准。在实际工程中，一般用暴雨强度重现期衡量防洪标准的高低，重现期越大，则防洪标准越高，即洪峰流量越大，对应的防洪规模也越大；反之，重现期越小，则防洪标准越低，即洪峰流量越小，对应的防洪规模也越小。

在确定防洪标准时，应分析受洪水威胁地区的洪水特征、地形条件，以及河流、堤防、道路或其他地物的分隔作用，可以将地区分为几个部分单独进行防护时，应划分出独立的防洪保护区，各个防洪保护区的防洪标准应分别确定。

根据我国《防洪标准》（GB 50201—2014）的规定，城市防护区应根据政治与经济地位的重要性、常住人口、当量经济规模分为 4 个防护等级，防护等级和防洪标准应按表 9.10 确定。

表 9.10　城市防护区的防护等级和防洪标准

防护等级	重要等级	常住人口/万人	当量经济规模/万人	防洪标准（重现期/年）
Ⅰ	特别重要	≥150	≥300	≥200
Ⅱ	重要	50～150	100～300	100～200
Ⅲ	比较重要	20～50	40～100	50～100
Ⅳ	一般	<20	<40	20～50

3. 设计洪峰流量计算

设计洪峰流量指的是相应于防洪设计标准的洪水流量。计算设计洪峰流量的方法较多，目前我国常用的计算方法有地区经验公式法、推理公式法和洪水调查法三种。

（1）地区经验公式法。

在缺乏水文资料的地区，洪峰流量的计算可采用以流域面积 F 为参数的一般地区经验公式:公路科学研究所的经验公式和水利科学院水文研究所的经验公式。

① 公路科学研究所的经验公式。

当没有暴雨资料,汇水面积小于 10 km² 时,计算公式见式(9.29)。

$$Q_p = K_p \cdot F^m \tag{9.29}$$

式中:Q_p 为设计洪峰流量,m³/s;K_p 为随地区及洪水频率而变化的流量模数;F 为流域面积,km²;m 为随地区及洪水频率而定的面积指数。

② 水利科学院水文研究所的经验公式。

在可对洪水进行一定程度调查的情况下,当汇水面积小于 100 km² 时,公式见式(9.30)。

$$Q_p = K_p \cdot F^{\frac{2}{3}} \tag{9.30}$$

式中:符号意义同前。其中,K_p 值除可通过调查、实测取得之外,还可以根据地形条件选用相应的数值。

(2)推理公式法。

我国水利科学院水文研究所提出的推理公式已得到广泛应用,见式(9.31)。

$$Q = 0.278F \frac{\psi \cdot S}{\tau^n} \tag{9.31}$$

式中:Q 为设计洪峰流量,m³/s;F 为流域面积,km²;ψ 为径流系数;S 为暴雨雨力,即与设计重现期相应的最大 1 h 降雨量,mm/h;τ 为流域的集流时间,h;n 为暴雨强度衰减指数。

用该公式求设计洪峰流量时,需要较多的基础资料,计算过程也较为烦琐。此公式在流域面积为 40~50 km² 时,适用度较高。

(3)洪水调查法。

洪水调查是指对河流、山溪在历史上出现的特大洪水流量的调查和推算。调查工作主要包括以下方面。

① 查阅历史上洪水的概况及洪水痕迹标高。

② 调查访问在河道附近世代久居的群众。

③ 在以上两点的基础上,还应沿河道两岸进行实地勘探,寻找和判断洪水痕迹,推导出洪水位出现的频率,选择和测量河道的过水断面及其他特征值,之后再通过流速和流量相关的公式进行计算。

对于上述三种方法,应特别重视洪水调查法,最好在此方法的基础上,结合其他方法进行洪峰流量计算。

4. 排洪沟设计要点

排洪沟是应用较为广泛的一种防洪、排洪工程设施,特别是山区城市和工业区应用更多。

（1）结合城区总体规划。

排洪沟的布置应与城区和工业企业的总体规划相结合,应尽量设在靠山坡一侧,不应穿绕建筑群,应避免穿越铁路、公路,并减少与建筑物的交叉,以免水流不通畅,造成"小水淤、大水冲"。

（2）尽可能利用原有山洪沟。

原有山洪沟多是山洪多年冲刷形成的自然冲沟,其形状、底床都比较稳定,设计时应尽可能利用它们作为排洪沟。当原有山洪沟的沟道不满足设计要求时,可进行必要的整修,但不宜大改,尽可能不改变沟道原本的水利条件。

（3）合理选址。

排洪沟宜选在地形平稳、地质较稳定的地带,这样可以防止坍塌,还可减少工程量。选址时还要注意保护农田水利工程,以不占或少占农田为宜。

（4）利用自然地形坡度。

要充分利用自然地形坡度,使洪水能尽快排入水体。一般情况下,排水沟上不设中途泵站。另外,当地形坡度较大时,排洪沟宜布置在汇水面积的中央,以扩大汇流范围。

（5）明渠、暗渠的选择。

排洪沟最好采用明渠,但当其穿过市区或厂区时,由于建筑密度较高,交通量大,可采用暗渠。

（6）排洪沟平面布置的基本要求。

① 进口段。

为使洪水能顺利进入排洪沟,应根据地形、地质及水力条件合理选择进口段的形式。常用的进口段形式有以下两种。

a. 排洪沟直插入山洪沟,接点高程为原山洪沟的高程,适用于排洪沟与山洪沟夹角较小的情况以及高速排洪沟。

b. 将进口设计为侧流堰形式,将截流坝的顶面做成侧流堰渠与排洪沟直接相连,适用于排洪沟与山洪沟夹角较大且进口高程高于原山洪沟沟底高程的情况。

在进口段上游一定范围内通常要进行必要的整修,以使其衔接良好,水流通畅,具有较好的水利条件。为防止洪水冲刷,进口段应选择在地形和地质条件良好的地段。

② 出口段。

a. 排洪沟出口段应避免水流冲刷排放地点的岸坡,因此出口段应选在地质条件良好的地段,并采取护砌措施。

b. 出口段宜设渐变段,逐渐增加宽度,以减小单宽流量,降低流速;或采用消能、加固等措施。

c. 出口标高应设在相应的排洪设计重现期的河流洪水位以上,但一般会设在河流常水位以上。

③ 连接段。

a. 当排洪沟受地形限制,无法布置成直线走向时,应保证转弯处有良好的水利条件,不应使弯道处受到冲刷。

b. 排洪沟的宽度发生变化时,应设置渐变段。

c. 排洪沟穿越道路时应设桥涵,涵洞的断面尺寸应通过计算确定,并应考虑养护的方便性。

(7) 排洪沟纵坡的确定。

排洪沟的纵坡应根据地形、地质、护砌、原有排洪沟坡度以及冲淤情况等条件确定,坡度一般不小于 0.01。设计纵坡时,要使沟内水流速度均匀增加,以防沟内产生淤积。当纵坡坡度很大时,应考虑设置跌水槽或陡槽,但不得将其设在转弯处。

(8) 排洪沟断面形式、材料的选择。

排洪沟的断面形式常为矩形或梯形。材料及加固形式应根据沟内最大流速、地形及地质条件、当地材料供应情况确定。排洪沟一般用片石、块石铺砌,不宜采用土明沟。

(9) 排洪沟设计流速的确定。

为了不使排洪沟沟底产生淤积,最小设计流速一般不小于 0.4 m/s,为了防止山洪对排洪沟造成冲刷,宜根据不同铺砌方式的加固形式来确定其最大设计流速。

(10) 排洪沟水力计算。

排洪沟的水力计算仍采用匀流公式,在计算时常遇到下列几种情况。

① 已知设计流量、渠底坡度,计算渠道断面尺寸。

② 已知设计流量或流速、渠道断面尺寸及粗糙系数,计算渠底坡度。

③ 已知渠道断面尺寸、粗糙系数及渠底坡度,计算渠道的输水能力。

9.4　合流制管渠系统设计

9.4.1　合流制管渠系统概述

1. 合流制管渠系统及其特点

合流制管渠系统是在同一管渠内排除生活污水、工业废水及雨水的系统,是早期排水系统的主要形式,而且目前许多国家仍在大量沿用,因此是排水系统的重要内容。

合流制管渠系统分为直排式和截流式,前者收集的污水未经任何处理直接排放地表水体,导致污染严重,因此,多通过临河增设溢流井(或称截流井)和截流干管的方式改造为截流式合流制管渠系统。

在晴天,系统中只有生活污水和工业废水,水量小,截流干管将全部生活污水和工业废水输送至污水厂处理。在雨天,雨水径流量较小时,截流干管将生活污水、工业废水和雨水的混合污水输送至污水处理厂;随着雨水径流量继续增加,当混合污水量超过截流干管的设计输水能力时,截流干管的输水量达到最大,剩余的混合污水溢流(combined sewer overflow,CSO)进入地表水体。随着降雨时间的延长,由于降雨强度的减弱,CSO量又重新降低到小于或等于截流干管的设计输水能力,溢流停止。

与污水管道系统相比,合流制管渠系统可使所有服务面积上的生活污水、工业废水和雨水汇入同一套管渠,并能以最短距离流向水体,因此,排除服务区域内相同规模的污水时,合流制管渠具有较小的长度和较大的管径(由于合流制管渠必须输送雨水)。这意味着在旱季,当污水流量较小时,合流制管渠(与污水管道相比)具有较小的水深。

从环境保护角度来看,CSO一般比雨水脏,因此,溢流井的数量宜少,且位置应尽可能设置在水体的下游。从经济角度来看,多设溢流井可降低截流干管下游的流量及尺寸,但是,溢流井过多,会增加溢流井和排水管渠的造价,在溢流井离水体较远、施工条件困难时更是如此。

因此,在合流制管渠系统中,溢流井的设置非常重要。

2. 合流制管渠系统的使用条件

一般说来,以下情形可考虑采用合流制管渠系统。

(1)降雨量少的干旱地区可采用合流制管渠系统。

(2)排水区域内有一处或多处水源充沛的水体,其流量和流速都足够大,CSO排入后对水体造成的污染危害程度在允许的范围内时,可采用合流制管渠系统。

(3)街坊和街道的建设比较完善,必须采用暗管渠排除雨水,而街道横断面又较窄,管渠的设置在空间受到限制时,可采用合流制管渠系统。

也就是说,首先应保证水体所受的污染程度在允许范围内,才可根据当地城市建设及地形条件合理地选用合流制管渠系统。

3. 合流制管渠系统的设计内容

通常,合流制管渠系统的设计内容包括以下方面。

(1)划分排水流域,进行管渠定线。

(2)确定溢流井(或称截流井)的数量和位置,以及相关设计参数(截流倍数、暴雨强度公式等)。

(3)确定设计流量,包括溢流井上游和下游截流管渠的流量、溢流的流量。

（4）水力计算，最终确定设计管段的断面尺寸、坡度、管底标高及埋深。

（5）溢流井的水力计算，确定溢流井的结构尺寸。

（6）晴天旱流流量的校核。

（7）绘制管渠平面图及纵剖面图。

9.4.2　截流式合流制管渠系统设计流量的确定

图 9.11 为某截流式合流制管渠系统示意图，因溢流井的设置，CSO 进入地表水，并非所有的流量都转输到下游管渠，故溢流井上游和下游管渠流量的确定是不同的。

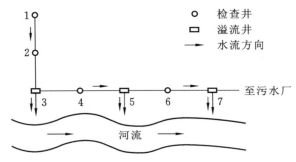

图 9.11　截流式合流制管渠系统示意图

1. 第一个溢流井上游管渠的设计流量

设计管段的设计流量包括本段流量和转输流量，合流制管渠系统与分流制管渠系统的区别在于，无论是本段流量还是转输流量，前者都分别包括生活污水、工业废水和雨水 3 种水的流量。

第一个溢流井上游，管渠（1—2 管段）的设计流量 Q 为综合生活污水的平均日流量（$\overline{Q}_d$）、工业废水平均日流量（$\overline{Q}_m$）与雨水设计流量（Q_r）之和，见式（9.32）。

$$Q = \overline{Q}_d + \overline{Q}_m + Q_r \tag{9.32}$$

式（9.32）中生活污水和工业废水均采用平均日流量，而不是最高日最高时的设计流量，其原因是在计算合流污水设计流量中，生活污水、工业废水与雨水流量最大值同时发生的可能性很小。

在式（9.32）中，$\overline{Q}_d + \overline{Q}_m$ 为晴天的设计流量，又称旱流流量 Q_{dr}。与雨水流量 Q_r 相比，该值相对较小，因此按该式中的 Q 计算所得的管径、坡度和流速，应该用旱流流量 Q_{dr} 进行校核，检查管道在输送旱流流量时是否满足不淤的最小流速要求。

在实际水力计算过程中，当旱流流量比雨水设计流量小很多，例如小于雨水设计流量的 5％时，旱流流量一般可以忽略不计，因为它的加入与否往往不影响管径和管道坡度的确定。

2. 溢流井下游管渠的设计流量

合流制排水管渠在截流干管上设置了溢流井后,对截流干管的水流情况影响很大。不从溢流井泄出的雨水量,通常按旱流流量 Q_{dr} 的指定倍数计算,该指定倍数称为截流倍数,即当溢流井内的水流刚达到溢流状态时,转输的雨水量与旱流流量的比值,用 n_0 表示。因此,当流经溢流井的雨水流量超过 $n_0 Q_{dr}$ 时,则超出流量的混合污水排至地表水体;也就是说,从溢流井转输至下游管渠的流量始终恒定,数值为 $(n_0+1)Q_{dr}$。

这样,与溢流井上游管渠的设计流量的区别在于,下游管渠的设计流量还应加上溢流井转输的流量 $(n_0+1)Q_{dr}$。以 3—4 管段为例,设计流量见式(9.33)。

$$Q' = \overline{Q'_d} + \overline{Q'_m} + Q'_r + (n+1)Q_{dr} \tag{9.33}$$

式中:Q' 为溢流井下游管渠的设计流量,L/s;$\overline{Q'_d}$ 为溢流井下游管渠的生活污水平均日流量,L/s;$\overline{Q'_m}$ 为溢流井下游管渠的工业废水平均日流量,L/s;Q'_r 为溢流井下游管渠的雨水设计流量,L/s;Q_{dr} 为溢流井上游管渠的旱流流量,L/s;n_0 为截流倍数。

综上,合流制管渠系统第一个溢流井之前,设计管段的设计流量包括本段流量和转输流量,二者又分别包括生活污水、工业废水和雨水 3 种流量,其中生活污水和工业废水均采用平均日流量进行计算。

溢流井转输至截流干管的流量为定值 $(n_0+1)Q_{dr}$,即本溢流井之前设计管段旱流总流量的 n_0+1 倍,超出该流量的 CSO 排至地表水体。

溢流井之后,按新的设计管段确定设计流量,在本段流量和转输流量(分别包括生活污水、工业废水和雨水流量)的基础上,再与溢流井转输的流量 $(n_0+1)Q_{dr}$ 求和。

9.4.3　合流制管渠系统的水力计算要点

合流制管渠按满流设计。水力计算的设计数据,包括设计流速、最小坡度和最小管径等,基本和雨水管渠的相同。

1. 溢流井上游合流管渠的计算

溢流井上游合流管渠的计算与雨水管渠基本相同,区别是它的设计流量包括雨水、生活污水和工业废水 3 部分。合流管渠的雨水设计重现期一般应适当提高,有的专家认为可比雨水管渠高 $10\%\sim25\%$。因为虽然旱流流量从检查井溢出的可能性不大,但 CSO 比雨水溢出造成的损失要大。因此,合流管渠的设计重现期和允许的积水程度都须从严掌握。

2. 截流干管和溢流井的计算

对于截流干管和溢流井的计算,主要是要合理确定截流倍数 n_0,据此可确定截流干管的设计流量和溢流井溢出的流量,然后进行截流干管和溢流井的水力计算。根据《室外排水设计标准》(GB 50014—2021)，n_0 宜采用 2～5。工程实践中，我国多数城市采用 $n_0=3$。

3. 晴天旱流情况校核

晴天旱流流量校核的目的是使管渠满足最小流速的要求，当不能满足时，可修改设计管段的管径和坡度。应当指出，由于合流管渠中旱流流量较小，特别是在上游管段，旱流校核时往往不易满足最小流速要求，此时可在管渠底设低流槽以保证旱流时的流速，或者加强养护管理，利用雨天流量冲洗管渠，以防淤积。

9.4.4　合流制管渠系统的改造途径

城市排水管道系统一般随城市的发展而相应发展。最初，城市往往用合流制明渠直接排除雨水和少量污水至附近水体。随着工业的发展和人口的增加与集中，为保证市区的卫生条件，便把明渠改为暗管，污水仍基本上直接排入附近水体。但随着社会与城市的进一步发展，直接排入水体的污水量迅速增加，已经造成水体的严重污染，为保护水体，多个城市开始实施排水系统的截污改造工程，将直排式合流制排水系统改造为截流式合流制排水系统。但在城市的发展中，随着截污系统服务范围的快速扩大，原设计本就偏低的截流倍数进一步降低，污水处理厂的规模、工艺和排放标准又缺少对合流制排水系统截流水量的配套设计，很快便造成系统的截流和处理能力不足，污染依然严重。

由于合流制及其排水系统的特征和外部条件的综合影响，我国各个城市合流制问题危害程度、现存排水基础设施运行情况差异极大，并具有一定程度的区域性特征。不同城市经济条件和发展水平有差异，故其在短期内的改造目标、实施策略、面临的困难和具体做法具有显著的差异性。

1. 改合流制为分流制

《室外排水设计标准》(GB 50014—2021)规定，现有合流制排水系统应通过截流、调蓄、处理等措施控制径流污染，还应按照城镇排水规划的要求，经方案比较后实施雨污分流改造。将合流制改为分流制可以杜绝溢流的混合污水对水体的污染，因而是一个比较彻底的改造方法。这种方法由于雨污分流，需要处理的污水量相对较少，污水在成分上的变化也相对较小，所以污水处理厂更易于运行管理。通常，在具有下列条件时，可考虑将合流制改造为分流制。

(1) 住房内部有完善的卫生设备，便于将生活污水与雨水分流。

(2) 工厂内部可清污分流，生产污水处理后接入城市污水管道系统，较清洁的生产废水循环使用，雨水收集至城镇雨水管道。

(3) 城市街道的横断面有足够的空间，允许增建分流制污水管道，并且不对城市的交通造成严重影响。

　　一般来说,住房内部的卫生设备目前已日趋完善,将生活污水与雨水分流易于做到;但工厂内的清污分流,因已建车间内工艺设备的平面位置与竖向布置比较固定而不太容易做到;至于城市街道横断面的大小,则往往由于旧城市(区)的街道比较窄,加之年代已久,地下管线较多,交通也较频繁,使改建工程的施工极为困难。此外,分流制系统中的雨污水管道混接一直是难以解决的问题,使得合流制改分流制在实践中面临许多困难。

2. 合流制溢流控制

　　将合流制改为分流制往往由于投资大、施工困难等,较难在短期内实现。对于现有合流制排水系统,应科学分析现状标准、存在问题、改造难度和改造经济性,结合城市更新,采取源头减排、截流管网改造、现状管网修复、调蓄、溢流堰(门)改造等措施,提高截流标准,控制溢流污染。

　　《城市排水工程规划规范》(GB 50318—2017)指出,合流制区域应优先采取源头减排措施,以减少进入管网的径流量。源头控制既包括同时具有径流总量减排和径流污染物处理功能的低影响开发(low impact development,LID)设施的实施和改造,也包括场地内的雨污分流改造。其中,低影响开发或绿色基础设施(green infrastructure,GI)能直接减少雨水排入合流制或分流制管网系统,同时提供雨水径流净化处理的功能。经过多年的发展,调蓄设施在美国、德国、日本等发达国家的应用比较广泛,既包括地上、地下调蓄池,也包括一些兼具调节、调蓄功能的深层隧道。我国部分城市根据空间条件和既存系统特征,主要利用深层地下或城郊空间进行分散或集中调蓄和处理,以达到溢流控制的目的。通过调整对雨水径流的处理流程、增设雨水径流处理工艺或增加就地处理措施等方式应对水量、水质变化,或用调蓄设施临时储存合流污水,并在雨后送回处理设施处理后排放。

　　不同地区由于气候条件、空间条件、基础设施建设与管理情况等方面的差异,会造成对合流制溢流控制技术策略选择上的差异。各城市应结合实际条件因地制宜地制定系统策略,采取多种技术措施综合整治。

3. 修建全部处理的污水处理厂

　　在降雨量较小或对环境质量要求特别高的城市,对合流制系统进行改造时,可以不改变合流制排水系统的管道系统,而是修建大的污水处理厂和蓄水水库,对全部雨污混合污水进行处理。这种方法在近年逐渐为人们所认识。它可以从根本上解决城市点污染源和面污染源对环境的污染问题,而且可以不进行管网系统的大型改造。但它要求污水处理厂的投资大,且运行管理水平较高,同时还应注意蓄水水库的管理和污染问题。

4. 合流制与分流制的衔接

一个城市根据不同的情况可能采用多种排水体制。这样,在一个城市中就可能有分流制与合流制并存的情况。在这种情况下,存在两种管道系统的连接方式问题。《室外排水设计标准》(GB 50014—2021)规定,雨水管渠系统和合流管道系统之间不得设置连通管,合流管道系统之间可根据需要设置连通管。

当合流管道中雨天的混合污水能全部经污水处理厂进行二级处理时,两种管道系统的连接方式比较灵活。当合流管道中雨天的混合污水不能全部经污水处理厂进行二级处理时,也就是当污水处理厂的二级处理设备的能力有限,或者合流管道系统中没有储存雨天的混合污水的设施,而必须从污水处理厂的二级处理设备之前溢流部分混合污水进入水体时,两种管道系统之间就必须采用以下方式连接:合流管道中的混合污水先溢流,然后与分流制的污水管道系统连接,两种管道系统汇流后,全部污水都将通过污水处理厂进行二级处理后再行排放。

若采取两种管道系统先汇流然后从管道上或从初次沉淀池后溢流部分混合污水进入水体的连接方式,会使得在合流管道中已被生活污水和工业废水污染了的混合污水又进一步受到分流制排水管道系统中生活污水和工业废水的污染,这无疑会造成溢流混合污水更大程度的污染。因此,为了保护水体,这样的连接方式是不允许的。

应当指出,城市旧合流制排水系统的改造是一项很复杂的工作,必须根据当地的具体情况,与城市规划相结合,在确保水体免受污染的条件下,充分发挥原有排水系统的作用,使改造方案有利于保护环境,经济合理,切实可行。

第 10 章

城市污水处理

10.1 城市污水的水质指标与排放标准

10.1.1 城市污水的主要水质指标

城市污水是通过下水管道收集到的所有排水,是排入下水管道系统的各种生活污水、工业废水和城市降雨径流的混合水。污水污染指标用来衡量水在使用过程中被污染的程度,也称污水的水质指标,主要有以下几种。

(1)生物化学需氧量。

生物化学需氧量(biochemical oxygen demand,BOD)是一个反映水中可生物降解的含碳有机物的含量及排到水体后所产生的耗氧影响的指标。它表示在温度为 20 ℃ 和有氧的条件下,好氧微生物分解水中有机物的生物化学氧化过程中所消耗的溶解氧量,也就是水中可生物降解有机物稳定化所需要的氧量。BOD 不仅包括水中好氧微生物的增长繁殖或呼吸作用所消耗的氧量,还包括了硫化物、亚铁等还原性无机物所耗用的氧量,但这一部分所占的比例通常很小。BOD 越高,表示污水中可生物降解有机物越多。

(2)化学需氧量。

化学需氧量(chemical oxygen demand,COD)是指在酸性条件下,用强氧化剂重铬酸钾将污水中有机物氧化为二氧化碳(CO_2)、水(H_2O)所消耗的氧量,用 COD_{Cr} 表示,一般写成 COD。重铬酸钾的氧化性极强,水中有机物绝大部分(90%~95%)被氧化。化学需氧量的优点是能够更精确地表示污水中有机物的含量,并且测定的时间短,不受水质的限制。缺点是不能像 BOD 那样表示出微生物氧化的有机物量。此外还有部分无机物也被氧化,并非全部代表有机物含量。

(3)悬浮物。

悬浮物(suspended solids,SS)指的是水中未溶解的非胶态的固体物质,在条件适宜时可以沉淀。悬浮物可分为有机性和无机性两类,反映污水汇入水体后将发生的淤积情况。因悬浮物在污水中肉眼可见,能使水浑浊,属于感官性状指标。

悬浮物代表了可以用沉淀、混凝沉淀或过滤等物理化学方法去除的污染物,也是影响感官性状的水质指标。

(4)pH 值。

酸度和碱度是污水的重要污染指标,用 pH 值来表示。其对环境保护、污水处理及水工构筑物都有影响,一般生活污水呈中性或弱碱性,工业污水多呈强酸或强碱性。城市污水呈中性,pH 值一般为 6.5～7.5。pH 值的微小降低可能是由于城市污水输送管道中的厌氧发酵;雨季时 pH 值大幅降低往往是城市酸雨造成的,这种情况在合流制系统尤其突出。pH 值的突然大幅度变化,不论是升高还是降低,通常是工业废水的大量排入造成的。

(5) 总氮。

总氮(total nitrogen,TN)为水中有机氮、氨氮和总氧化氮(亚硝酸氮及硝酸氮之和)的总和。有机污染物分为植物性和动物性两类:城市污水中植物性有机污染物包括果皮、蔬菜叶等,动物性有机污染物包括人畜粪便、动物组织碎块等,其化学成分以氮为主。氮属植物性营养物质,是导致湖泊、海湾、水库等缓流水体富营养化的主要物质,因而成为废水处理的重要控制指标。

(6) 总磷。

总磷(total phosphorus,TP)是污水中各类有机磷和无机磷的总和。与总氮类似,磷也属植物性营养物质,是导致缓流水体富营养化的主要物质,因而成为一项重要的水质指标。

(7) 非重金属无机有毒化合物。

含氰废水主要有电镀污水,焦炉和高炉的煤气洗涤污水,金、银选矿污水和某些化工污水等,含氰浓度为 20～70 mg/L。

砷是对人体毒性作用比较严重的有毒物质之一。砷化物在污水中存在形式有无机砷化物和有机砷化物。三价砷的毒性远高于五价砷,对人体来讲,亚砷酸盐的毒性作用比砷酸盐大 60 倍,因为亚砷酸盐能够和蛋白质中的硫反应,而三甲基砷的毒性比亚砷酸盐更大。

(8) 重金属。

重金属指原子序数为 21～83 的金属或相对密度大于 4 的金属。其中汞(Hg)、镉(Cd)、铬(Cr)、铅(Pb)毒性最大,危害也最大。

汞是重要的污染物质,这也是对人体毒害作用比较严重的物质。汞是累积性毒物,无机汞进入人体后随血液分布于全身组织,在血液中遇氯化钠生成二价汞盐,累积在肝、肾和脑中,在达到一定浓度后毒性发作,其毒理主要是汞离子与酶蛋白的硫结合,抑制多种酶的活性,使细胞的正常代谢发生障碍。

镉是一种典型的累积富集型毒物,其主要累积在肾脏和骨骼中,引起肾功能失调,骨质中钙被镉所取代,使骨骼软化,造成自然骨折,疼痛难忍。这种病潜伏期长,短则 10 年,长则 30 年,发病后很难治疗。

铬也是一种较普遍的污染物。铬在水中以六价和三价两种形态存在,三价铬的毒性低,作为污染物质的铬指的是六价铬。人体大量摄入铬能够引起急性中毒,长期少量摄入铬也能引起慢性中毒。

铅对人体也是累积性毒物。铅主要存在于采矿、冶炼、化学、蓄电池、颜料工业等排放的废水中。据资料报道,成年人每日摄取铅低于 0.32 mg 时,人体可将其排除而不产生积累作用;摄取 0.5～0.6 mg 时,可能有少量的累积,但尚不至于危及健康;如每日摄取量超过 1.0 mg,将在体内产生明显的累积作用,长期摄入会引起慢性中毒。其毒理是铅离子与人体内多种酶络合,由此扰乱机体多方面的生理功能,可危及神经系统、造血系统、循环系统和消化系统。我国饮用水、渔业用水及农田灌溉水都要求铅的含量小于 0.1 mg/L。

(9) 微生物。

污水微生物检测指标有大肠菌群数(或称大肠菌群值)、大肠菌群指数、病毒及细菌总数。

10.1.2 污水排放与再生利用标准

1. 污水排放标准

目前,我国城镇污水处理厂污染物的排放均执行《城镇污水处理厂污染物排放标准》(GB 18918—2002)。该标准是专门针对城镇污水处理厂污水、废气、污泥污染物排放制定的国家专业污染物排放标准,适用于城镇污水处理厂污水排放、废气排放与污泥处置。

该标准将城镇污水污染物控制项目分为两类。

第一类为基本控制项目。主要是对环境产生较短期影响的污染物,也是城镇污水处理厂常规处理工艺能去除的主要污染物。

第二类为选择控制项目。主要是对环境有较长期影响或毒性较大的污染物,或是影响生物处理、在城市污水处理厂又不易去除的有毒有害化学物质和微量有机污染物。

该标准制定的技术依据主要是处理工艺和排放去向,根据不同工艺对污水处理程度和受纳水体功能,对常规污染物排放标准分为一级标准、二级标准和三级标准。一级标准分为 A 标准和 B 标准。一级标准是为了实现城镇污水资源化利用和重点保护饮用水源的目的而制定的标准,适用于补充河湖景观用水和再生利用水,主要采用深度处理或二级强化处理工艺。二级标准采用以常规或改进的二级处理为主的处理工艺。三级标准是为了在一些经济欠发达的特定地区,根据当地的水环境功能要求和技术经济条件,可先进行一级半处理,而适当放宽的过渡性标准。一类重金属污染物和选择控制项目不分级。

2. 污水再生利用水质标准

污水再生利用水质标准应根据不同的用途具体确定。

再生水用于城市用水中的冲厕、道路清扫、消防、城市、车辆冲洗、建筑施工等城市杂用水时,其水质应符合《城市污水再生利用 城市杂用水水质》(GB/T 18920—2020)的规定。

再生水用于工业用水中的洗涤用水、锅炉用水、工艺用油田注水时,其水质应达到相应的水质标准。当无相应标准时,可通过试验、类比调查及参照以天然水为水源的水质标准确定。

10.2　城市污水处理工艺

10.2.1　污水处理基本方法与系统

污水处理的基本方法,就是采用各种技术与手段,将污水中所含的污染物质分离去除、回收利用,或将其转化为无害物质,使水得到净化。

现代污水处理技术分为一级处理、二级处理、三级处理(或深度处理),以及污泥处理(见图10.1)。现在一般均附加必要的深度处理。

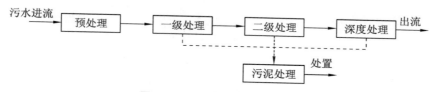

图 10.1　污水处理系统流程图

一级处理一般为物理处理,主要去除污水中呈悬浮状态的固体污染物质,以减轻后面二级处理的负荷。方法有筛滤、沉淀、气浮等。

二级处理为生物化学处理,它是利用微生物的代谢作用,使污水中呈溶解、胶体状态的有机物转化为稳定的无害物质。主要方法分为两大类,即利用好氧生物作用的好氧法(好氧氧化法)和利用厌氧微生物作用的厌氧法(厌氧氧化法)。

三级处理是在一级、二级处理后,进一步处理难降解的有机物、磷和氮等能够导致水体富营养化的可溶性无机物等。主要方法有生物脱氮除磷法、混凝沉淀法、砂滤法、活性炭吸附法、离子交换法和电渗析法等。

污泥是污水处理过程中的产物。城市污水处理产生的污泥含有大量有机物、细菌、寄生虫卵以及从生产污水中带来的重金属离子等,需要做稳定与无害化处理。污泥处理的主要方法是减量处理(如浓缩、脱水)、稳定处理(如厌氧消化、好氧消化)、综合利用(如沼气利用、污泥农业利用)和最终处理(如干燥焚烧、填埋)。

通常,二级处理之后的出水中,BOD 的质量浓度应小于 20 mg/L,SS 的质量浓度应小于 30 mg/L。

10.2.2 预处理和一级处理

图 10.2 为污水预处理和一级处理流程。预处理通常利用格栅、破碎机和沉砂池,一级处理利用沉淀池(初沉池)。为使污水处理厂内构筑物之间的水力以重力方式流动,设置污水总泵站进行污水提升。

图 10.2　污水预处理和一级处理流程

格栅由一组平行的金属栅条或筛网制成,安装在污水渠道、泵房集水井的进口或污水处理厂的端部,用以截留较大的悬浮物或漂浮物,如纤维、碎皮、毛发、木屑、果皮、蔬菜、塑料制品等,以减轻后续处理构筑物的处理负荷。被截留的物质称为栅渣。

破碎机的主要部件是半圆柱形固定滤网与同心的圆柱形转动切割盘,作用是把污水中较大的悬浮固体破碎成较小的、较均匀的碎块,仍留在污水中。它可安装在格栅后、污水泵前,作为格栅的补充,防止污水泵阻塞并提高与改善后续处理构筑物的处理效能;也可安装在沉砂池之后,减轻破碎机的磨损。

沉砂池的功能是去除比重较大的无机颗粒(如泥沙、煤渣等,它们的相对密度约为2.65)。沉砂池一般设于泵站、倒虹管前,以减轻无机颗粒对水泵、管道的磨损;也可设于初次沉淀池前,以减轻沉淀池负荷及改善污泥处理构筑物的处理条件。常用的沉砂池有平流沉砂池、曝气沉砂池、旋流沉砂池等。

一级处理使用的沉淀池,称作初次沉淀池(初沉池)。根据前面的沉淀理论,初沉池起固液分离作用,处理的对象主要是污水中的有机悬浮物 SS,同时可去除部分 BOD_5(五日生物化学需氧量,主要是非溶解性的),用以改善生物处理构筑物的运行条件并降低其BOD 负荷。初沉池中沉淀的污泥称为初沉污泥。

当沉淀池的有效水深为 2.0~4.0 m 时,初次沉淀池的沉淀时间为 0.5~2.0 h,相应的表面水力负荷为 1.5~4.5 $m^3/(m^2 \cdot d)$,其中一级处理厂和无脱氮除磷的二级处理厂取沉淀时间的高值和表面水力负荷的低值;脱氮除磷的二级处理厂取沉淀时间的低值和表面水力负荷的高值。沉淀池的超高不应小于 0.3 m。

污水中油脂、浮渣较多,会在出流处聚积,因此为防止浮渣随出水溢出,在出水堰之前,应设撇渣设施。出水堰一般为三角堰,在整个池中保持水平。出水堰的负荷不宜大于 2.9 L/(s·m)。

污水厂常用的沉淀池为平流式沉淀池、竖流式沉淀池、辐流式沉淀池和斜板(管)沉淀池。平流式沉淀池的长度与宽度之比不宜小于 4。辐流式沉淀池的直径与有效水深比宜为 6～12。竖流式沉淀池的直径与有效水深比不宜大于 3。

沉淀池应设有连续排泥措施。采用机械排泥时,平流式沉淀池排泥机械的行进速度为 0.3～1.2 m/min;辐流式沉淀池排泥机械旋转速度宜为 1～3 r/h,刮泥板的外缘线速度不宜大于 3 m/min。

10.2.3　二级处理

1. 生物分解作用与处理原理

污水的二级处理采用生物处理。处理过程中,微生物以水中的有机污染物质作为生长碳源和(或)能源,将污染物从水中去除,将其转化为新细胞物质和 CO_2 或其他无毒形式。

生物处理工艺按代谢功能可划分为好氧处理、厌氧处理和缺氧处理。好氧处理指在有分子氧存在的条件下进行的生物处理过程。厌氧处理指在无分子氧和硝酸盐氮(化合态氮)存在的条件下进行的生物处理过程。缺氧处理指在缺氧条件下,通过生物作用将硝酸盐氮转化为氮气的过程,也称为反硝化作用。

根据微生物在反应器内生长方式的不同,生物处理工艺可以分为悬浮生长工艺和附着生长工艺。悬浮生长工艺是指降解污染物的微生物在水中处于悬浮状态的生物处理工艺,例如好氧(厌氧)活性污泥法,污泥的好氧(厌氧)消化工艺。附着生长工艺是指降解污染物的微生物附着于某些惰性材料(如碎石、炉渣及其他专门设计的塑料或陶瓷)上的生物处理工艺,也称为生物膜法工艺。好氧附着生长工艺包括生物滤池、生物转盘、生物接触氧化池等;厌氧附着生长工艺包括厌氧生物滤池、厌氧填料床反应器和厌氧流化床反应器等。

有机物的好氧生物处理是在游离氧(分子氧)存在的条件下,好氧微生物降解有机物,使其稳定化、无害化的处理方法。好氧生物处理过程中,有机物被微生物摄取之后,通过代谢活动,一部分有机物分解、稳定为微生物生命活动所需的能量;一部分转化合成为新的原生质(细胞质)的组成部分,供微生物的自身生长繁殖(见图 10.3)。好氧生物处理的反应速度较快,所需反应时间较短,处理构筑物(反应器)的容积较小,且在处理过程中散发的臭气较少。因此目前对中、低浓度的有机废水,或者 BOD_5 质量浓度小于 500 mg/L 的有机废水,基本上采用好氧生物处理法。

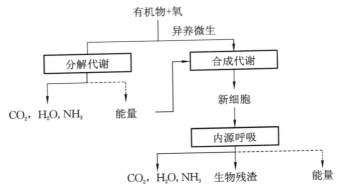

图 10.3　好氧生物处理过程中有机物的转化

有机物的厌氧生物处理是在没有游离氧的情况下,兼性细菌和厌氧细菌降解和稳定有机物的生物处理方法。有机物的厌氧分解过程,主要经历两个阶段(见图 10.4)。首先,复杂的高分子有机化合物降解为低分子的中间产物,即有机酸、醇、二氧化碳、氨、硫化氢等。在此阶段,由于有机酸大量积累,pH 值下降,所以称为产酸阶段。在产酸阶段中,起作用的主要是产酸细菌,这是一种兼性厌氧菌。在第二阶段,产甲烷菌发挥作用,这是一种专性厌氧菌,它可进一步利用产酸阶段产生的有机酸、醇,最终生成甲烷(CH_4)。第二阶段的特征是产生大量的甲烷气体,故称为产气阶段。厌氧生物处理工艺由于不需要另加氧源,故运转费用低;同时还具有可回收生物能(甲烷)以及剩余污泥量少的优点。其主要缺点是厌氧生化反应速度较慢,反应时间长,处理构筑物

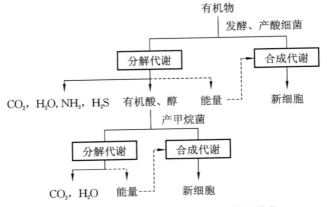

图 10.4　厌氧生物处理过程中有机物的转化

容积较大等。此外要保持较高的反应速度,需要保持高的温度,这将消耗能量。总的来说,对于有机污泥的消化以及 BOD_5 质量浓度不小于 2000 mg/L 的有机废水均可采用厌氧生物法。

微生物的生长规律可以用微生物的生长曲线反映(见图 10.5)。按微生物生长速度可将微生物的生长分成 4 个阶段,即停滞期、对数生长期、静止期和衰亡期。

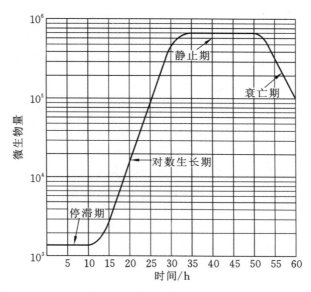

图 10.5 微生物的生长曲线

(1) 停滞期。

将细菌接种至培养基中并处于有利的生长环境时,还不能马上发生分裂增殖,而是先适应新环境并为增殖储备条件,这一阶段称为停滞期。

(2) 对数生长期。

微生物经过停滞期的调整适应后,就能以最快的速度增殖,这一阶段称为对数增长期。由于培养基内的底物和营养物质丰富,细菌的繁殖速度不受底物限制,只受温度因素的影响。该阶段生物体的数量呈对数关系增长。

(3) 静止期。

由于对数生长期对培养基中营养物质的消耗,细菌用于增殖的底物量受到限制,细胞繁殖速度逐渐减慢。体内细胞的生长与死亡相对平衡,生物体浓度保持相对稳定,不随时间发生变化,这一阶段称为静止期。

(4) 衰亡期。

静止期后,由于培养基中的营养物质近乎耗尽,细菌因得不到营养而只能利用菌体内的贮存物质或以死亡菌体作为养料,进行内源呼吸以维持生命,故衰亡期又称为内源呼吸期。在这期间,培养液中的活细胞数急剧下降,只有少数细胞能继续分裂,大多数细胞出现自溶现象并死亡。菌体细胞的死亡速度超过分裂速度,生长曲线显著下降。

微生物的生长曲线对于生物处理工艺条件的控制有重要的指导意义。当微生物接种至不同生长条件的污水中,或污水处理厂因故中断运行后恢复运行时,就可能出现停滞期。这种情况下,微生物要经过若干时间的驯化或恢复才能适应新的污水或恢复正常状态。当污水中有机物浓度很高,且培养条件适宜时,微生物可能处于对数增长期。处于对数增长期的微生物繁殖很快,活力也很强,处理污水的能力必然较高。但为了维持微生物处于对数生长状态,微生物须处于食料过剩的环境中。这种情况下,微生物的絮凝、沉降性能较差,出水中带出的有机物质(包括菌体)亦将多一些。因此利用微生物对数期处理污水,虽然反应速率快,但难以取得稳定出水和较好的处理效果。当污水中有机物浓度较低,微生物浓度较高时,微生物可能处于静止期,这时微生物絮凝性能好,混合液沉淀后上清液清澈。因此一般污水生物处理,常控制微生物处于静止期或衰亡期,以使污水处理效果较好。

2. 与污水处理相关的微生物

(1)细菌。

污水中 BOD 成分的去除,直接与细菌相关。细菌包含各种杆菌、球菌等,细菌粒径大约为 0.1 μm。活性污泥中的细菌以异养型原核细菌为主,主要有产碱杆菌属、动胶杆菌属、微球菌属、芽孢杆菌属、无色杆菌属。脱氮细菌有氨化菌、亚硝化菌、硝酸菌等。

(2)真菌。

多数真菌为微小腐生或寄生的丝状菌。丝状菌宽度为 5～20 μm,异常增殖会导致菌胶团松散甚至消失,活性污泥失去正常的絮凝沉降性能。

(3)藻类。

藻类分为硅藻、绿藻和蓝藻等。

(4)原生动物。

原生动物是低等单细胞动物,分为肉足虫类、鞭毛虫类和纤毛虫类等。粒径大小为 5～300 μm,通常为 30～100 μm。

(5)后生动物。

后生动物为多细胞动物,污水中的后生动物有轮虫和线虫。轮虫类粒径为 200～500 μm,线虫类长度为 1000～3000 μm。

3. 活性污泥法

（1）处理方法概述。

如图 10.6 所示为活性污泥法处理系统的基本流程。系统以活性污泥反应器——曝气池作为核心处理设备，包括二次沉淀池、污泥回流系统与空气扩散系统。

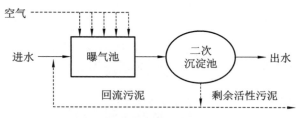

图 10.6　活性污泥法处理系统的基本流程

经初次沉淀池或水解酸化装置处理后的污水从一端进入曝气池。从二次沉淀池连续回流的活性污泥，也同步进入曝气池。此外，从空压机站送来的压缩空气，通过曝气池底部的空气扩散装置，以微小气泡形式进入水中。活性污泥微生物与污水互相混合、充分接触，使污水中有机物得到降解。从曝气池流出的混合液进入二次沉淀池后，进行泥水分离，流出沉淀池的上清液即是经过活性污泥处理的出水。沉淀浓缩后的污泥一部分回流至曝气池；一部分作为生物污泥排出二次沉淀池，在污泥处理设施中处置。

（2）活性污泥反应动力学。

所有生化反应中，底物降解的同时，微生物得到生长。微生物增长速度与活性污泥底物浓度之间的关系，可表示为 Monod 反应速度式，见式（10.1）。

$$\mu = \mu_{\max}\left(\frac{S}{K_S + S}\right) = \frac{1}{X}\frac{\mathrm{d}X}{\mathrm{d}t} \tag{10.1}$$

式中：μ 为微生物比增长速度，d^{-1}；$\mu_{\max}$ 为在活性污泥底物条件下，微生物最大比增长速度，d^{-1}；K_S 为饱和常数，是 $\mu = \frac{1}{2}\mu_{\max}$ 时底物的质量浓度，又称半速度常数；S 为底物质量浓度，$\mathrm{mg/L}$；X 为微生物质量浓度，$\mathrm{mg/L}$。

由式（10.1）可知，微生物增长速度见式（10.2）。

$$\frac{\mathrm{d}X}{\mathrm{d}t} = \frac{\mu_{\max}XS}{K_S + S} \tag{10.2}$$

式中：符号意义同前。

在高底物质量浓度条件下，底物质量浓度 S 远大于饱和常数 K_S，微生物处于对数增长期，式（10.2）可写为式（10.3）。

$$\frac{\mathrm{d}X}{\mathrm{d}t} = \mu_{\max} X = k_1 X \tag{10.3}$$

式中：k_1 为活性污泥增长反应常数，d^{-1}；其余符号意义同前。

式(10.3)说明，在高底物质量浓度条件下，活性污泥(微生物)的增殖速度与底物质量浓度 S 无关。活性污泥质量浓度 X 呈一级反应，底物对应零级反应。

在低底物质量浓度条件下，S 远小于 K_S，对应于微生物减速增长或内源呼吸期。式(10.2)可写为式(10.4)。

$$\frac{\mathrm{d}X}{\mathrm{d}t} = \left(\frac{\mu_{\max}}{K_S}\right) XS = k_2 XS \tag{10.4}$$

式中：k_2 为反应速率常数，d^{-1}；其他符号意义同前。

这时，活性污泥质量浓度为有机底物的一级反应。

通常认为微生物的比增殖速度 $\frac{\mathrm{d}X}{\mathrm{d}t}$ 与底物的比降解速度 $\frac{\mathrm{d}S}{\mathrm{d}t}$ 呈比例关系，于是式(10.3)和式(10.4)经过系数变化，可得式(10.3')和式(10.4')。

$$\frac{\mathrm{d}S}{\mathrm{d}t} = -K_1 X \tag{10.3'}$$

$$\frac{\mathrm{d}S}{\mathrm{d}t} = -K_2 XS \tag{10.4'}$$

式中：K_1、K_2 为 BOD 去除速率常数，一般采用时间单位，h^{-1}；其他符号意义同前。

公式(10.4')中 K_2 的确定方法如下。设曝气池进水 BOD 的质量浓度为 S_0，出水 BOD 的质量浓度为 S_e，曝气池的停留时间为 T，有式(10.5)。

$$\frac{S_e}{S_0} = \exp(-K_2 XT) \tag{10.5}$$

式中：符号意义同前。

于是有效底物 BOD 降解率 η 为式(10.6)，K_2 为式(10.7)。

$$\eta = \frac{S_0 - S_e}{S_0} = 1 - \exp(-K_2 XT) \tag{10.6}$$

$$K_2 = \frac{1}{XT} \ln\left(\frac{S_0}{S_e}\right) \tag{10.7}$$

式中：符号意义同前。

（3）BOD 负荷。

正常活性污泥反应过程中，有机污染物被降解，含量降低；由于微生物的增殖，活性污泥得到增长；溶解氧为微生物利用，需要连续不断补充。有机物量与活性污泥量的比值(F/M)是决定有机物降解速度、活性污泥增长速度和溶解氧利用速度的重要因素，生物可降解的有机物量 F 通常用 BOD 表示。活性污泥量 M 通常用混合悬浮物质（mixed liquor suspended solids，MLSS）表示。具体工程应用中，F/M 值以 BOD-污泥负荷（又称 "BOD-SS 负荷"）L_s 表示，见式（10.8）。

$$L_s = \frac{QS_a}{XV} \tag{10.8}$$

式中：Q 为污水流量，m^3/d；S_a 为原污水中有机物（BOD）的质量浓度，mg/L；X 为混合液悬浮固体（MLSS）的质量浓度，mg/L；V 为曝气池容积，m^3。

BOD-污泥负荷表示了曝气池中单位质量（kg）活性污泥，在单位时间（d）内能够接受，并将其降解到预定程度的有机物量（BOD）。传统活性污泥法中，L_s 取值为 0.2～0.4 kg/(kg・d)。

活性污泥处理系统设计与运行中，也利用 BOD-容积负荷（L_V）表示处理装置的容积效率，单位为 kg/(m³・d)，即单位曝气池容积（m²）在单位时间（d）内能够接受并将其降解到预定程度的有机物量（BOD），计算公式见式（10.9）。

$$L_V = \frac{QS_a}{V} \tag{10.9}$$

式中：符号意义同前。

L_s 值与 L_V 值之间的关系见式（10.10）。

$$L_V = L_s X \tag{10.10}$$

式中：符号意义同前。

（4）曝气池的水力停留时间。

曝气池的水力停留时间（HRT）指污水在池中的停留时间，即有机物与微生物的接触时间。当考虑污泥回流比 r 时，HRT 的计算公式见式（10.11）。

$$HRT = \frac{V}{Q(r+1)} \times 24 \tag{10.11}$$

式中：符号意义同前。

（5）污泥泥龄。

污泥泥龄 θ_c 又称"微生物细胞平均停留时间"，单位为日（d），是曝气池中总污泥量与系统每日排除的污泥量（或新增污泥量）之比，见式（10.12）。

$$\theta_c = \frac{曝气池中总污泥量}{每日排除污泥量} = \frac{VX}{Q_w X_r + (Q - Q_w) X_e} \tag{10.12}$$

式中：V 为曝气池容积，m^3；X 为曝气池混合液污泥质量浓度，mg/L；Q_w 为作为剩余污泥排放的污泥量，kg；X_r 为剩余污泥质量浓度，mg/L；Q 为污水流量，m^3/d；X_e 为处理出水中的悬浮固体质量浓度，mg/L。

污泥泥龄反映了活性污泥在曝气池中的平均停留时间。如果 θ_c 较短,则微生物不能足够生长。例如硝化菌在 20 ℃ 时,其世代时间为 3 d,当 $\theta_c < 3$ d 时,硝化菌就不可能在曝气池中大量增殖,不能够成为优势种属,也就不能在曝气池完成硝化反应。反过来,如果 θ_c 较长,则微生物活性下降。因此污泥泥龄应保证适当的数值。

一般情况下,出水中的污泥质量浓度很低,X_e 在计算中可忽略,于是式(10.12)变为式(10.13)。

$$\theta_c = \frac{VX}{Q_w X_r} \tag{10.13}$$

式中:符号意义同前。

θ_c 与污泥负荷、处理要求及运行方式等有关。

(6)活性污泥的沉降性能。

二次沉淀池中,良好的沉降性能是发育正常的活性污泥应具有的特性之一。通常以污泥沉降比和污泥容积指数两个指标反映活性污泥的沉降性能。

污泥沉降比又称 30 min 沉降率,指混合液在量筒内静置 30 min 后形成沉降污泥的容积占原混合液容积的百分率,以 % 表示。污泥沉降比数值越小,说明污泥的沉降分离性能越好。

污泥容积指数 SVI 表示曝气池混合液经 30 min 静置沉淀后,每 g 干污泥(即 MLSS)占沉降污泥(即 SV)的容积,计算公式见式(10.14)。

$$SVI = \frac{混合液经 30 \ min \ 静置沉淀形成的活性污泥容积}{混合液中悬浮固体干重} = \frac{SV}{MLSS} \tag{10.14}$$

SVI 值的表示单位为"mL/g",但一般只用数字,将单位略去。SVI 值能反映活性污泥的絮凝沉降性能。以生活污水为主的城市污水处理中,活性污泥 SVI 值一般为 75～150。若 SVI 值超过 200,说明活性污泥出现异常,此时可能发生污泥膨胀。

(7)曝气设备。

溶解氧是活性污泥的基本要素之一。曝气过程应使氧转移到液相的速率不低于微生物的耗氧速率,满足微生物的溶解氧需求,这是曝气的充氧作用。此外,使微生物、有机物和氧充分接触,使活性污泥处于悬浮状态,这是曝气的混合作用。

活性污泥系统曝气池的充氧和混合通过曝气设备实现。目前常用的曝气方法主要为鼓风曝气、机械曝气以及鼓风-机械联合曝气。

鼓风曝气系统由空气净化器、鼓风机、空气输配管道和空气扩散装置等组成。其中,空气净化器的作用是防止扩散装置阻塞及空气管道的磨损;鼓风机提供空气动力,将空气通过一系列管道输送到安装于曝气池底部的曝气装置,经过扩散结构,将空气中的氧转移到混合液中;空气输配管道将空气输送到空气扩散器;空气扩散装置将空气分散成小气泡,增大空气和混合液之间的接触界面,促使空气中的氧溶解于水中(见图 10.7)。

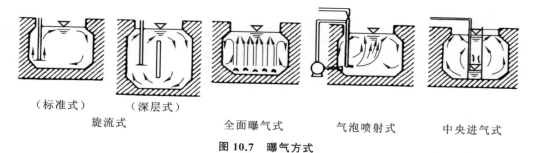

（标准式）　　（深层式）
　　　旋流式　　　　　全面曝气式　　　气泡喷射式　　　中央进气式

图 10.7　曝气方式

机械曝气属于表面曝气,通过安装于曝气池表面的曝气机运转达到充氧和混合的目的。机械曝气的充氧是通过叶轮或转刷的旋转产生水跃,使得曝气池混合液呈薄幕状抛入池面上部的空气层中,形成巨大的气水接触面,加速气相中的氧分子向液相传递。机械曝气分竖式和卧式两类。

鼓风-机械联合曝气系统是鼓风曝气系统和机械曝气系统联合向水中转移氧气的污水处理技术。鼓风曝气具有氧转移效率高的优点,但存在设施复杂的不足。机械曝气具有混合强度大的优点,但存在不适宜较大水深的缺点。在某些好氧生物反应过程中,为发挥二者的优点,提高充氧能力,采用鼓风曝气和机械曝气联合充氧的方式。

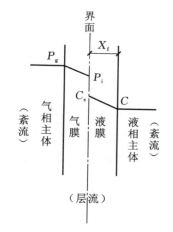

图 10.8　双膜理论模型
注:X_f—液膜的厚度;
C_s、C—分别为溶质组分在界面处与
液相主体内的溶解氧浓度;
P_g、P_i—分别为溶质组分在
气相主体与相界面处的分压

（8）氧转移原理。

氧气从空气进入水中溶解,普遍使用的是双膜理论(图 10.8)。双膜理论认为在气液界面上存在气膜和液膜。气相和液相主体中,在液体充分混合条件下,浓度分布是均匀的,不存在浓度差,可忽略传质阻力。由于氧是难溶气体,溶解度很小,因此氧从气相主体传递到液相的主要阻力在于液膜。

令液膜的厚度为 X_f,界面处溶解氧浓度为 C_s,液相主体内溶解氧浓度为 C,于是液膜溶解氧移动速度计算式为式(10.15)。

$$v = D\frac{1}{X_f}(C_s - C) \qquad\qquad (10.15)$$

式中:D 为液膜中氧分子扩散系数。

设空气和水的接触面积为 A,液相主体体积为 V,移动氧量为 m,则有式(10.16)和式(10.17)。

$$\frac{\mathrm{d}m}{\mathrm{d}t} = vA = \frac{D}{X_\mathrm{f}}A(C_\mathrm{s} - C) \tag{10.16}$$

$$\frac{\mathrm{d}C}{\mathrm{d}t} = \frac{1}{V} \cdot \frac{\mathrm{d}m}{\mathrm{d}t} = \frac{D}{X_\mathrm{f}}\frac{A}{V}(C_\mathrm{s} - C) \tag{10.17}$$

式中:t 为变化时间;其余符号意义同前。

令 $K_\mathrm{La} = \frac{D}{X_\mathrm{f}}\frac{A}{V}$,它称为氧分子的总传递系数,简称总传质系数,常采用单位 h^{-1}。则式(10.17)改写为式(10.18)。

$$\frac{\mathrm{d}C}{\mathrm{d}t} = K_\mathrm{La}(C_\mathrm{s} - C) \tag{10.18}$$

式中:符号意义同前。

式(10.18)中 $\mathrm{d}C/\mathrm{d}t$ 为液相主体中溶解氧浓度变化速率(或氧转移速率),为提高该值,需要加大气相中的氧分压($C_\mathrm{s} - C$),或提高 K_La 值。提高 K_La 值,可通过加速液体的紊流运动,减小液膜厚度和提高气、水界面更新速度,以及减小曝气气泡,增大气、水接触面积等。

(9) 活性污泥法的影响因素。

① 营养物质。

活性污泥中的好氧微生物进行生命活动,需要从污水中不断吸取营养物质,营养物质以碳源营养为主,还有氮、磷和一些微量元素。一般认为活性污泥正常代谢,有机物和营养盐类比值为 BOD_5:N(氮):P(磷)=100:5:1。生活污水中的营养源组成能满足活性污泥中微生物的营养需求,但工业废水不一定都能满足。将工业废水与生活污水合并处理,是改善工业废水营养缺乏的途径。

② 温度。

活性污泥微生物的生理活动与环境温度有着密切的关系。根据污水处理厂的运行经验,曝气池的水温以 20~30 ℃ 为适宜范围。当水温超过 35 ℃ 或低于 10 ℃ 时,处理效果明显下降。

水温为 5~30 ℃ 时,BOD 去除速率与温度的关系见式(10.19)。

$$K_t = K_{20}\theta^{t-20} \tag{10.19}$$

式中:K_t 为 t ℃ 时 BOD 去除速率系数,h^{-1};K_{20} 为 20 ℃ 时 BOD 去除速率系数,h^{-1};θ 为温度系数;t 为温度,℃。

③ pH 值。

一般 pH 值为 6.5~7.5 的水最适宜微生物新陈代谢。通常生活污水 pH 值为 6.0~

8.0,其中溶解了各种物质,缓冲能力大,pH 值稳定。对于 pH 值过高或过低的工业废水,在进入生物处理前,应采用中和措施,使污水的 pH 值调节到适宜范围后再进入曝气池。

（10）异常情况。

活性污泥处理系统运行中,由于水质变化、操作运行等原因,会出现异常情况,造成处理效果降低、污泥流失等。

① 污泥膨胀。

当污泥变质时,污泥不易沉淀,SVI 值增高（一般指高于 200）,污泥的结构松散和体积膨胀,含水率上升,澄清液稀少（但较清澈）,颜色也有异变,这就是"污泥膨胀"。污泥膨胀主要是丝状菌大量繁殖引起的,也有污泥中结合水异常增多导致的污泥膨胀。

当污泥膨胀后,解决的办法是针对引起膨胀的原因采取措施。例如,投加硅藻土、黏土等惰性物质,降低污泥指数;投加 5～10 mg/L 氯化铁,帮助凝聚,刺激菌胶团生长;投加漂白粉或液氯,抑制丝状菌繁殖。

② 污泥解体。

处理水质浑浊,SVI 值降低,污泥絮凝体微细化,处理效果变差等则是污泥解体现象。导致这种异常现象的原因可能是运行中的问题,也可能是污水中混入了有毒物质。当鉴别出运行方面的问题时,应及时对污水量、回流污泥量、空气量、排泥状态等进行检查,加以调整。若污水中混入有毒物质,应查明工业废水的来源,责成其按国家排放标准要求进行局部处理。

③ 污泥上浮。

当曝气池内污泥泥龄过长,硝化进程较高,在沉淀池底部产生反硝化,硝酸盐的氧被利用,氮呈气体脱出附于污泥上,从而使污泥比重降低,整块上浮。为防止这一异常现象,应增加污泥回流量或及时排除剩余污泥,在脱氮之前将污泥排除;或降低混合液污泥质量浓度,缩短污泥泥龄和降低溶解氧等,使之不进行到硝化阶段。

4. 活性污泥法运行方式

（1）阶段曝气活性污泥法。

阶段曝气活性污泥法工艺流程如图 10.9 所示。针对推流式活性污泥法的不足,人们从进水方式入手,对工艺运行方式进行了改良。污水分几个部位进入曝气池,改变了推流式活性污泥法中有机底物质量浓度前端高、池尾低的分布不均情况,使底物质量浓度沿池长分布得到改善,提高了供氧速率和需氧速率的吻合程度,有利于降低供氧能耗。

（2）延时曝气活性污泥法。

延时曝气活性污泥法的主要特点是生物负荷率低;无须初沉池,污水经预处理后直接进入曝气池;曝气时间长,多为 24 h 及以上;活性污泥在池内长时间处于内源呼吸期,

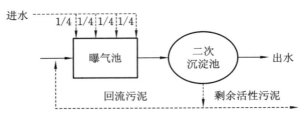

图 10.9 阶段曝气活性污泥法工艺流程图

剩余污泥量少且稳定,无须硝化,易于处置;工艺处理效果稳定,对原污水水质、水量变化有较强适应性。延时曝气活性污泥法一般采用流态为完全混合式的曝气池。该工艺的主要缺点是曝气时间长,曝气池容积大,基建费和运行费用都较高。它主要适用于剩余污泥处置困难的小型污水处理工程以及降解过程缓慢的小型工业废水处理。

（3）氧化沟。

氧化沟处理系统的基本特征是曝气池呈封闭式渠道形,如图 10.10 所示,通常带有方向控制器的曝气装置(图中为转刷),一方面向混合液充氧,另一方面使池中活性污泥保持悬浮状态,同时推动混合液在沟内沿池长不停循环流动。流动过程中进行生化反应,污水中的污染物得到降解。氧化沟的有效水深与曝气、混合和推流设备性能有关,宜为3.5～4.5 m。氧化沟的水力停留时间和污泥泥龄都比一般生物处理法长,悬浮式有机物与溶解性有机物均可得到稳定,所以氧化沟前可不设初次沉淀池。由于氧化沟工艺的污泥泥龄长,负荷低,所以氧化沟承受水量水质冲击负荷的能力较强,排出的剩余污泥量较少,运行稳定,便于维护管理。氧化沟工艺占地面积较大。

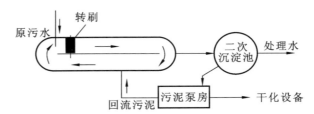

图 10.10 氧化沟污水处理工艺流程图

（4）序批式活性污泥法。

序批式活性污泥法(见图 10.11)是在一个池内交替进行曝气和沉淀的方法。其基本操作过程为:①污水流入反应槽;②曝气反应;③静置阶段,使活性污泥沉淀;④上清液出水,同时排除剩余污泥;⑤待机(闲置)阶段。该工艺系统组成简单,无须设置污泥回流设备,不设二次沉淀池,曝气池容积也较小,具有一定的调节功能,在一定程度上可均衡污水水质、水量变动。

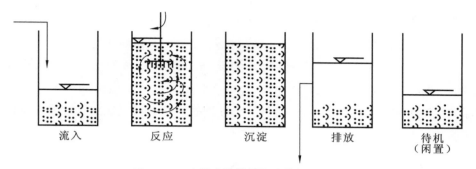

图 10.11　序批式活性污泥法的操作过程

（5）纯氧曝气活性污泥法。

纯氧曝气活性污泥法是利用氧气代替空气进行曝气的生物处理方法。空气中的氧含量仅为 21%，而纯氧总的含氧量为 90%～95%。纯氧曝气能提高氧向混合液的传递能力，提高氧利用率；提高曝气池的容积负荷；且污泥指数低，沉淀分离性能好。

纯氧曝气池目前多为有盖封闭式，以防氧气外溢和可燃性气体进入（见图 10.12）。纯氧曝气池的主要缺点是装置复杂，运转管理要求较高。

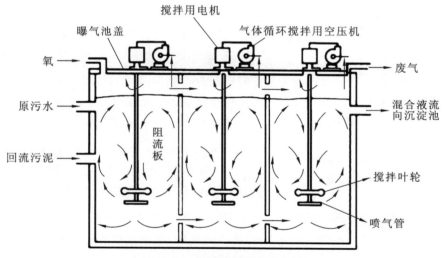

图 10.12　纯氧曝气池构造简图

（6）其他工艺。

除上述方法外，还有许多活性污泥处理工艺方法，例如再生曝气工艺、高负荷工艺、吸附-生物降解工艺等。

5. 二次沉淀池

二次沉淀池（二沉池）是生物处理系统的重要组成部分。二沉池在活性污泥法工艺中不仅要进行固液分离,还要将污泥进行一定程度浓缩以供回流。而活性污泥的沉降性能较差,因此一般选用较低的表面水力负荷[0.6～1.5 m³/(m²·h)]。二沉池在生物膜法工艺中只需要进行固液分离、不需要进一步浓缩,脱落的生物膜又比活性污泥易于沉淀,所以一般可选用较高的表面水力负荷[1.0～2.0 m³/(m²·h)]。

原则上用于初次沉淀池的平流式沉淀池、辐流式沉淀池和竖流式沉淀池都可以用作二次沉淀池。

6. 生物膜法

(1) 处理机理。

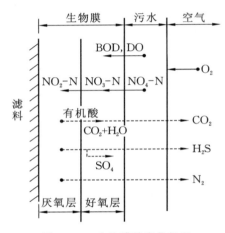

图 10.13　生物膜的净化机理

注:DO—dissolved oxygen,溶解氧;O₂—氧气;

NO₂-N—亚硝酸盐氮;NO₃-N—硝酸盐氮;

NH₄-N—铵态氮;SO₄—过氧化硫;

H₂S—硫化氢;N₂—氮气

生物膜法中,微生物附着生长在填料或载体的表面上,形成生物膜,污水与生物膜接触而得到净化。图 10.13 是附着在生物滤池滤料上生物膜的构造。生物膜是微生物高度密集的物质,在膜表面和一定深度内部生长繁殖着大量各种类型的微生物和微型动物,并形成有机污染物-细菌-原生动物(后生动物)的食物链。

生物膜在形成与成熟后,由于微生物不断增长,在增厚到一定程度后,氧难以透入的里侧深部转变为厌氧性膜。这样生物膜便由好氧和厌氧两层组成。生物膜内、外,生物膜与水层之间进行着多种物质的传递。膜表面的好氧层,从污水中摄取有机物,将其分解为二氧化碳和水;硝化菌分解含氮化合物,生成的硝酸盐和亚硝酸盐为厌氧细菌的呼吸源和营养盐。膜内侧的厌氧层,将有机物厌氧分解为有机酸,成为好氧层的底物;有机酸进一步厌氧分解,形成 H₂S、甲烷(CH₄)等气态代谢产物。由于生物膜相对复杂,且物质变换形式多样,对流入污水水质、水量变化都有较强的适应性。处理过程含有厌氧分解,会产生臭气逸出。生物膜的增殖,引起老化生物膜的脱落,随处理水流出,后续需要二次沉淀池进行固液分离。

广义而论,凡是在污水生物处理中引入微生物附着生长填料的反应器,均可定义为生物膜反应器。生物膜反应器的主要类型有生物滤池、生物转盘、生物接触氧化池、生物流化床等。

(2) 生物滤池。

生物滤池中,污水长时间以滴状喷洒在块状滤料层(如碎石、塑料等)的表面,微生物在其表面生长形成生物膜,并摄取污水中的有机物,从而使污水得到净化。生物滤池在发展过程中,经历了从低负荷到高负荷、突破滤料层高度等阶段,应用范围得以扩大。

普通生物滤池的优点有:处理效果良好,运行稳定,易于管理。主要缺点是:占地面积大,散发臭味,产生滤池蝇,滤料易于堵塞等。近年来新建项目较少,有日渐淘汰趋势。

采取处理水回流措施,可使高负荷生物滤池具有多种多样的流程系统。如图 10.14 所示为单池系统的 5 种代表性流程。当原污水质量浓度较高,或对处理水质要求较高时,可以考虑二段(级)滤池处理系统(见图 10.15)。

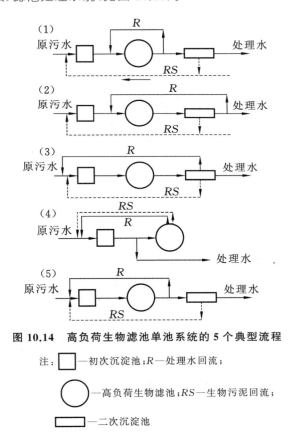

图 10.14　高负荷生物滤池单池系统的 5 个典型流程

注:▭—初次沉淀池;R—处理水回流;

〇—高负荷生物滤池;RS—生物污泥回流;

▭—二次沉淀池

生物滤池池体形状可采用圆形或矩形,当采用圆形时,直径应小于 45 m,滤床总高度为 1.5～2.0 m。

生物滤池的滤料容积一般按两种负荷率计算,即 BOD$_5$ 容积负荷率和水力负荷率。BOD$_5$ 容积负荷率指在保证处理水达到要求质量前提下,每 m^3 滤料在 1 d 内能接受的BOD$_5$ 量,单位为 kg/(m^3 · d)。水力负荷率是指在保证处理水达到要求质量前提下,每 m^3 滤料或每 m^2 滤料表面在 1 d 内能接受的污水量,单位为 m^3/(m^3 · d)或 m^3/(m^2 · d)。

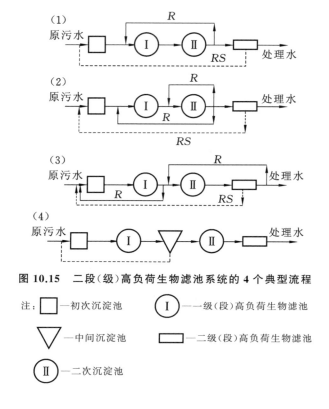

图 10.15　二段(级)高负荷生物滤池系统的 4 个典型流程

注：□—初次沉淀池　　Ⅰ—一级(段)高负荷生物滤池

▽—中间沉淀池　　▭—二级(段)高负荷生物滤池

Ⅱ—二次沉淀池

处理城镇污水时,正常气温下,普通生物滤池水力负荷为 $1\sim3$ m³/(m²·d),BOD_5 容积负荷为 $0.15\sim0.3$ kg/(m³·d);高负荷生物滤池水力负荷为 $10\sim36$ m²/(m²·d),BOD_5 容积负荷大于 1.8 kg/(m³·d)。

滤料选择原则为:①滤料表面易于形成生物膜;②质坚、高强、耐腐蚀、抗冰冻;③较高的比表面积;④较大的孔隙率。生物滤池多采用实心拳状滤料,如碎石、卵石、炉渣和焦炭等,一般分工作层(上层)和承托层(下层)两层充填。普通生物滤池采用碎石类填料时,下层填料粒径为 $60\sim100$ mm,厚 0.2 m;上层填料粒径为 $30\sim50$ mm,厚 $1.3\sim1.8$ m。高负荷生物滤池采用碎石类填料时,下层填料粒径为 $70\sim100$ mm,厚 0.2 m;上层填料粒径为 $40\sim70$ mm,厚度不宜大于 1.8 m。

生物滤池布水装置首要任务是向滤池表面洒布污水,还具有适应水量变化,不易堵塞和易于清通以及不受风、雪影响等特征。普通生物滤池传统的布水装置是固定喷嘴式,高负荷生物滤池多使用旋转式。

(3) 曝气生物滤池。

曝气生物滤池是集生物降解、固液分离为一体的污水处理设备(见图 10.16)。被处理的原污水从池上部进入池体,通过由 3～5 mm 颗粒填充构成的滤层,在填料表面形成微生物栖息的生物膜。池下部通过空气管向滤层曝气。由填料间隙上升的空气,与流下的污水接触,空气中的氧转移到污水中,为生物膜上的生物提供充足的溶解氧和丰富的有机物。在微生物新陈代谢作用下,有机污染物被降解,污水得到处理。

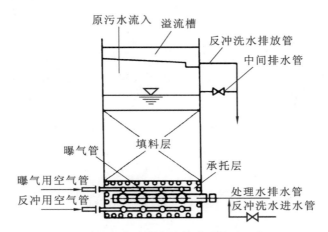

图 10.16　下向流曝气生物滤池构造示意图

原污水中的悬浮物及生物膜上脱落的生物污泥,被填料截留,使滤层承担了固液分离功能,因此该工艺不需要设二次沉淀池。当滤层内的截污量达到一定程度时,对滤层进行反冲洗。反冲洗水通过排放管排出后,回流至初沉池。

曝气生物滤池滤层厚度一般为 2～4 m。水力负荷高达 2～10 m/h,容积负荷高达 3～6 kg/(m³·d)。该工艺不需要污泥回流,可不考虑污泥膨胀状况,维护管理方便。

（4）生物接触氧化法。

生物接触氧化法的工艺形式相当于在曝气池中充填微生物栖息的填料,填料上长满生物膜,污水与生物膜接触过程中,水中的有机物被微生物吸附、氧化分解和转化为新的生物膜,污水得到净化。对生物填料的要求包括:比表面积大、孔隙率大、水力阻力小、强度大、化学和生物稳定性好、经久耐用等。常采用的填料有聚乙烯塑料、聚丙烯塑料、环氧玻璃钢等制成的蜂窝状和波纹板状填料以及纤维状填料。

该工艺对冲击负荷有较强的适应能力,污泥生成量少,污泥颗粒较大,易于沉淀。生物接触氧化池平面形状一般为矩形,有效水深为 3～5 m。BOD₅ 容积负荷宜根据试验资料确定。若无试验资料,碳氧化时 BOD₅ 容积负荷宜为 2.0～5.0 kg/(m³·d),碳氧化/硝化时 BOD₅ 容积负荷宜为 0.2～2.0 kg/(m³·d)。

（5）生物转盘。

生物转盘（见图 10.17）是一组直径为 2～3 m(最大为 5 m)、厚度为 0.5～2.0 mm 的盘片垂直固定在水平轴上,40%~50%的盘面(转轴以下部分)浸没在半圆水槽中,进行污水处理的工艺。盘片上附着的生物膜与空气、污水交替接触,浸没时吸附污水中的有机物,敞露时吸收空气中的氧气。生物转盘通过生物的新陈代谢作用,使污水得到净化。该工艺最早出现于 1926 年,其后在 20 世纪 60 年代由原联邦德国科学家勃勒尔(Popel)和哈特曼(Hartman)进行了大量的实验研究和理论探讨,之后逐渐得到推广应用。

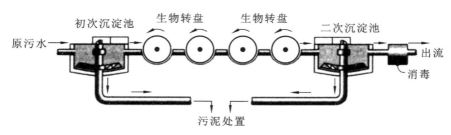

图 10.17 生物转盘工艺示意图

根据污水水量、水质和处理程度等,生物转盘可采用单轴单级式、单轴多级式或多轴多级式布置形式。生物转盘的设计负荷宜根据试验资料确定,无试验资料时,BOD_5 表面有机负荷以盘片面积计,宜为 0.005~0.020 kg/(m^2·d),首级转盘不宜超过 0.030~0.040 kg/(m^2·d);表面水力负荷以盘片面积计,宜为 0.04~0.30 m^3/(m^2·d)。接触时间对污水净化效果有直接影响,取 2h 以上是必要的。盘片净距取决于盘片直径和生物膜厚度,一般为 10~35 mm;污水浓度高,取上限值,以免生物膜造成堵塞。若采用多级转盘,则前数级的盘片间距为 25~35 mm,后数级的盘片间距为 10~20 mm。盘片在槽中的浸没深度不应小于盘片直径的 35%,转轴中心高度应高出水位 150 mm 以上。

生物转盘转速宜为 2.0~4.0r/min,转速过高有损于设备的机械强度,同时在盘片上易产生较大的剪切力,易使生物膜过早剥离。一般小直径转盘的线速度采用 15 m/min;中、大直径转盘的线速度采用 19 m/min。

生物转盘不需要经常性调节生物污泥量,不存在污泥膨胀的麻烦,不需要曝气,复杂的机械设备较少,因此维护管理方便。另一方面,生物转盘的性能受环境气温及其他因素影响较大,北方设置生物转盘时,一般置于室内,并采取一定的保温措施。建于室外的生物转盘应加设雨棚,防止雨水淋洗使生物膜脱落。

10.2.4 深度处理

1. 深度处理目的

污水的深度处理是相对于一级处理和二级处理而言的,有时也称为三级处理。二级处理技术(如活性污泥法)对城市污水净化处理后,一般情况下,出水中还存在相当数量的污染物质,如 BOD_5 为 20～30 mg/L;SS 为 20～30 mg/L;NH_3-N[水(废水)中氨氮含量指标]为 15～25 mg/L;总 P 为 6～10 mg/L。因此排放前需要进行深度处理。

深度处理的对象与目标如下。

(1) 去除有机物、悬浮物质:进一步降低 BOD_5、COD、总有机碳(total organic carbon,TOC)等指标,使水进一步净化。

(2) 脱氮除磷:消除导致水体富营养化的因素。

(3) 去除溶解性盐类:有利于工业回用。

2. 脱氮除磷技术

(1) 生物法脱氮。

脱氮技术有物化法和生物法两类。物化法脱氮技术有吹脱法、磷酸铵镁沉淀法、吸附法、折点加氯法、离子交换法等,这些方法大多用于处理氨氮含量较高的工业废水。

生物脱氮过程中,污水中各种形态的氮一部分通过氨化、硝化、反硝化作用转化为氮气,以气体形式从水中脱除;另一部分则在上述作用中转化为细菌细胞,再以污泥形式从水中分离出来。

生物脱氮的几个步骤如下。

① 氨化作用:有机氮化合物(蛋白质、尿素等)在氨化细菌分泌的水解酶催化作用下,水解断开肽键,脱出羧基和氨基而形成氨。

② 硝化作用:首先在亚硝化菌的作用下,氨转化为亚硝酸盐氮,然后经硝化菌作用氧化成硝酸盐氮。亚硝化菌和硝化菌都是化能自养菌,能利用氧化过程中产生的能量,用 CO_2 合成细胞有机质,这一过程需氧量较大。每去除 1 g NH_3-N,约耗 4.33 g O_2,生成 0.15 g 新细胞,减少 7.14 g 碱度(以 $CaCO_3$ 计),耗去 0.08 g 无机碳(过程 pH 值控制为 7～8)。

③ 反硝化作用:NO_2^-、NO_3^- 经反硝化菌作用转化为 N_2 和微生物细胞。反硝化细菌是兼性异养菌,能利用污水中各种有机质作为电子供体。它以硝酸盐代替分子氧作为电子最终受体,进行"无氧"呼吸,使有机质分解,同时将硝酸盐氮还原成气态氮。每 1 g NO_3^--N 经反硝化,约耗去 2.47 g 甲醇(约合 3.7 gCOD),产生 0.45 g 新细胞,产生 3.57 g 碱度(pH 值控制为 7～8,BOD_5:TN≥4:1)。

传统生物脱氮工艺中,氮的去除是通过硝化与反硝化两个独立的过程实现的,如图 10.18 所示的为合建式缺氧-好氧活性污泥法脱氮系统。传统理论认为硝化与反硝化细菌的种类和所需环境条件都是不同的。硝化细菌以自养菌为主,需要环境中有较高的溶解氧,而反硝化细菌以异养菌为主,适宜生长于缺氧环境。因此认为同一反应器中难以同时实现硝化与反硝化两个过程。

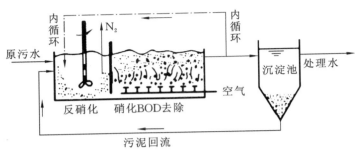

图 10.18　合建式缺氧-好氧活性污泥法脱氮系统

　　然而近年有不少研究和实践证明,有氧条件下的反硝化现象存在于各种不同的生物处理系统中,也发现硝化过程可以有异养菌参与、反硝化过程可在好氧条件下进行、NH_4^+可在厌氧条件下转变为 N_2 等现象。根据研究结果,出现了厌氧氨氧化(anaerobic ammonium oxidation,ANAMMOX)、短程硝化-反硝化(single reactor for high activity ammonia removal over nitrite,SHARON)、同步硝化反硝化(simultaneous nitrification and denitrification,SND)、氧限制自养硝化-反硝化(oxygen-limited autotrophic nitrification and denitrificatio,OLAND)等脱氮新工艺。

　　(2) 除磷技术。

　　污水处理技术有:使磷成为不溶性固体物,从污水中分离的化学除磷法,以及使磷以溶解态为微生物摄取,使其转化为富含磷的生物细胞,然后与污水分离的生物除磷法。

　　有关生物除磷的机理还没有完全明了,目前较为一致的看法是通过聚磷菌(phosphate accumulating organisms,PAO)独特的代谢活动(即好氧吸磷和厌氧释磷),完成磷从液态(污水)到固态(污泥)的转化。生物除磷要求创造适合 PAO 生长的环境,从而使 PAO 群体增殖。在工艺上可设置为厌氧、好氧交替[如空间上的厌氧/好氧(anoxic/oxic,A/O)工艺,如图 10.19 所示;时序上的序列间歇式活性污泥法(sequencing batch reactor,SBR)工艺]的环境条件,使 PAO 获得选择性增长。PAO 在厌氧状态下,大量吸收挥发性脂肪酸,在体内转化为聚 β 羟基丁酸(PHB),以使 PAO 进入好氧状态后无须同其他异养菌争夺水中残留有机物,从而成为优势群体。在厌氧状态下,聚磷分解形成的无机磷将释放回污水,这就是厌氧释磷。在进入好氧状态后,聚磷菌将贮存于体内的 PHB 进行好氧分解并释放大量能量,供聚磷菌增殖和主动吸收污水中的磷酸盐,这就是好氧吸磷。当排除包含过量吸磷的聚磷菌的剩余污泥时,也就完成了污水除磷过程。

　　化学法除磷采用了混凝原理。许多重金属的正磷酸盐都有很低的浓度,当向污水中

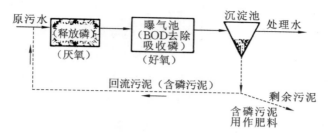

图 10.19　厌氧/好氧除磷工艺流程（A/O 法）

投加金属盐类时,会形成这些金属的正磷酸盐沉淀物,然后通过固液分离可达到污水除磷目的。化学法除磷的常用药剂有钙盐、铁盐和铝盐。

10.2.5　污水消毒

污水经处理后,水质得到改善,细菌含量也大幅减少,但存在病原菌的可能。因此为保证公共卫生安全,处理水在排放或回用前,必须进行消毒。污水消毒程度应根据污水性质、排放标准或再生水要求确定。污水宜采用紫外线或二氧化氯消毒,也可用液氯消毒。

二级处理出水的加氯量应根据试验资料或类似运行经验确定。无资料时,二级处理出水的加氯量可采用 6~15 mg/L,再生水的加氯量按卫生学指标和余氯量确定。二氧化氯或氯消毒的接触时间不应小于 30 min。

考虑到加氯消毒形成的余氯及某些低浓度的含氯化合物对水生物有毒害,且当污水含工业废水比例大时,加氯可能生成致癌物质,最近不会残留有害物质的紫外线消毒得到应用。紫外线消毒主要采用 C 波段紫外线,波长为 200~275 mm,杀菌效果好。目前紫外灯的最大输出功率在波长 153.7 nm 处。紫外线杀菌的普遍看法是,微生物核酸吸收紫外线后发生突变,引起微生物体内蛋白质核酶的合成障碍,另一方面,紫外线照射产生的自由基可引起光电离,从而导致细胞死亡。

10.3　污水处理厂提标改造

近年来,我国城镇经济建设和社会发展诸方面发生了重大变化。在城镇工业现代化转型与人口持续增长的情况下,生产用水与生活用水供水量有所增加,从而导致工业废水与生活污水排放量的增长。此时,结合当前阶段我国已形成的"生态产业化,产业生态化"发展局面,围绕高质量发展主题下的技术赋能路径,增强污水处理厂的提标改造工作非常有必要。

　　2015 年,国务院印发《水污染防治行动计划》,对污水中污染物的排放浓度提出了更高要求。重点地区和重点流域的污水处理厂已进行提标改造,达到《城镇污水处理厂污染物排放标准》(GB 18918—2002)(下文简称"GB 18918")中的一级 A 排放标准,2019 年达到此标准的污水处理厂数量占总体的 53.2%。《城镇污水处理提质增效三年行动方案(2019—2021 年)》等文件的颁布,标志着我国的污水处理进入新阶段。《"十四五"城镇污水处理及资源化利用发展规划》明确,到 2025 年,基本消除城市建成区生活污水直排口和收集处理设施空白区,全国城市生活污水集中收集率力争达到70%以上;城市和县城污水处理能力基本满足经济社会发展需要,县城污水处理率达到 95%以上;水环境敏感地区污水处理基本达到一级 A 排放标准;全国地级及以上缺水城市再生水利用率达到 25%以上,京津冀地区达到 35%以上,黄河流域中下游地级及以上缺水城市力争达到 30%;城市污泥无害化处置率达到 90%以上。北京、天津、河北、昆明等省市制定了地方城镇污水处理厂出水指标,江苏太湖流域、安徽巢湖流域、四川岷沱江流域等陆续发布排放标准,对部分指标提出了更高的去除要求,以满足水环境整体质量的要求。

　　为达到地方更严格的排放标准,原执行 GB 18918 一级 A 或一级 B 标准的城市污水处理厂必须进行提标改造,从运行管理或技术改造方面寻求有效的工艺或措施。

10.3.1　城市污水处理厂发展概况

1. 全国污水处理厂情况

　　改革开放以来,我国经济高速发展,城市年污水排放量呈逐年增长趋势,依据住房和城乡建设部、华经产业研究院整理的数据,2022 年我国城市污水排放量达到 6389706.71万 m^3,较上年增长 2.2%,如图 10.20 所示。可以推测,随着城市化进程的不断发展,城市污水排放量将持续增长,城市污水处理厂将面临污水量增长带来的挑战。

　　随着我国经济发展水平的提升,污水处理厂得到快速发展,与此同时,污水处理厂也面临着严峻的挑战。加强污水处理厂成本管控成为目前污水处理厂的重大问题之一,通过结合污水处理厂的成本构成,采取有效应对措施,为污水处理成本管控提供有效指导。2022 年我国城市污水处理厂有 2894 座,污水处理能力为 21606.1 万 m^3/d,如图 10.21所示。

　　常用的城镇生活污水处理技术分为物理技术和生化技术,其中生物膜技术应用最为广泛,主要是由于其处理成本较低,整体的处理效果更加显著。从污水处理能力看,2022年我国城市污水处理能力达到 6268887.98 万 m^3,如图 10.22 所示。

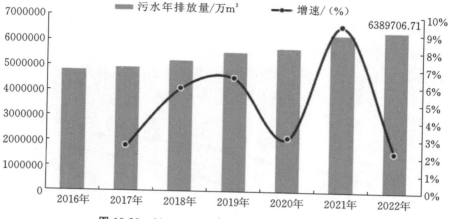

图 10.20 2016—2022 年中国城市污水年排放量

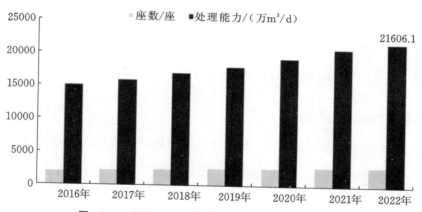

图 10.21 2016—2022 年中国城市污水处理厂情况

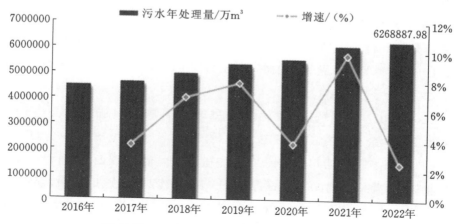

图 10.22 2016—2022 年中国城市污水年处理量

2017年1月,国家发展和改革委员会、住房和城乡建设部联合发布的《"十三五"全国城镇污水处理及再生利用设施建设规划》指出,到2020年底,城市污水处理率要达到95%。实际2020年我国城市污水处理率达到97.53%。截至2022年底,我国城市污水处理率达到98.11%,县城污水处理率达到96.94%,均呈现持续增长趋势,如图10.23所示。

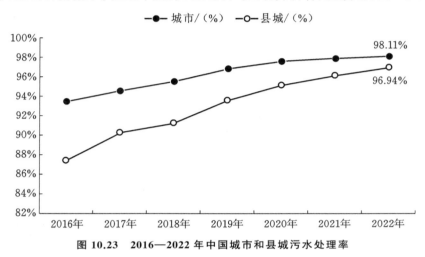

图10.23　2016—2022年中国城市和县城污水处理率

2. 各省市污水处理厂情况

由于我国各省市城市发展、产业结构、人口数量等各不相同,其污水收集处理状况也有所不同。

住房和城乡建设部《2022年城乡建设统计年鉴》中"表1-2-2 分省城市人口和建设用地"数据显示,市区人口数量排名前三的地区依次为广东省(9842万人)、山东省(6838万人)、江苏省(5912万人);上海为2476万人。"表1-12-2 分省城市排水和污水处理"数据显示,2022年全国污水处理厂共2894座,污水处理厂数量最多的省份是广东省(342座,污水处理总量为944041万 m^3),其次是山东省(233座,污水处理总量为364460万 m^3)和江苏省(213座,污水处理总量为512165万 m^3);而上海有污水处理厂42座,污水处理总量为215438万 m^3。

图10.24为2022年全国分省(自治区、直辖市)和新疆兵团城市污水处理厂处理能力地域分布情况。广东、江苏、山东、浙江、辽宁和河南6个省份城市污水处理厂处理能力超过1000万 m^3/d;湖北、四川、上海、湖南、安徽、河北、北京、陕西、福建和广西10个省(自治区、直辖市)为500~1000万 m^3/d;重庆、吉林、江西、黑龙江、贵州、云南、山西、天津、新疆、内蒙古、甘肃、宁夏和海南13个省(自治区、直辖市)为100~500万 m^3/d;青海、西藏和新疆兵团不足100万 m^3/d。

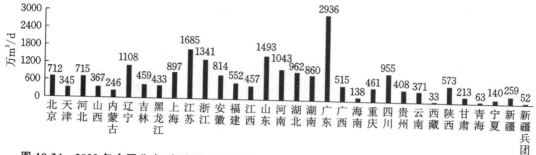

图 10.24　2022 年全国分省（自治区、直辖市）和新疆兵团城市污水处理厂处理能力地域分布情况

图 10.25 为 2022 年全国分省（自治区、直辖市）和新疆兵团城市生活污水集中收集率地域分布情况。上海、北京、天津、新疆、河北、陕西、河南、宁夏、内蒙古、江苏、甘肃、浙江、吉林、广东、山东和山西 16 个省（自治区、直辖市）城市生活污水集中收集率超过 70％；黑龙江、云南、青海、重庆、辽宁、安徽、福建、湖南、海南、湖北、贵州、广西、四川 13 个省（自治区、直辖市）和新疆兵团为 50％～70％；江西和西藏 2 个省（自治区）不足 50％。

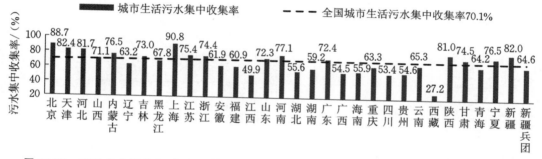

图 10.25　2022 年全国分省（自治区、直辖市）和新疆兵团城市生活污水集中收集率地域分布情况

综上所述，可以看出，区域设施的建设情况与经济发展情况和人口数量有极大关系。如上海城市化程度高，地区人口聚集程度高，产业聚集程度高，是全国单座污水处理厂平均服务人口数最多的城市，约为 58.95 万人/座。

10.3.2　排放标准及指标变化

《水污染防治行动计划》指出，到 2030 年，全国七大重点流域水质优良比例总体达到 75％以上。由于 GB 18918 一级 A 排放标准与《地表水环境质量标准》（GB 3838—2002）之间存在一定的差距，污水处理厂排放的尾水仍会对水环境产生污染。因此，各流域所在地区的解决措施是制定当地排放标准，降低污水处理厂主要污染物的排放限值，减少尾水污染物的排放。部分城市污水处理厂主要污染指标的排放标准如表 10.1 所示。

表 10.1 部分城市污水处理厂主要污染指标的排放标准

标准名称	标准	COD /(mg·L⁻¹)	BOD₅ /(mg·L⁻¹)	氨氮 /(mg·L⁻¹)	TN /(mg·L⁻¹)	TP /(mg·L⁻¹)	备注
《城镇污水处理厂污染物排放标准》(GB 18918—2002)	一级 A	50	10	5(8)	15	0.5	—
	一级 B	60	20	8(15)	20	1	—
《地表水环境质量标准》(GB 3838—2002)	Ⅲ类	20	4	1.0	1.0	0.2	—
	Ⅳ类	30	6	1.5	1.5	0.3	—
	Ⅴ类	40	10	2.0	2.0	0.4	—
北京市《城镇污水处理厂水污染物排放标准》(DB 11/890—2012)	A 标准	20	4	1.0(1.5)	10	0.2	排入Ⅱ、Ⅲ类水体
	B 标准	30	6	1.5(2.5)	15	0.3	排入Ⅳ、Ⅴ类水体
天津市《城镇污水处理厂污染物排放标准》(DB 12/599—2015)	A 标准	30	6	1.5(3.0)	10	0.3	规模≥10000 m³/d
	B 标准	40	10	2.0(3.5)	15	0.4	1000 m³/d≤规模<10000 m³/d
	C 标准	50	10	5(8)	15	0.5	规模<1000 m³/d
《湖南省城镇污水处理厂主要水污染物排放标准》(DB 43/T 1546—2018)	一级	30	—	1.5(3.0)	10	0.3	生态环境敏感区
	二级	40	—	3.0(5.0)	15	0.5	其他区域
浙江省《城镇污水处理厂主要水污染物排放标准》(DB 33/2169—2018)	现有	40	—	2(4)	12(15)	0.3	—
	新建	30	—	1.5(3.0)	10(12)	0.3	—

续表

标准名称	标准	COD /(mg·L⁻¹)	BOD₅ /(mg·L⁻¹)	氨氮 /(mg·L⁻¹)	TN /(mg·L⁻¹)	TP /(mg·L⁻¹)	备注
昆明市《城镇污水处理厂主要水污染物排放限值》(DB 5301/T 43—2020)	A 级	20	4	1.0(15.0)	5(10)	0.05	生态环境敏感区
	B 级	30	6	1.5(3.0)	10(15)	0.3	滇池流域
	C 级	40	10	3(5)	15	0.4	螳螂川-普渡河
	D 级	40	10	5(8)	15	0.5	其他
	E 级	70	30	—	/	2	雨季溢流污水
《宁夏回族自治区污水处理厂主要水污染物排放标准》(征求意见稿)	城镇	40	—	2.0(3.5)	15	0.3	—
江苏省《太湖地区城镇污水处理厂及重点工业行业主要水污染物排放限值》(DB 32/1072—2018)	二级保护区	40	—	3(5)	10(12)	0.3	—
	其他	50	—	4(6)	12(15)	0.5	
广东省《淡水河、石马河流域水污染物排放标准》(DB 44/2050—2017)	—	40	—	2.0(4.0)	—	0.4	

续表

标准名称	标准	COD /(mg·L⁻¹)	BOD₅ /(mg·L⁻¹)	氨氮 /(mg·L⁻¹)	TN /(mg·L⁻¹)	TP /(mg·L⁻¹)	备注
广东省《汾江河流域水污染物排放标准》(DB 44/1366—2014)	—	40	10	5.0	—	0.5	—
广东省《练江流域水污染物排放标准》(DB 44/2051—2017)	—	40	—	5.0(2.0)	—	0.5(0.4)	①
广东省《茅洲河流域水污染物排放标准》(DB 44/2130—2018)	—	30	—	1.5	—	0.3	—
安徽省《巢湖流域城镇污水处理厂和工业主要水污染物排放限值》(DB 34/2710—2016)	Ⅰ类别	40	—	2.0(3.0)	10(12)	0.3	工业废水<50%
	Ⅱ类别	50	—	5.0	15	0.5	工业废水≥50%
《河南省黄河流域水污染物排放标准》(DB 41/2087—2021)	一级	40	6	3.0(5.0)	12	0.4	排入黄河干流、黄河一级支流和Ⅲ类水体
	二级	50	10	5.0	15	0.5	其他

续表

标准名称	标准	COD /(mg·L⁻¹)	BOD₅ /(mg·L⁻¹)	氨氮 /(mg·L⁻¹)	TN /(mg·L⁻¹)	TP /(mg·L⁻¹)	备注
河南省《贾鲁河流域水污染物排放标准》(DB 41/908—2014)	郑州市区	40	10	3	15	0.5	—
	其他地区	50	10	5	15	0.5	—
河北省《大清河流域水污染物排放标准》(DB 13/2795—2018)	核心	20	4	1.0(1.5)	10	0.2	—
	重点	30	6	1.5(2.5)	15	0.3	—
	一般	40	10	2.0(3.5)	15	0.4	—
河北省《子牙河流域水污染物排放标准》(DB 13/2796—2018)	重点	40	10	2.0(3.5)	15	0.4	②
	一般	50	10	5(8)	15	0.5	—
《四川省岷江、沱江流域水污染物排放标准》(DB 51/2311—2016)	城镇	30	6	1.5(3)	10	0.3	—
	工业园区	40	10	3(5)	15	0.5	—
重庆市《梁滩河流域城镇污水处理厂主要水污染物排放标准》(DB 50/963—2020)	重点	30	—	1.5(3)	15	0.3	规模≥10000 m³/d
	一般	50	—	5(8)	15	0.5	规模≥10000 m³/d

注：TN 和氨氮括号内排放限值为水温不大于 12 ℃时的排放限值；广东省《小东江流域水污染物排放标准》(DB 44/2155—2019)同①；河北省《黑龙港及运东流域水污染物排放标准》(DB 13/2797—2018)同②。

北京市是最早执行高标准地标的城市,后天津市等重点地区也制定了相应的标准。目前,昆明市标准中 A 级特别排放限值指除 TN 外达到地表Ⅲ类水标准,是现阶段全国最严的排放标准。从排放标准的具体数值来看,各地主要针对 COD、氨氮和 TP 指标提出了更高的要求。例如,在所统计的地方排放标准中,约 77% 的 COD 指标高于一级 A 标准。在这 77% 中,有 60% 达到了地表水Ⅴ类标准,约 30% 达到了Ⅳ类标准,另有其他特殊要求的区域指标不再赘述。对于 BOD₅ 指标,约 38% 的排放标准达到了地表水Ⅳ类及以上标准。对于氨氮指标,约 74% 的排放标准高于一级 A 标准,达到了地表水Ⅴ、Ⅳ、Ⅲ类标准。对于 TN 指标,约 58% 的排放标准与一级 A 标准一致,其余排放标准中的 TN 指标介于一级 A 与地表水Ⅴ类标准之间。对于 TP 指标,约 36% 的排放标准与一级 A 标准相同,其余分别达到了地表水Ⅴ、Ⅳ、Ⅲ类标准,达到地表水Ⅳ类的居多。

10.3.3 提标改造工艺分析

由上文分析可知,虽然各地区排放标准各不相同,但与一级 A 标准对比后可发现提标改造的目标总体为三大类:第一类是降低 COD 排放,出水 COD 质量浓度从 50 mg/L 降为 20~40 mg/L;第二类是降低氮排放,出水氨氮质量浓度从 5 mg/L 降为 1.5~3 mg/L,出水 TN 质量浓度从 15 mg/L 降为 5~12 mg/L;第三类是降低磷排放,出水 TP 质量浓度从 0.5 mg/L 降为 0.2~0.4 mg/L。下面从这 3 个方面讨论国内已进行提标改造的污水处理厂所采取的措施。

1. 降低 COD 排放

目前城镇污水处理以二级生物处理为主,厌氧-缺氧-好氧(anaerobic-anoxic-oxic,AAO)、氧化沟与序列间歇式活性污泥法(SBR)(含相对应的改良工艺)是主要的处理方法,占我国污水处理厂总体工艺的 85.6%。进一步降低污水中的 COD,可通过优化生化系统运行方式或进行工艺改造,在二级处理阶段有效降低污染物浓度。太原市城南污水处理厂采用改良 AAO 工艺,在好氧反应区投加悬浮填料以增大生物池的污泥浓度,出水 COD 平均质量浓度达 20.60 mg/L。长三角地区某污水处理厂在原有改良式序列间歇反应器(modified sequencing batch reactor,MSBR)的主曝气区投加悬浮填料,形成改良式序列间歇反应器-移动床生物膜反应器(MSBR-MBBR,MBBR 英文全称为 moving-bed biofilm reactor)工艺,出水 COD 平均质量浓度稳定为(18.40±3.07) mg/L,可达到地表"准Ⅳ类水"的要求。盱眙县某工业园区污水处理厂通过调整设备、反应流程等条件实现改良 AAO 工艺,采用臭氧(O₃)接触氧化池+曝气生物滤池的深度处理工艺,确保难降解有机物的去除。天津某污水处理厂生物处理单元由原来的改良 AAO 改为分段进水二级 AO，一级 AO 池中投加生物菌剂与碳源，二级 AO 池中投加活性炭，出水达天津市 A 标准。

由于生化处理降低 COD 效果有限，目前还会采用深度处理来进一步减少污水中 COD，O_3 氧化是常用的深度处理工艺之一。天津市张贵庄污水处理厂采用降低深度处理负荷＋新增 O_3 催化氧化工艺，O_3 工艺可实现出水 COD 质量浓度达 20 mg/L。孙高升等在针对淮河流域城镇污水处理厂的升级改造过程中开发了 AAO＋膜生物反应器＋曝气生物滤池＋O_3 组合工艺，确保难降解有机物的去除。北方某再生水厂除改建多段多级 AAO 工艺外，还新建了 O_3 接触池，出水提升至北京市地标一级 B 标准。浙江某污水处理厂采用 O_3 接触氧化和生物滤池来强化对二级出水中难降解 COD 的去除，出水达到"准 Ⅳ 类"标准。当进水工业废水比重较高时，部分改造工程可采用 Fenton（芬顿）高级氧化技术，如浙江某污水处理厂工业废水占比为 60%，提标工程除了将 MSBR 改造为 AAO 工艺，还增设了 Fenton 处理工艺，出水 COD 平均质量浓度为 28.82 mg/L。天津某开发区工业污水处理厂采用"反硝化滤池＋Fenton 高级氧化法"深度处理工艺，将出水 COD 质量浓度从 60 mg/L 处理至 30 mg/L 以下。此外，还有活性炭加磁高效沉淀、高效混凝沉淀＋深床砂滤、生物活性炭（biological activated carbon，BAC）池等。

当污水处理厂进水中含有大量难降解有机物时，水解酸化等预处理也可为 COD 的去除起到促进效果。如义乌市佛堂污水处理厂采用水解酸化＋AAO＋反硝化深床滤池＋多级流动床吸附塔＋除磷一体机的工艺技术组合进行提标改造，出水 COD 质量浓度稳定在 20 mg/L 以下。

由此可见，根据进水水量与水质以及实际运行效果，增加预处理、优化生化处理运行条件或进行改造、增加高级氧化剂与活性炭等深度处理均可有效降低出水 COD 浓度，具体工艺及组合还需要根据污水处理厂实际运行情况进行优选。

2. 降低氮排放

TN 的去除依赖进水有机物浓度、可生化性和碳氮比（C/N）。我国城镇生活污水中的 C/N 普遍较低，碳源的不足严重制约了生物脱氮能力。因此，TN 一直是污水处理厂设计、运行中的难点。提升生化处理脱氮效果，可通过调整生化部分运行参数、投加外部碳源、改造生物处理、增大污泥量等来实现，不少污水处理厂已经进行了实践。例如北京市门头沟第二再生水厂采用 AAO＋AO＋MBR 工艺，两级缺氧多点投加碳源，出水 TN 平均质量浓度为 7.5 mg/L，冬季也能维持较好的 TN 去除率。呼和浩特市班定营污水处理厂将氧化沟改为多级 AO 联合 MBR 工艺，出水 TN 质量浓度低于 10 mg/L。

除充分利用二级生化处理除氮外，生物膜法等深度处理也是常用的提标改造方法。

苏州市胥口污水处理厂除了在 AAO 池中增加生物填料,还新建反硝化深床滤池,出水 TN 质量浓度为(8.0±0.9) mg/L,达苏州市地标。深圳市横岭污水处理厂改造工程采用新建两级曝气滤池＋反硝化滤池＋高负荷混凝沉淀池工艺,出水 TN 质量浓度小于 15 mg/L。成都某污水处理厂采用改良 AAO＋MBR＋高效沉淀工艺对污水处理厂进行提标改造,出水 TN 质量浓度可低于 8.6 mg/L。浙江省某污水处理厂采用多段强化脱氮改良型 AAO 工艺,通过生物滤池和深床反硝化滤池并投加碳源来强化 TN 的去除,出水 TN 质量浓度小于 12 mg/L。河南省三门峡市某县城污水处理厂将循环式活性污泥法(cyclic activated sludge technology,CAST)工艺改造成 Bardenpho(全称是"脱氮能源的前置反硝化工艺",由 AAO＋AO 组成)工艺,增加反硝化滤池和 BAF,出水 TN 质量浓度由 14.85 mg/降为 10.53 mg/L。

可以看出,反硝化滤池是常用的深度处理工艺,但去除效果在各污水处理厂中各不相同,如天津市津沽污水处理厂深床滤池仅对部分颗粒态氮起截留作用,96.9％的 TN 由多点进水多点回流改进型多级 AAO 工艺去除,生化处理增加了内回流点和最大回流量,提高内外碳源的利用效率;而巢湖流域某污水处理厂将 V 型滤池改造为混凝反应池＋斜板沉淀池＋反硝化深床滤池,反硝化深床滤池 TN 平均去除率为 61.7％。说明同一种工艺在不同的污水处理厂去除污染物效率有所不同。氨氮的去除主要靠硝化过程来完成,低水温导致的硝化能力下降是达标难点,通过前述生化工艺的调整和改造都能使氨氮达到各类排放标准。

此外,还有生物倍增＋赛莱默深床反硝化滤池工艺、高浓度复合粉末载体生物流化床等新工艺的探索。

总体而言,减少氮排放可通过深挖生化处理来实现,如强化反硝化反应、采用多点进水的方式分配碳源、延长缺氧段水力停留时间等,充分开发内部碳源的利用效率,间接减少投药成本。当生物处理无法保障出水氨达标时,反硝化深床滤池等生物膜法深度处理工艺能进一步加强氮的去除,起到辅助达标的保障作用。

3. 降低磷排放

城镇污水处理厂采用生物除磷工艺可以将出水 TP 质量浓度控制为 0.5～1.0 mg/L,要满足出水 TP 质量浓度低于 0.3 mg/L 的要求,难度较大。必须在充分利用生物除磷的前提下,增加深度化学除磷。目前常用的深度处理工艺有多种,效果亦有所差别,且深度处理效果易受二级出水水质的影响。

湖南省某污水处理厂采用 AAO 工艺结合高浓度复合粉末载体生物流化床工艺进行生产性试验,强化脱氮除磷效果,出水 TP 质量浓度小于 0.3 mg/L。长春市宽城区某污水处理厂采用固定生物膜活性污泥工艺(integrated fixed-film activated sludge，IFAS)工艺(原生化池改造)＋浸没式超滤＋O_3接触氧化的工艺，实际出水 TP 质量浓度小于 0.3 mg/L。深圳市某污水处理厂通过增设磁混凝沉淀池＋超滤膜的组合深度处理工艺进一步去除 TP，改造后出水 TP 质量浓度为(0.07±0.02) mg/L。义乌市佛堂污水处理厂探索出 TP 质量浓度达Ⅲ类水标准的处理工艺，即 AAO 生化除磷＋高效沉淀＋活性焦动态连续多级吸附。聊城市某污水处理厂将一组高效沉淀池改造为磁沉淀(magnetic sedimentation，SediMag)系统，出水可以稳定达到地表"准Ⅳ类"水中对 TP 质量浓度不大于 0.3 mg/L 的要求。无锡市某工业园区污水处理厂采用水解酸化＋AO 池＋高效沉淀池＋滤布滤池＋O_3催化氧化系统＋超滤的工艺对园区污水处理厂进行提标改造，出水 TP 质量浓度小于 0.2 mg/L，符合Ⅳ类水要求。

由此可见，单一的深度处理工艺并不能决定除磷效果，很多污水处理厂在提标改造时都是进行系统改造，即二级处理工艺与深度处理工艺同步改造，研究最佳组合方式及参数，这样才能保障出水 TP 质量浓度达到排放标准。

第 11 章
城市排水工程规划设计实践
——以中山市 SL 片区彩虹泵站及配套管网工程为例

11.1 项目规划设计概述

11.1.1 工程概述

1. 工程建设规模和内容

中山市 SL 片区彩虹泵站及配套管网工程,目前由于彩虹泵站现状规模较小,需要扩建以满足 SL 片区污水收集要求,且服务于该片区的珍家山污水处理厂规模不足以完全接纳 SL 片区内的污水,需要新建 SL 片区污水转输干管,将 SL 片区部分污水纳入中嘉污水处理厂服务范围。

本项目主要内容包括新建污水干管(DN1200 球墨铸铁压力管)约 7.8 km;彩虹泵站换泵改造 1 座(规模为 8 万 m³/d),主要包括泵站集水池增加隔墙,以及更换泵站盖板、4 台潜水排污泵、2 台格栅除污机、阀门、闸门、电气设备、仪表设备等。

2. 工程范围

中山市 SL 片区彩虹泵站及配套管网工程实施范围为中山市城区范围内西区及沙溪镇,如图 11.1 所示。

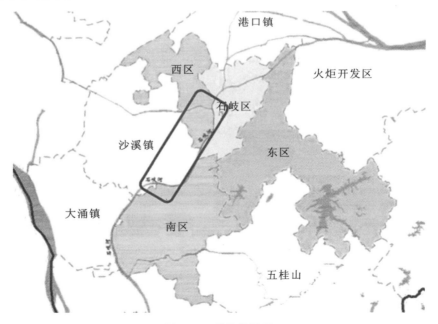

图 11.1 项目范围图

11.1.2　中山市污水规划

中山市污水规划以《中山市污水建设规划（修编）》的规划内容为准。

1. 规划年限

规划水准年：2017 年；近期：2018—2025 年；远期：2026—2035 年。

2. 规划范围

中山市域行政管理辖区范围，总面积约 1800 km²。

3. 规划目标及指标

（1）近期（2018—2025 年）。

以提高污水处理率、减少污染物排放、改善河涌水环境质量为目标，完善污水收集系统，建立区域分流与沿河截流相结合的污水收集系统。具体指标如下。

① 污水处理率：中心城区达到 95%，除中心城区以外镇区达到 90%。

② 污水厂进厂 COD 浓度：≥170 mg/L。

③ 污泥无害化处置率：≥90%。

④ 河涌截污率：100%。

⑤ 中心城区水环境达标率：100%。

⑥ 中心城区分片区考核管网水位及水质，片区达标率：≥50%。

⑦ 再生水利用率：≥20%。

⑧ 污水厂全部完成提标改造，达到一级 A 排放标准。

⑨ 年径流总量控制率：50%。

⑩ 城市面源污水控制（按 SS 去除率计）：60%。

（2）远期（2026—2035 年）。

以污水系统优化调整、初期雨水面源污染控制为主要任务，同时逐步实现污水资源化利用，建立符合中山市未来发展目标要求的污水收集系统。具体指标如下。

① 污水处理率：97%。

② 污水厂进厂 COD 浓度：≥200 mg/L。

③ 污泥无害化处置率：100%。

④ 中心城区分片区考核管网水位、水质及水量，片区达标率：≥80%。

⑤ 再生水利用率：20%。

⑥ 年径流总量控制率：50%。

⑦ 城市面源污水控制（按 SS 去除率计）：70%。

4. 排水体制

中山市采取混合制排水体制,"宜分则分,难分则先截后分"。

(1) 对于建成区采取截流制,容易改造的混接区域应分片区分阶段实施混接改造,正本清源;难以入户分流或者难进行分流改造旧城区、旧城中村可以在末端截流,远期结合旧城区改造改为分流。

(2) 河涌受污染严重及难以分流的地区优先建设沿河截污系统,控制水体污染,在完成截污的基础上对沿河流域根据实际情况开展雨污分流。

(3) 对新开发地区严格实行雨污分流制,同时协调处理截流系统与污水系统。

5. 截流倍数 n

主干管网及污水厂的截流倍数 $n=1$,管径在允许条件下可适当提高;截污系统分为河涌截污和建成区截污,河涌截污的截流倍数 $n=2\sim5$,超出下游管网承接能力的规模应通过调蓄池、分散式污水处理设施进行处理,以减少溢流污染。对于建成区截污,规划近期建成区截流倍数 $n=1$,远期难以分流的区域截流倍数 $n=3\sim5$。

6. 污水综合排放系数

本规划污水综合排放系数为 0.85。

7. 污水厂规划规模

规划至 2035 年,中山市共规划建设污水厂 27 座。规划期内,中心片区形成"十区十七厂"的布局,2035 年末污水厂总规模需达到 185.2 万 m^3/d。南部片区形成"三镇三厂"的布局,2035 年末污水厂总规模需达到 32 万 m^3/d。西北片区形成"六镇七厂"的布局,2035 年末污水厂总规模需达到 68 万 m^3/d。以上均不包括各镇区分散处理设施。考虑到 2035 年规划期末污水量预测与现状有较大差别,部分规划难以在短期内落地,故考虑增加 2025 年污水厂规模,作为污水处理系统及配套管网、泵站的近期布局依据。

11.1.3 SL 片区污水规划

根据《中山市污水建设规划(修编)》,珍家山污水系统由 7 个污水管网系统组成,每个管网系统规划建立分区泵站,使每个污水管网系统相互独立,互不影响,同时新建截污系统,截污系统分为河涌截污和建成区截污。SL 片区污水管网属于珍家山污水系统。根据规划,现状 SL 片区已建成彩虹大道污水主干管、金港路污水主干管以及金华南路污水主干管,将 SL 片区划分为两个区域,分别为金港路以北区域与金港路以南区域。

1. 金港路以北区域

本区域污水由金港路污水主干管以及金华南路污水主干管负责转输,纳污范围约820.21 hm²,区域内有住宅小区、商业办公楼、工业厂房、村庄自建房等。预测 2025 年片区旱季污水量为 3.01 万 m³/d,2035 年片区旱季污水量为 4.70 万 m³/d。区域内金华南路污水主干管接入金港路污水主干管下游,最终接入彩虹大道污水主干管。经核算,现状污水主干管满足本区域内污水规模,规划主干管网维持现状,同时由于本区域纳污面积较大,管网路由较长,规划在接入彩虹大道污水主干管前新建污水提升泵站,采用一体化埋地式泵站,由于近期内无法完全进行分流,故考虑部分合流水量,截流倍数取 1,同时继续对片区进行分流改造。

表 11.1 为金港路以北区域污水干管一览表。表 11.2 为金港路以北区域规划泵站一览表。

表 11.1　金港路以北区域污水干管一览表　　　（单位:万 m³/d）

主干管名称	分流面积/hm²	2025 年		2035 年		规划管径/mm	管道规模	备注
		旱季污水量	转输污水	旱季污水量	转输污水			
金港路污水主干管	322.03	1.18	1.83	1.84	2.85	800～1000	2.81～5.55	维持现状
金华南路污水主干管	498.18	1.83	—	2.85	—	800	2.81	维持现状

表 11.2　金港路以北区域规划泵站一览表　　　（单位:万 m³/d）

泵站名称	服务范围/hm²	现状用地/m²	现状规模	2025 年规模		2035 年规模	备注
				旱季	雨季		
金港路污水泵站	820.21	—	—	3.01	6.20	4.70	规划新建

2. 金港路以南区域

彩虹大道污水主干管为本区域污水主干管,上游区域承接金港路以北转输污水,2025年片区旱季转输污水量为 3.01 万 m³/d,2035 年片区旱季转输污水量为 4.70 万 m³/d,沿途收集周边地块污水,下游由彩虹 2 号污水泵站统一提升至青溪路污水主干管。

金港路以南片区纳污面积约 660.78 hm²,预测 2025 年片区旱季污水量为 2.42 万 m³/d,2035 年片区旱季污水量为 3.78 万 m³/d。经核算,现状污水主干管满足本区域内污水排水需求。

本次规划彩虹大道污水主干管无须扩建,由于近期内片区无法完全进行分流,需要逐步进行改造,故考虑部分合流水量,截流倍数取 1,彩虹 2 号污水泵站需要扩建。

表 11.3 为金港路以南区域污水干管一览表。表 11.4 为金港路以南区域提升泵站一览表。

表 11.3　金港路以南区域污水干管一览表　　　　（单位:万 m³/d）

主干管名称	纳污面积/hm²	2025 年		2035 年		规划管径/mm	管道规模	备注
		旱季污水量	转输污水	旱季污水量	转输污水			
彩虹大道污水主干管	660.78	2.42	3.01	3.78	4.70	1200	9.02	维持现状

表 11.4　金港路以南区域提升泵站一览表　　　　（单位:万 m³/d）

泵站名称	服务范围/hm²	现状用地/m²	现状规模	2025 年规模		2035 年规模	备注
				旱季	雨季		
彩虹 2 号污水泵站	1480.90	1800	5.50(7.00)	5.50	11.00	8.50	扩建

注:泵站规划规模为平均日流量,括号内为最大排污规模。

11.2　区域给排水现状

11.2.1　供水现状

2020 年中山市总供水量为 14.69 亿 m³,比 2019 年少 0.15 亿 m³,其中地表水源供水量 14.46 亿 m³,占供水总量的 98.4%;地下水源供水量为 22.0 万 m³,占供水总量的 0.01%,比 2019 年少 1 万 m³;污水处理回用与雨水利用等其他水源供水量为 0.229 亿 m³,占供水总量的 1.6%。

11.2.2　用水现状

2020 年全市用水总量 14.69 亿 m³,其中:生活综合用水 5.05 亿 m³,约占用水总量的 34.4%;一般工业用水 2.51 亿 m³,约占用水总量的 17.1%;火电冷却用水 2.20 亿 m³,约占用水总量的 15.0%;农业用水 4.93 亿 m³,约占用水总量的 33.5%。按生产(包括农业、工业及城镇公共)、生活(指居民生活)、生态(指生态环境)划分:生产用水 11.60 亿 m³,约占总用水量的 79.0%;生活用水 2.75 亿 m³,约占总用水量的 18.7%;生态补水 0.34 亿 m³,约占总用水量的 2.3%。2020 年全市用水总量比去年少 0.15 亿 m³。其中:生活综合用水量增加了 1.21 亿 m³,上升了 31.5%;一般工业用水减少了 1.08 亿 m³,下降了 30.1%;火电冷却用水减少了 0.37 亿 m³,下降了 14.4%;农业用水增加了 0.09 亿 m³,上升了 1.9%。

11.2.3　排水系统现状

截至 2022 年底,中山市已建成污水处理厂 23 座,建成规模共 171 万 m³/d。由于中心城区地形呈中心高、周边低,且沙溪镇与火炬开发区临近中心城区,故中心城区内建设有两座污水处理厂,其中珍家山污水处理厂处理东区、北区以及部分火炬开发区生活污水,火炬开发区其余生活污水由区内污水处理厂进行处理;中嘉污水处理厂则负责处理西区、石岐区、南区以及沙溪镇生活污水。其余每一个镇区为一个单独污水分区并建设有污水处理厂,分区内生活污水统一收集至该分区内的污水处理厂进行处理(见图 11.2)。

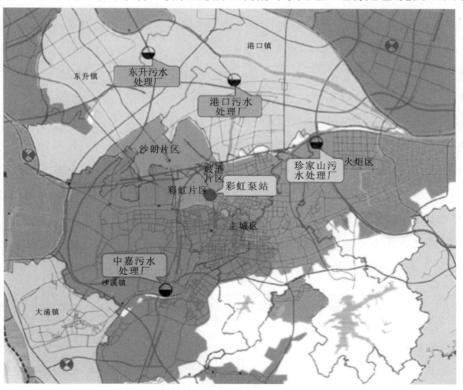

图 11.2　项目周边污水处理厂位置图

注:SL 片区即图中岐港片区、沙朗片区、彩虹片区组成的色块部分

根据《中山市污水建设规划（修编）》和现状管网资料，现状 SL 片区污水主干管已建成，除金港路污水泵站未建外基本与规划一致。经核算，现状污水主干管可满足规模为 9.02 万 m³/d 污水输送需求，可满足本区域近期内污水量输送需要。

彩虹泵站为本片区污水系统出口。该泵站完工于 2012 年左右，现状规模为 5.5 万 m³/d，雨季为 7 万 m³/d，配置 4 台潜水排污泵（3 用 1 备），单台流量为 1000 m³/h。与片区近期（2025 年）预测旱季污水量 7.83 万 m³/d 相比，彩虹泵站现状规模较小，需要对彩虹泵站进行扩建。

SL 片区污水汇集至彩虹泵站后，通过一条 DN600 过河压力管统一提升至青溪路 DN1200 污水主干管，送入珍家山污水处理厂。经复核，该条 DN600 压力管过流能力不能满足 SL 片区污水系统的水量输送需求。

11.2.4 污水处理厂现状

1. 珍家山污水处理厂

SL 片区污水系统目前属于珍家山污水系统服务范围，该片区污水由彩虹大道主干管输送至彩虹泵站后，统一提升至青溪路 DN1200 污水主干管，最终进入珍家山污水处理厂。

珍家山污水处理厂位于中山市火炬开发区濠四村，右邻广澳高速，北靠石岐河。厂区现状规模为 10 万 m³/d，近期扩建至 20 万 m³/d。

根据《中山市污水处理有限公司三期扩建工程可行性研究报告》，珍家山污水系统近期（2025 年）预测旱季平均日污水量为 30.05 万 m³/d，其中，SL 片区 2025 年预测旱季污水量为 7.83 万 m³/d，扣除 SL 片区之后，珍家山污水系统仍需要处理的旱季污水量为 22.22 万 m³/d，如表 11.5 所示。因此，珍家山污水处理厂二期扩建工程完工后，仍不能满足现状服务范围内需处理的污水规模。

表 11.5 城区污水处理系统旱季污水量预测结果 （单位：万 m³/d）

序号	污水处理系统		2025 年预测旱季污水量	2035 年预测旱季污水量
1	中嘉污水系统		24.72	28.94
2	珍家山污水系统	SL 片区	7.83	9.09
		其他片区	22.22	26.80
		合计	30.05	35.89

SL 片区近期(2025 年)预测旱季平均日污水量为 7.83 万 m³/d,雨季增加截流污水量为 0.59 万 m³/d。

珍家山污水处理厂末端处理能力不足,再加上黑臭水体整治工程采用总口截污方式,收集了大量沿河截流雨水和覆盖渠合流污水,导致近年来珍家山污水系统主干管水位升高近 1 m,部分道路低洼位置污水冒溢现象时常发生。据运营单位反馈,彩虹 2 号污水泵站同时开启 2 台水泵即会导致下游部分位置马上冒溢污水,极大影响了彩虹 2 号泵站的正常调配。

因此,珍家山污水系统的近期处理能力和部分管网输送能力均不能满足 SL 片区污水输送处理需求,应考虑尽快新建 SL 片区污水转输主干管,将该片区污水输送至周边有条件的污水处理厂进行处理。

2. 港口污水处理厂

港口污水处理厂位于中山市中部,小榄、东升镇以东,现状服务范围主要为港口镇镇域范围。

港口污水处理厂现状处理规模为 4 万 m³/d,根据《中山市污水处理厂扩容计划方案(2021—2025 年)》,在中山市黑臭(未达标)水体整治提升工程完成建设后,港口污水处理系统内,旱季污水量为 5.74 万 m³/d,雨季污水量为 7.65 万 m³/d。建议近期扩建规模为 4.00 万 m³/d,扩容后的规模为 8.00 万 m³/d。近期富余处理能力不能满足 SL 片区 8.0 万 m³/d 规模污水的处理需求。

港口镇污水管网系统主要包括沙港公路(石特片区)污水主干管系统(主干管管径为 1200 mm)、港口河污水主干管系统(主干管管径为 800 mm)、中心片区(华师路至胜隆西路)污水主干管网系统(主干管管径为 1000～1200 mm)、大丰工业片区污水系统、大南片区污水系统。其中石特片区与中心片区的大部分道路已经敷设污水管道,大丰工业片区正准备实施污水主干管网,大南片区暂未实施雨污分流。经复核,港口污水处理系统主干管过流能力可满足本片区内污水规模,但其富余输送能力不足以接入 SL 片区污水。

3. 东升污水处理厂

现状东升污水处理厂位于东升镇胜龙村天盛围,北部排灌渠以北,广珠西线高速以东,现状规模为 3 万 m³/d,北部排灌渠以北污水通过自流汇入东升污水处理厂处理。坦背村周边污水通过污水泵站(现状 1 万 m³/d)提升接入污水主管。紫熙园和利生社区(观栏村)分别有现状规模为 1000 m³/d 的污水处理站。

根据《中山市未达标水体综合整治工程(岐江河流域-小榄镇、东升镇)项目可行性研究报告》,东升镇 2025 年预测旱季污水量约为 10.17 万 m³/d,2035 年预测旱季污水量约为 10.61 万 m³/d。东升污水处理厂计划近期扩容 7 万 m³/d,总规模达到 10 万 m³/d。近期预测污水量已达到扩建后设计规模。此外,根据主管部门反馈信息,东升污水处理厂运行状况不佳,出现过污泥中毒等情况,且近期扩建征地问题尚未落实。因此,不建议将 SL 片区污水输送至东升污水处理厂。

东升镇现状排水系统主要为合流制,鸡笼涌等河涌沿线局部路段建设有截污管道,镇区范围内污水管网不完善,污水收集率低。东升镇现状污水管网总长度约为 60 km,管道管径为 300~1600 mm,主要分布在北部排灌渠以北及坦背村周边,主干管管径为 800~1600 mm,主要沿北部排灌渠、同乐大街、丽城路、广福路、裕隆路、东成路等布置,支管主要分布在东升社区、鸡笼涌两岸、裕民、高沙社区等。针对东升镇污水管网不完善的现状,需要新建部分污水主干管及干管,完善东升镇污水管网系统。

4. 中嘉污水处理厂

中嘉污水处理厂现状处理规模为 20 万 m³/d,三期扩建规模为 20 万 m³/d,扩建工程近期完工并投入使用后,处理规模达到 40 万 m³/d。根据《中山市污水处理有限公司三期扩建工程可行性研究报告》,中嘉污水处理厂现状服务范围内,2025 年预测旱季污水量为 24.72 万 m³/d,雨季截流增加规模 4.79 万 m³/d,合计 29.51 万 m³/d,富余处理能力可满足 SL 片区污水转输处理需求。

中嘉污水系统现状服务范围主要包括南区北片区、南区南片区、石鼓片区、龙石片区、沙溪片区,总服务面积为 113.63 km²。中嘉污水处理厂现状污水处理厂进水管共 2 路,均接自厂区东南角。其中,中嘉一期 DN1600 主干管主要收集第一城泵站及马恒河片区范围内的污水,中嘉二期 DN2000 主干管主要收集发疯涌片区、树涌片区、渡头片区、翠景片区、下闸泵站及沙溪云汉泵站范围内的污水。现状一期进厂管为 DN1600 钢筋混凝土管,坡度为 0.6‰,最大过流能力为 1.74 m³/s,二期进厂管为 DN2000 钢筋混凝土管,坡度为 1‰,最大过流能力为 4.08 m³/s,两根污水管合计最大过流能力为 5.82 m³/s,综合生活污水量变化系数取 1.5,对应平均日污水量为 33.52 万 m³/d,可满足中嘉污水处理厂现状服务范围内的近、远期过流需求,但无法满足三期扩建后 40 万 m³/d 的总过流需求。

因此,SL 片区规模 8.0 万 m³/d 污水输送至中嘉污水厂处理需要新建污水干管。

11.3 排水工程规划设计

11.3.1 排水体制选择

合理地选择排水体制,是城市排水系统规划中一个重要问题,关系到整个排水系统是否实用,能否满足环境保护要求,同时也影响到排水工程的总投资、初期投资和运营费用。

排水体制的选定必须与排水系统终端的污水处理方式和环境质量要求相结合,同时受现实排水系统状况的限制。

本工程所在区域具备完善污水处理系统,排水体制采用雨污分流制。

11.3.2 设计原则

(1)排水方式:充分利用自然地形地势,结合竖向规划,合理将污水纳入规划市政污水管网,最终进入污水处理厂。

(2)覆土深度:充分利用现有地形地貌特点,降低管道埋深,以节约工程造价和运行维护费用。污水管道起点覆土一般为 3.0~3.5 m,污水压力管道覆土一般为 1.0~2.0 m。

(3)管道布置:在排水系统设计中,充分体现排水系统的可预见性、超前性,体现排水设施的可持续发展。

(4)采用压力管道时在压力管道的最高点、最低点处按要求分别设置排气阀和排泥阀。

11.3.3 设计技术标准

本工程近期(2025 年)预测旱季污水量为 7.83 万 m^3/d(总变化系数 $K_z = 1.52$)。泵站服务片区近期排水体制为分流制与截流式合流制共存,片区内雨污管网分流改造正在实施当中,预测近期(2025 年)改造完成后雨季截流雨水量为 1.38 万 m^3/d。彩虹泵站改造后,旱季设计污水量取 8 万 m^3/d,并根据近期(2025 年)雨季设计流量 9.21 万 m^3/d 进行校核。

污水金属管道最大流速宜为 10.0 m/s,非金属管道最大流速宜为 5.0 m/s。

污水重力管的最小管径为 400 mm;最小流速 0.6 m/s、管径 400 mm 对应的管道最小坡度为 1.5‰。

污水重力管按不满流计算,最大充满度的规定如表 11.6 所示。

表 11.6　污水重力管最大充满度

管径 D/mm	最大设计充满度 h/D
400	0.65
500	0.65

注:h 为污水在管道中的水深。当 $h/D=1$ 时称为满流;当 $h/D<1$ 时称为非满流。

11.3.4　泵站改造设计

1. 泵站现状概况

彩虹泵站为全地下污水泵站,现状规模为 5.5 万 m³/d,雨季规模为 7 万 m³/d,因现状规模不满足近期污水量输送要求,需要对彩虹泵站进行改造;受珍家山污水厂处理能力限制,彩虹泵站需要新建污水压力管道,将污水输送至有富余处理能力的中嘉污水处理厂进行处理。

粗格栅及提升泵房:土建已建设完成,现状共设置 4 台水泵,设计工况为 3 用 1 备,全变频,单泵参数为流量 $Q=417$ L/s,扬程 $H=11$ m,轴功率 $N=55$ kW;格栅除污机型号为 PZGD2-21×12AZT 型,渠道宽度 $B=1200$ mm。

现状泵站出水经 DN800 压力管输水,穿越岐江河,该管段为 DN600 管,过岐江河后排至岐江河东岸市政污水重力管网,最终排入珍家山污水处理厂。

2. 泵站总体改造内容

(1)土建改造。

泵站池体已建设完成,本次仅对其局部进行改造。

① 为保障水泵检修期间不停水,拟在泵站集水池内增设隔墙,隔墙之间增加过水孔洞及闸门,平时运行时闸门全开,当水泵发生事故需要检修时,将闸门关闭,保留其中 2 台水泵正常运行。

② 根据选取水泵型号要求,水泵基础需要重建。

③ 根据现场查看,现状池顶盖板为钢花纹盖板,破损变形比较严重,存在较大的安全隐患,本次将其更换为玻璃钢格栅覆面盖板。同时因水泵规格增大,其所需要的吊装孔的直径也由现状 1700 mm 扩大至 2500 mm。

④ 考虑到美观需要,拟在池顶铺设瓷片。

（2）设备改造。

① 水泵更换。

彩虹泵站污水量规模为 8 万 m³/d，扬程需要 29 m，现有的水泵参数为流量 $Q=417$ L/s，扬程 $H=11$ m，轴功率 $N=55$ kW，难以满足污水排放需要，需要对其进行更换。同时已复核泵站现状泵位，可以满足水泵更换条件。水泵为 3 用 1 备，共 4 台，全变频。

② 格栅机更换。

彩虹泵站现状破碎格栅机共有 2 台，根据业主反馈该格栅机经常出现故障，影响排水效果，也需要更换。考虑到垃圾格除效果，拟将原有的破碎格栅机更换为钢丝绳牵引式格栅除污机，渠道宽度 $B=1200$ mm，栅距 $b=15$ mm，功率 $P=1.5$ kW，安装角度为 80°。

③ 闸门、阀门等设备及配件更换。

因泵站建成时间较长，闸门、阀门等设备及配件已出现老化，且根据调查，现状阀门等设备目前均采用人工操作，缺乏电动控制功能，导致自动化控制水平较差，因此本工程将对其进行更换。

④ 增设离子除臭装置。

为防止泵站运行期间异味气体外逸，拟对格栅机增加密封罩，密封罩平面尺寸为 6000 mm×8500 mm。同时增加离子法＋活性炭吸附组合除臭处理装置及配套除臭风管。

（3）配套管网改造。

彩虹泵站现状出水管道管径为 800 mm，向南侧排放，最终排入珍家山污水处理厂。本项目拟将出水管管径由 800 mm 扩建为 1200 mm，分别向南北两侧排放，其中，在北侧新建 1 号阀门井及交汇井与新建 DN1200 压力排水管道连接，最终排入中嘉污水处理厂；而在南侧新建 2 号阀门井与原彩虹泵站 DN800 压力污水管道连接，作为临时检修通道使用。当中嘉污水处理厂检修时，可关闭至中嘉污水处理厂的 1 号阀门井及交汇井里面的闸阀，打开南侧的 2 号阀门井内的 DN800 闸阀，泵站出水通过现状过河压力管至珍家山污水处理厂，切换污水输送方向。

（4）其他附属设施改造。

① 现状围墙为铁艺栏杆，因施工场地受限需要将其拆除，施工结束后，恢复为砖砌围墙。

② 现状大门维持现状不改造，但需要增加一处大门以满足水泵检修时汽车出入要求。

③ 电气、自控设施改造。

④ 路面改造。

3. 工艺设计

1）污水量预测

（1）旱季污水量预测指标。

① 用水量指标。

a. 单位人均综合用水量指标。

污水量排放指标是预测或计算城市污水量的重要参数，它对城市污水系统规模的合理确定有重要作用。为科学合理确定该指标，一般应对供水量进行实测，结合现行国家标准、规范，并借鉴国内外相似城市用水经验进行综合考虑。

根据《中山市污水建设规划（修编）》，各区单位人口综合用水量指标如表 11.7 所示。

表 11.7　各区单位人口综合用水量指标（最高日）　　　[万 m³/（万人·d）]

分区	2035 年
Ⅰ	0.50
Ⅱ	0.55
Ⅲ	0.60

注：Ⅰ区包括板芙镇、五桂山、三角镇、三乡镇、神湾镇、阜沙镇、坦洲镇、民众镇、小榄镇、黄圃镇、南头镇；Ⅱ区包括大涌镇、翠亨新区（含南朗镇）、沙溪镇、东升镇、港口镇；Ⅲ区包括中心城区、横栏镇、火炬区、古镇镇、东凤镇。

本工程研究片区属Ⅲ区，单位人口综合用水量指标（最高日）取 0.60 万 m³/（万人·d）。

b. 单位建设用地综合用水量指标。

根据《中山市污水建设规划（修编）》，各区单位建设用地综合用水量指标如表 11.8 所示。

表 11.8　各区单位建设用地综合用水量指标（最高日）　　　[万 m³/（km²·d）]

分区	2035 年
Ⅰ	0.45
Ⅱ	0.50
Ⅲ	0.55

注：Ⅰ区包括火炬区、板芙镇、五桂山、港口镇、民众镇、阜沙镇、翠亨新区、三乡镇、神湾镇、小榄镇；Ⅱ区包括黄圃镇、东升镇、东凤镇、坦洲镇、三角镇、南头镇；Ⅲ区包括中心城区、沙溪镇、横栏镇、古镇镇、大涌镇。

研究片区属Ⅲ区,单位建设用地综合用水量指标(最高日)取 0.55 万 $m^3/(km^2 \cdot d)$。

② 污水综合排放系数。

根据《中山市污水建设规划(修编)》,研究区域污水综合排放系数取 0.85。

③ 外水进入系数。

地下水渗入量是指从管道接口、管子裂缝及检查井壁中渗入污水管的地下水量。其大小取决于污水管道系统的管材、连接情况、地下水位和土壤的渗透性能。考虑到中山市地下水位较高,外水进入系数取 10%。

④ 供水量日变化系数(K_d)。

根据《中山市污水建设规划(修编)》,研究区域供水量日变化系数(K_d)取 1.25(污水规划比给水规划更新,故按污水规划取值)。

⑤ 片区人口。

现状人口根据相关部门提供的中山市 2020 年第七次人口普查数据,2025 年及 2035年的人口规模按《中山市国土空间总体规划(2020—2035 年)》取值。相关镇街人口数量如表 11.9 所示,由于石岐街道和西区街道内部开发强度相差不大,按照面积加权平均,得出 SL 片区内人口数量。

表 11.9　片区相关镇街人口数量　　　　　　　　　　　　　（单位:万人）

相关区域	人口数量		
	"七普"人口	2025 年	2035 年
石岐街道岐港片区	3.52	3.88	4.32
西区街道沙朗、彩虹片区	10.72	14.50	15.95
SL 片区人口合计	14.24	18.38	20.27

⑥ 污水收集率。

根据《中山市污水建设规划(修编)》,近期(2018—2025 年)污水收集率为中心城区达到 95%,除中心城区以外镇区达到 90%;远期(2026—2035 年)污水处理率为 97%。

考虑到环保相关的标准和监管越来越严,远期应该确保污水实现全收集、全处理,因此,本次污水收集率,近期取 95%,远期取 100%。

⑦ 用水量增长率。

根据《中山市给水工程专项规划(2018—2035 年)》,中山市年用水量变化较小,全市年用水量增长率取值为 2%。SL 片区相关片区近 4 年供水量如表 11.10 所示。下面取

2021 年的供水量数据作为基准数据进行污水量预测。

表 11.10　研究片区相关区域历年日均供水量　　（单位:万 m³/d）

相关区域日均供水量	2018 年	2019 年	2020 年	2021 年
石岐街道岐港片区	0.21	0.57	0.61	0.65
西区街道沙朗、彩虹片区合计	6.31	6.51	6.44	7.05
研究片区合计	6.52	7.08	7.05	7.70

⑧ 截流倍数。

根据《中山市污水建设规划(修编)》,近期建成区截流倍数取 1,远期难以分流的区域截流倍数取 3～5。本项目参考相似地区经验,结合中心城区治污目标,对于研究范围内 2025 年仍为合流制的区域截流倍数取 3,尽可能减少污水溢流,并与未达标水体综合整治工程保持一致。

(2) 旱季污水量预测结果。

① 单位人口综合用水量指标法预测结果。

预测结果如表 11.11 所示。

表 11.11　单位人口综合用水量指标法预测结果　　（单位:万 m³/d）

排水分区	2021 年用水量	2025 年预测用水量	2035 年预测用水量	2025 年预测污水量	2035 年预测污水量
研究片区合计	4.17	11.03	12.16	7.83	9.09

根据单位人口综合用水量指标法预测结果,SL 片区的旱季污水量,2025 年为 7.83 万 m³/d,2035 年为 9.09 万 m³/d。

② 单位建设用地综合用水量指标法预测结果。

根据规划单位提供的 2035 年建设用地情况,采用城市单位建设用地综合用水量指标法预测 2035 年总用水量,预测结果如表 11.12 所示。

表 11.12　单位建设用地综合用水量指标法预测结果

排水分区	建设用地面积/km²	2035 年预测用水量/(万 m³/d)	2035 年预测污水量/(万 m³/d)
研究片区合计	18.03	9.92	7.42

根据单位建设用地综合用水量指标法预测结果,2035 年 SL 片区的旱季污水量为 7.42 万 m³/d。

③ 年递增率法预测结果。

预测结果如表 11.13 所示。

表 11.13　年递增率法预测结果　　　　　　（单位:万 m³/d）

排水分区	2021 年 供水量	2025 年预测 供水量	2035 年预测 供水量	2025 年预测 污水量	2035 年预测 污水量
研究片区合计	7.70	8.33	10.16	7.40	9.22

根据用水量年递增率法预测结果,SL 片区的旱季污水量,2025 年为 7.40 万 m³/d,2035 年为 9.22 万 m³/d。

④ 旱季污水量预测结果分析。

采用单位人口综合用水量指标法、单位建设用地综合用水量指标法以及年递增率法对研究区域内产生的旱季污水量进行预测。三者结果较为接近,远期预测结果与污水规划比较接近,证明三种预测方法选用的参数合理。近期(2025 年)片区污水量预测值与《中山市污水建设规划(修编)》预测值相差较大,这可能是由于规划修编时间较早,近几年来片区人口等基础数据发生了较大变化。

单位人口综合用水量指标法采用《中山市国土空间总体规划(2020—2035 年)》中的人口数据进行预测,由于该版总规较新,考虑了人口向中心城区集中的趋势,采用单位人口综合用水量指标法预测的结果比较准确。同时《中山市污水建设规划(修编)》也推荐采用单位人口综合用水量指标法进行预测,本片区该法预测远期污水量与规划预测结果比较接近,因此本次取单位人口综合用水量指标法的预测值作为污水量预测的结论,即SL 片区的旱季污水量,2025 年为 7.83 万 m³/d,2035 年为 9.09 万 m³/d。

(3)雨季截流雨水量预测。

① 近期(2025 年)雨季截流雨水量。

本工程对难以分流的区域截流倍数取 3,符合污水规划和相关规范要求,且与中山市未达标水体综合整治工程一致,SL 片区近期(2025 年)雨季截流雨水量如表 11.14 所示。

表 11.14　SL 片区近期(2025 年)雨季截流雨水量

序号	排水分区	片区污水量 (万 m³/d)	截流式合流制 区域占比	截流式合流制区域 污水量(万 m³/d)	截流 倍数	截流雨水量 (万 m³/d)
1	岐港片区	1.65	0	0	3	0
2	沙朗、彩虹片区	6.18	7.52%	0.46	3	1.38
	合计	7.83	—	0.46	3	1.38

② 远期(2035 年)雨季截流雨水量。

根据污水规划,研究范围内 2035 年已基本实现雨污分流。污水规划未考虑雨季截流雨水量,本工程与规划保持一致。

(4)总污水量预测。

根据旱季污水量和雨季截流雨水量预测,SL 片区近、远期旱季总污水量及雨季污水量如表 11.15 所示。

表 11.15　SL 片区近、远期旱季污水量及雨季污水量

预测时间	旱季污水量/(m³/d)	雨季污水量/(m³/d)
近期(2025 年)	7.83	9.21
远期(2035 年)	9.09	9.09

由于本工程需在近期实施,而远期排水分区可能调整,因此彩虹泵站及配套管网工程规模根据近期污水量确定。

SL 片区近期(2025 年)预测旱季污水量为 7.83 万 m³/d。近期排水体制为分流制与截流式合流制混合,片区内雨污分流改造正在实施,近期(2025 年)改造完成后预测雨季截流雨水量为 1.38 万 m³/d。为减少合流污水溢流入河,污水泵站及配套管网规模根据旱季污水量设计并适当放大,取 8 万 m³/d,并根据近期(2025 年)雨季污水量 9.21 万 m³/d 校核。

综合生活污水量变化系数取 1.52。

2)集水池有效容积

泵站为污水泵站,根据规范集水池容积不应小于最大一台水泵 5 min 的出水量,水泵机组为自动控制时,每小时开动水泵不宜超过 6 次。因此集水池容积不应小于 141 m³。

集水池的设计最低水位应满足所选水泵吸水水头的要求。根据设备厂商提供产品要求,最低水位取值为 -9.5 m,最高水位考虑与进水管管顶相平,取值为 -7.8 m。集水

池长度为 6.525 m,宽度为 8.45 m,则有效容积为 6.525 m×8.45 m×(9.5－7.8)m≈ 94 m³,小于要求的 141 m³。

但根据规范集水池有效容积的计算范围,除集水池本身外,可以向上游推算到格栅部位。因此有效容积为 6.525 m×8.45 m×(9.5－7.8)m＋3.8 m×8.8 m×(9.3－7.8)m≈ 144.2 m³,大于要求的 141 m³。

因此集水池有效容积满足雨季截流时的要求,但无法满足污水泵站集水池设计最高水位应按进水管充满度计算的要求。

3)水泵扬程及选型

(1)水头损失。

① 沿程水头损失。

a. 主管管径为 1200 mm,设计流量 Q_1＝1410 L/s,管长 L_1 为 8055 m。

查《给水排水设计手册 第 1 册 常用资料》水力计算表得:主管水流速 v_1＝1.26 m/s,主管水力坡降 i_1＝1.33‰。则:主管水头损失 H_1＝L_1×i_1＝8055 m×1.33‰≈10.72 m。

b. 泵后管管径为 600 mm,设计流量 Q_2＝470 L/s,管长 L_2 为 10 m。

查《给水排水设计手册 第 1 册 常用资料》水力计算表得:泵后管水流速 v_2＝1.61 m/s,泵后管水力坡降 i_2＝5.27‰。则:泵后管水头损失 H_2＝L_2×i_2＝10 m×5.27‰≈ 0.05 m。

沿程水头损失为 H_1＋H_2＝10.72 m＋0.05 m＝10.77 m。

② 局部水头损失。

局部水头损失水力计算如表 11.16 所示。

表 11.16　局部水头损失水力计算

序号	设备或配件名称	材质	数量 /(个)	局部阻力 系数 ζ	流速 /(m/s)	局部损失 /m
1	DN600,90°弯头	钢	1	1.08	1.61	0.14
2	DN1200,双盘 11.25°弯头	球磨铸铁	126	0.09	1.26	0.91
3	DN1200,双盘 22.5°弯头	球磨铸铁	15	0.18	1.26	0.22
4	DN1200,双盘 30°弯头	球磨铸铁	10	0.36	1.26	0.29
5	DN1200,双盘 45°弯头	球磨铸铁	3	0.36	1.26	0.09
6	DN1200,双盘 60°弯头	球磨铸铁	5	0.71	1.26	0.29
7	DN1200,双盘 90°弯头	球磨铸铁	30	0.71	1.26	1.73

序号	设备或配件名称	材质	数量/(个)	局部阻力系数 ζ	流速/(m/s)	局部损失/m
8	DN1200,45°弯头	钢	2	0.54	1.61	0.14
9	DN1200,双法橡胶接头	—	4	0.21	1.26	0.03
10	DN1200,伸缩限位接头	钢	3	0.21	1.26	0.03
11	水泵入口	—	1	0.34	4.89	0.41
12	DN600,闸阀	—	1	0.06	1.61	0.01
13	DN600,止回阀	—	1	7.5	1.61	0.99
14	DN600,双法橡胶接头	—	1	0.21	1.61	0.03
15	$D=350 \times 600$,双法偏心渐缩管	钢	1	0.34	1.61	0.04
16	DN1200、$L=300$,双法橡胶接头	—	2	0.21	1.26	0.03
17	DN1200×600,全法三通	钢	1	1.5	1.61	0.20
18	DN1200,闸阀	—	1	0.05	1.61	0.01
19	DN1200,蝶阀	—	7	0.15		1.05
总计						6.64

由表 11.16 可知,局部水头损失共计 6.64 m。

③ 水头损失。

水头损失＝沿程水头损失＋局部水头损失＝17.41 m。

（2）静扬程。

① 出水最不利点为消能井出水管道,管顶标高为 2.05 m。

② 集水池水位:集水池最低设计水位为 −9.5 m;集水池设计常水位为 −8.65 m;集水池最高设计水位为 −7.8 m。

③ 静扬程:最低静扬程为 9.85 m;最高静扬程为 11.55 m。

（3）安全水头。

安全水头为 0.5 m。

（4）水泵扬程。

水泵扬程＝静扬程＋水头损失＋安全水头。

水泵最高设计工作扬程＝11.55 m＋17.41 m＋0.5 m＝29.46 m。

水泵设计工作扬程＝10.7 m＋17.41 m＋0.5 m＝28.61 m；

水泵最低设计工作扬程＝9.85 m＋17.41 m＋0.5 m＝27.76 m；

水泵设计工作扬程取值 29 m。

（5）水泵选型。

根据污水量预测及扬程核算结果,现有的水泵难以满足设计要求,需要更换水泵,选用潜水排污泵 WQ1692-29-200：Q＝1692 m³/h,H＝29 m,N＝200 kW,水泵质量为 3000 kg。

（6）电动单梁起重机选型。

水泵重量为 3000 kg,泵站池底距离池顶高度为 14 m,跨度为 11 m,因此选取起吊重量 5 t,起升高度 18 m,N＝2×0.8 kW 的电动单梁起重机。电动单梁起重机需要配套龙门吊使用。

4. 除臭设计

（1）设计范围。

本工程对彩虹泵站泵房进行除臭设计。

（2）除臭排放标准。

本工程执行《恶臭污染物排放标准》(GB 14554—1993)中恶臭污染物厂界二级标准,如表 11.17 所示。

表 11.17　恶臭污染物厂界二级标准值

控制项目	硫化氢	甲硫醇	甲硫醚	二甲二硫	二硫化碳	氨	三甲胺	苯乙烯	臭气浓度
厂界二级标准值 /(mg/m³)	0.06	0.007	0.07	0.06	3.0	1.5	0.08	5.0	20(无量纲)

（3）除臭工艺比选。

目前用于臭气处理的方法主要有焚烧法、土壤除臭法、化学洗涤法、活性炭吸附法、臭氧氧化法、植物提取液喷淋法、生物除臭法、离子法等。结合本工程实际情况,对不同臭气处理方法进行对比分析。

① 本工程附近无焚烧炉,故焚烧法不适用于本次臭气治理整改方案。

② 土壤除臭法效果虽好,但占地面积较大,运行管理要求较高,本项目用地比较紧张,故不适宜采用。

③ 对于化学洗涤法,如果处理浓度较大的臭气,运行维护过程复杂,并需要定期补充药品;若是处理浓度较小的臭气,则补充药品的频率较低,处理效果较好。

④ 采用活性炭吸附法除臭对低浓度臭气处理效果好,但为保证系统有效运行,需要

定期更换活性炭及对活性炭进行再生处理。

⑤ 对于臭氧氧化法,如监测管理不当导致臭氧外溢,将造成大气环境污染。

⑥ 植物提取液喷淋法占地面积较小,适宜处理大空间、浓度较低的臭气。

⑦ 生物除臭法适宜处理大空间、浓度较高的臭气,占地面积较大。

⑧ 离子法除臭工艺占地面积小,适用于处理排水泵站小空间内的臭气,处理效果较好。

根据上述各除臭工艺特点,综合考虑治理投资规模、工艺适应性、运行管理成本、能源消耗、设备管理维护、使用年限、治理效率及处理后的二次污染等因素后,本工程污水泵房拟选用离子法+活性炭吸附法组合除臭工艺来处理臭气。

(4) 除臭设计。

本工程彩虹泵站改造工程污水泵房需要增加除臭设备。本工程臭气来源主要为彩虹泵站污水泵房产生的臭气。

① 除臭工艺选择。

本工程选择离子法+活性炭吸附法组合除臭工艺进行工程方案设计。

除臭工艺流程为:臭气收集→风管输送→排风机→离子除臭设备→活性炭吸附装置→排气。对各臭气源进行局部加盖、加罩密封,通过风管收集系统将各臭气源产生的臭气收集并输送到离子除臭设备中,臭气从一侧进入离子除臭设备,流过离子臭气反应器,空气离子吸收、分解有害成分,气体从另一侧排出,进入活性炭吸附装置,处理后达标排放。

结合工程总体布置,本工程拟设置 1 套离子法+活性炭吸附法除臭设备,处理彩虹泵站全地下泵房产生的臭气,设备除臭风量为 4500 m^3/h。本工程活性炭用量为 1.5 m^3,更换周期约为 1 年。

臭气经除臭系统处理后,气体浓度满足《恶臭污染物排放标准》(GB 14554—1993)中规定的恶臭污染物厂界二级标准。

② 除臭风量。

彩虹泵站除臭主要针对泵房集水池、格栅密封罩等区域,单位水面积除臭风量指标为 10 $m^3/(m^2 \cdot h)$,并增加 2 次/h 的空间换气量,在易散发到大气的地点(如盖板附近等)布置收集风口,保证臭气不外溢,臭气由负压收集至离子除臭设备处理。

本工程除臭风量共计约为 4145 m^3/h,取值 4500 m^3/h。

③ 除臭风管管径。

本工程除臭风管主管管径为 400 mm,格栅间、密封罩及进水井风管管径为 350 mm,泵房集水池风管管径为 300 mm。

11.3.5　压力排水管线设计与路由比选

管线的"路由"一般可以概述为管线的起点到通往每个目的地的路径,即管线的走向位置。

1. 压力排水管线设计

压力排水管线从彩虹泵站至中嘉污水处理厂需要跨越 2 条河渠、3 座立交桥和 2 个行政区。两地直线距离约 7 km。本工程压力排水管线设计以道路平、纵、横设计图为依据,以现状调查资料为基础,处理好近期与远期、局部与全盘的关系。与其他相关规划密切协调,避免管线的冲突、矛盾。尽可能在管线短和埋深较小的情况下,达到最优的经济效益与社会效益的统一。

新建管线路由基本沿河岸或市政道路。总体路由方案为:彩虹泵站—岐港公路—彩虹大道—西堤路(狮滘大桥—岐江公园)—中山一路—蓝波路—西堤路(中山二桥—南外环路)—西堤路(南外环路—中嘉污水处理厂)—中嘉污水处理厂。管线路由全长为 8 km,所选路由尽可能避开主干道路,减小管线施工围挡对交通的影响。

各路段设计方案如下。

岐港公路:新建排水管道自彩虹泵站起始,彩虹泵站出水管中标高为 -0.8 m,沿岐港公路东侧布置 DN1200 压力排水管道,距离侧分带 2 m。

彩虹大道:新建 DN1200 压力排水管道沿彩虹大道东侧辅道布置,距离东侧道路边线 4 m。管道敷设至狮滘河时,顶管跨越狮滘河,顶管段外套 DN1500 三级钢筋混凝土内衬 PCV 管,加强对过河管道的保护。顶管段现状河底标高为 -2.90 m,压力管中设计标高为 -7.10 m,管顶至河床间距为 3 m。过河后,沿狮滘河河岸南侧规划路布置。

西堤路(狮滘河—光明桥):西堤路(狮滘河—光明桥)段机动车道路面宽度仅为 4 m,且机动车道下存在现状雨水管道。现状道路西侧地块房屋基本拆迁完毕,且该地块规划拓宽现状道路。将新建 DN1200 压力排水管道布置于拆迁地块内,沿规划道路东侧布置,该路段现状管线少,新建管道埋深约为 3.5 m。

西堤路(光明桥—岐江公园):机动车道路面宽度为 12 m,新建压力排水管道布置于机动车道下,距机动车道边线约 4 m。该路段现状管线繁多,且多为重力管道,新建管道避让现状重力管道,埋深为 4.5~5.5 m,开挖时对现状管线进行保护处理。

中山一路:新建压力排水管道沿岐江公园及中山一路间的辅路布置,布置于机动车道东侧,距机动车道边线 4 m。转入中山大桥东侧辅道,沿辅道布置于机动车道下,距机动车道边线 2 m。该路段路口位置现状管线繁多,埋深约为 5 m。管道布置至岐江公园南门,避让中山大桥桥墩,穿越中山大桥,进入蓝波路。

蓝波路:蓝波路机动车道宽度为 20 m,中分带宽度为 6 m,中分带下有 DN1000 污水重力管线,考虑减少对交通的影响及节约工程成本,新建管道沿道路中分带东侧 2 m 位置布置,该位置现状管线少,管道埋深约为 3 m。

西堤路(中山二桥—南外环路):该路段现状主要为耕地和基本农田,其中部分地块已征收,新建压力污水管道沿规划道路布置,避开基本农田,过西河涌管段采用顶管过河,西河涌河床标高为 −0.7 m,管中设计标高为 −4.30 m,管顶距西河涌河床 3 m。该路段现状管线较少,埋深约为 3 m。目前南外环立交桥正在施工,管道穿越南外环立交桥段与权属单位做好对接,预留新建管线位置。

西堤路(南外环路—中嘉污水处理厂):该路段现状主要为耕地、基本农田、林地和城镇用地,新建压力污水管道沿规划道路布置,避让基本农田和现状厂房。该路段现状管线较少,埋深约为 3 m。

中嘉污水处理厂:新建污水压力管道进入中嘉污水处理厂用地范围后,设置流量计井和消能井对压力管道污水进行消能处理,并通过流量分配井将污水分配至中嘉污水处理厂的一期和二、三期进行处理。

2. 管线路由比选

新建压力排水管道沿岐江河西岸布置,途经世纪新城东侧地块,该地块用地性质为耕地,当前属于私人农地。耕地地块全长约 300 m,路由比选方案如下。

方案一:开挖施工,从西河涌南岸直接开挖敷设管道穿越耕地地块,开挖施工对农作物破坏较大,需要与当地居民做好充足沟通。

方案二:采用绕行避让耕地地块,该方案沿世纪新城小区北侧道路敷设,进入翠景道,沿翠景道东侧机动车道敷设管线,顶管跨越西河涌,从世纪新城小区南侧道路绕回西堤路,避让耕地地块。

方案二相比于方案一,管线路由增加 650 m,对翠景道的交通造成一定影响。跨越西河涌位置,翠景道东侧为小区围墙和电箱,西侧为小区门口,无合适位置做顶管井。

结论:建议采用方案一施工,做好协调沟通工作。

11.3.6 污水管道设计

1. 管材比选

(1)管材的要求。

根据排水工程的特点,排水管道的管材要求如下。

① 注意参考住房和城乡建设部公布的推广应用和限制禁止使用技术的相关文件;被

淘汰的管材不能采用。

②排水管道必须具有足够的强度,以承受外部荷载和内部的水压,并应具有能抵抗污水中杂质的冲刷和磨损的作用。

③为防止污水或地下水的侵蚀,排水管材还应具有抗腐蚀性能。

④排水管道必须不透水,以防止污水渗出或地下水渗入。污水从管中渗出,将污染地下水及附近的水体,或破坏管道及附近房屋的基础。地下水渗入管道,不仅降低管道的排水能力,而且将增加污水泵站及处理构筑物的负荷。

⑤排水管道的内壁应整齐光滑,以减小水流阻力,使排水通畅。

⑥排水管道应就地取材,并考虑到预制管件及快速施工的可能,以节省管道的造价及运输和施工费用。

(2)管材的类型。

目前,在污水管道系统中常用的管材根据其材质可以分为几类,分别为混凝土管、钢筋混凝土管、金属管和新型管材。

①混凝土管和钢筋混凝土管。

混凝土管和钢筋混凝土管是排水工程中常用管材,适用于雨水和污水等重力流管道,在施工维护方面经验成熟,具有耐腐蚀性能好、无须防腐处理、价格便宜、制作方便、强度高、安全性好等优点。

②金属管。

常用的金属管有铸铁管、钢管等。金属管强度高、抗渗性好、内壁光滑、抗压性好、抗震性强,且管节长,接口少。但造价贵,耐酸碱腐蚀性差。

③新型管材。

a. 玻璃钢夹砂管材。

玻璃钢夹砂管材主要有缠绕式玻璃钢夹砂管和离心式玻璃钢夹砂管等。

玻璃钢夹砂管材分离心浇铸玻璃纤维增强不饱和聚酯夹砂管和玻璃纤维缠绕增强热固性树脂夹砂复合管,具有重量轻、利于施工安装、耐腐蚀等特点。

b. 合成材料管材。

合成材料管材是近几年才兴起的新型管材,它主要指 PE 管、PVC 管等,这些管材的制作必须符合国家和地方有关标准和规定。

该类管材的特点主要有:内壁光滑,水头损失小,节省能耗;材质轻,比重小,便于运输与施工安装;管道接口密封性好,可确保管内污水不外漏,并可顺应地基不均匀沉降,不会产生如硬性混凝土管的脱节断裂现象;耐腐蚀,使用寿命长;价格较贵,适用于中、小管径;施工方便。

c. 新型复合管材。

常见的新型复合管材为钢筋混凝土玻璃纤维增强树脂复合管等。这种管材主要有以下特点。

（a）消除了常见的内衬复合不牢固、脱层、变形而严重影响施工质量的隐患。

（b）玻璃纤维增强树脂是保护层，它具有很好的抗渗性、耐磨性、流动性和抗腐蚀性。管道粗糙系数 n 较低，$n=0.010\sim0.012$。

（3）管材选用的综合影响因素。

管材选用的综合影响因素有：施工方法，包括大开挖、围护开挖、非开挖（如管道牵引）等施工方法；具体管材的施工方法及验收规程；管材管径及单根管节长度；管道埋深及地下水状况；施工现场具体情况；施工周期；地质状况；回填质量；管材的物理性质；管道接口形式及止水密封性能；管道综合价格（包括管材、运输及施工等综合造价）；工程所在地的常规施工技术；工程所在地的常规管材品种及管径系列；其他影响因素。

2. 管材确定

表 11.18 为部分常用排水管材对比。一般应考虑技术、经济及市场供应因素，综合合理地选择管材，尽可能降低排水系统的造价。

表 11.18　部分常用排水管材对比表

性能	钢筋混凝土管	钢管	PE 管
使用年限	20～30 年	约 50 年	约 50 年
接口形式	承插	现场焊接刚性接口	承插
粗糙系数（n 值）	0.013～0.014	0.013，水头损失较大	0.009
管道重量	较大	大	较小
耐腐蚀能力	强	较强	强
管道基础	混凝土带状基础	砂垫层	砂垫层
抗渗性能	较强	强	较强
抗不均匀沉降	较差	较强	较强
施工周期	施工困难	方便	施工简单，周期短
管网漏损	由于管道接口多，管网漏损率较高	漏损率低	管网整体性好，漏损率低

新型管材中的玻璃钢夹砂管材价格较高，管材配比质量不好控制，胶圈接口在抗软基不均匀沉降方面不如 PE 管道，在本次设计中暂不选用。

综上所述,结合本工程现场的地质条件,经过对以上几种管材进行综合比选,本工程的管材选择如下。

污水重力管:管径不大于 500 mm,采用内肋增强 PE 螺旋波纹管,橡胶圈承插连接,开挖施工;管径不小于 800 mm,采用可延性球墨铸铁管材(K9 级),橡胶圈承插连接,开挖施工。

污水压力管:管径不小于 800 mm,开挖施工段采用可延性球墨铸铁管材(K9 级),橡胶圈承插连接,石屑基础;顶管施工段采用 DN1200 直缝钢管,壁厚为 14 mm,焊接连接,公称压力为 1.0 MPa,跨越河涌管段外采用 DN1500 Ⅲ 级钢筋混凝土内衬 PVC 管进行套管保护。

3. 管件焊接要求

(1) 焊接时应选择合理的焊接顺序,以减小钢结构中产生的焊接应力和焊接变形;角焊缝的焊脚尺寸 h_f(单位:mm)不得大于较厚焊件厚度的 1.5 倍,也不宜小于较薄焊件厚度的 1.2 倍。

(2) 未注明的焊缝一律为满焊,$h_f = 6$ mm。

(3) 焊缝质量等级:两相邻件的对接焊缝位置错开距离应不小于 200 mm,焊缝质量应达到的《钢结构工程施工质量验收标准》(GB 50205—2020)中二级焊缝质量等级要求。

(4) 钢结构的制作与安装,应严格按照《钢结构焊接规范》(GB 50661—2011)及《钢结构工程施工质量验收标准》(GB 50205—2020)进行。

本工程埋地钢管的探伤采用 10% 超声波探伤检验。超声波探伤检验按《焊缝无损检测 超声检测 技术、检测等级和评定》(GB/T 11345—2023)执行,检测等级为 A,10% 超声检测的焊缝质量不应低于现行行业标准《承压设备无损检测》(NB/T 47013 系列规范)规定的 Ⅰ 级。

4. 管道防腐

钢管在进行内、外防腐前,应将内、外表面的油垢及氧化物去除,焊缝不得有焊渣、毛刺,并应按照《给水排水管道工程施工及验收规范》(GB 50268—2008)中的要求,进行喷砂除锈,表面处理效果最低应达到 Sa2.5 级,个别部位需要采用手动工具除锈时,表面处理效果应达到 St3.0 级。球墨铸铁管须经退火及镀锌处理。管道喷砂除锈的具体做法和要求应按现行国家标准《涂覆涂料前钢材表面处理 表面清洁度的目视评定 第 1 部分:未涂覆过的钢材表面和全面清除原有涂层后的钢材表面的锈蚀等级和处理等级》(GB/T 8923.1—2011)执行,质量检验应达到规范的相关要求。

(1) 埋地钢管外防腐采用加强级环氧煤沥青防腐(四油两布),即底漆一道,面漆四道,玻璃布两道,涂装厚度不小于 0.6 mm;玻璃布采用中碱,无捻、无蜡的玻璃纤维布,防腐质量要求应符合《埋地钢质管道环氧煤沥青防腐层技术标准》(SY/T 0447—2014)。埋地钢管现场焊口处的外防腐采用冷缠橡胶沥青胶带,厚度为 1.1 mm。

(2)管道内防腐为环氧煤沥青"一底三面",其做法详见《给水排水管道工程施工及验收规范》(GB 50268—2008)。进行除锈的防腐处理工艺时,除锈效果应达到 Sa2.5 级。

(3)穿越狮滘河和西河涌的污水压力管段应外套Ⅲ级钢筋混凝土管进行保护,Ⅲ级钢筋混凝土管和钢筋混凝土检查井的内外壁及顶板应采用聚氨酯或聚合物类防腐涂料。防腐层厚度要求:总干膜厚度不小于 240 μm,混凝土基层需要清理干净,不平处采用水泥砂浆找平。

5. 钢管管道强度及严密性试验

钢管管道应结合所划分的标段进行分段试压,原则上试压段长度不宜大于 1.0 km。试验管段灌满水后,宜在不大于工作压力条件下充分浸泡后再进行试压,浸泡时间应不少于 24 h。试压要求详见《给水排水管道工程施工及验收规范》(GB 50268—2008),工作压力采用 0.3 MPa,试验压力采用 0.6 MPa。

管材应按国家标准制作,并经出厂检验合格;施工单位在选购管材时,必须保证管材满足本工程地面荷载、覆土深度及施工方式的要求,对于各种管材,其各项性能指标应分别满足相关技术标准、规程中的相关规定;供应商在供货前必须认真阅读施工图,同时供应商应确保所提供的管材能适应本工程的工况(地面荷载、埋置深度、施工方式、土质条件等),并在任何正常施工和正常使用情况下,都能保证产品的可用性和安全度;供货前,供货商必须提供整套的管道施工安装手册和图集,交由设计、监理及业主认可;管材到货后,必须进行抽检,交由权威的检测机构进行检测,检测合格后方可使用。

6. 压力管支墩

(1)压力管道在水平及竖向转弯处,改变管径处,"三通、四堵"处端头和阀门处设管道支墩。管道支墩做法详见《柔性接口给水管道支墩》(10S505)。

(2)水平支墩抗推力侧必须是原状土,并保证支墩和土体紧密接触,否则应以 C15 素混凝土填实;垂直向下弯管支墩必须在管道压力试验前回填土并分层夯实,而且回填土应满足覆土深度要求。

(3)试压期间必须保证支墩范围内无地下水,工作期间遇有地下水时,支墩底部应铺设 100 mm 厚碎石层,工作期间对地下水标高没有特殊规定。

7. 管道基础

本项目所采用的管道基础做法如下。

塑料管、钢管及球墨铸铁管的管道基础及管槽回填压实度按《给水排水管道工程施工及验收规范》(GB 50268—2008)的要求执行。其中管道基础采用 200 mm 石屑。石屑回填至管顶以上 500 mm 且不小于 1 倍管径,回填及压实度满足规范要求(路面要求)。

钢筋混凝土管的管道基础及管槽回填压实度按《给水排水管道工程施工及验收规范》(GB 50268—2008)及其他相关规范要求执行。其中管道基础采用 C25 素混凝土管枕,设计内容详见图集《钢筋混凝土管橡胶圈接口》(06MS201-1)。管枕下基础采用 200 mm 石屑垫层。

8.管道回填

管道安装完,闭水试验合格后,用石屑回填至管顶上 0.5 m 处。管底至管顶部分,管道两侧及腋角范围内压实度要求不小于 95%;管顶至管顶上 0.5 m 内,两侧压实度要求不小于 90%;管顶 0.5 m 以上部分,当管道位于车行道时,回填材料和压实度与路基回填要求一致,当管道位于绿化带时,回填材料采用好土回填,回填至绿化带设计标高,压实度要求达到 83%。回填的密实度、沟槽开挖应满足《混凝土排水管道基础及接口》(23S516)和《给水排水管道工程施工及验收规范》(GB 50268—2008)中的要求。

11.3.7　附属构筑物

1. 检查井

检查井井面标高为其所处位置的地面设计标高。检查井位于车行道下时,井面标高要求与道路地面设计标高一致,施工时按地面实际标高调整。检查井位于绿化带内时,井面标高应根据绿化地面设计标高进行调整,要求比绿化地面高 100 mm,施工中检查井位置在征得设计单位同意后,可根据实际情况进行适当调整。

钢筋混凝土检查井的内壁及顶板防腐:采用聚氨酯或聚合物类防腐涂料,使用年限不小于 15 年。防腐层厚度要求:"一底二中二面"(指防腐涂层施工分五遍(道)工序成活,即底层→第一遍中层→第二遍中层→第一遍面层→最终一遍面层施工)。

2. 井盖

检查井位于机动车道时,采用重型球墨铸铁井盖井座,承载力不小于 400 kN,且应采用可调式防沉降防盗检查井盖井座;检查井位于非机动车道、绿化带下时,采用球墨铸铁井盖井座,承载力不小于 250 kN。井盖应根据国标图集中的要求带有通风口。检查井内爬梯均采用钢塑爬梯,做法详见国标图集《单层、双层井盖及踏步(2015 年合订本)》(S501-1～2)。

3. 防坠网

排水检查井应设置防坠网。安装防坠网是保障检查井安全的重要措施,必须按照相关规定和标准进行设计、选材、施工和维护,以确保其能够有效地防止坠落事故的发生。

11.4 节能设计及管网养护

11.4.1 节能设计

在全社会大力提倡节能减排的大背景下,在满足相关规定和各种技术条件下,合理设计城市排水管网系统,使之减少能量消耗成为设计工作中需要重点考虑的因素之一。在排水管网实施过程中,要注意采取各项节能措施,减少能耗,降低运行成本。可考虑如下几个方面的节能措施。

(1) 选用粗糙系数小的塑料管材,可减少管道纵坡,从而降低埋深。

(2) 管网系统竖向布置。一个管网系统的埋深是由这个系统的控制点决定的,因此应当避免因照顾个别控制点而增加整个管道系统的埋深。具体可采用的措施和方法有:局部管道覆土较浅时,采取加固措施;穿过局部低洼地段时,建成区采用最小管道坡度,新建区将局部低洼地带适当填高。

(3) 常用的管道连接方式有水面平接、管顶平接、跌水连接 3 种方式;设计中应尽量减少跌水连接。

(4) 尽可能减少或不设中途提升泵站,减少能耗。

(5) 合理地划分汇水面积,并进行详细的水量计算,在满足使用要求的前提下,合理地设计管道管径、埋深,以减少管道开挖量,降低投资。

11.4.2 管网养护

1. 污水管网养护的意义

现状污水管大部分是雨污合流管道,由于大多数污水管网是近几年才投入使用的,污水管道淤积较为缓慢,如不进行养护,就会逐渐淤塞,导致污水无法排出,这不仅污染环境,而且清通的成本比定期养护成本高。因此,污水管网的养护与建设同等重要。

2. 污水管网养护的主要内容

(1) 对井的养护。

保持井底淤泥厚度小于 5 cm,一般每月需清淤泥一次。当井盖缺失、破损时应更换井盖(据调查,更换比例为 1%);当井身塌陷,井环断裂、下沉时,应更换井环或升井(每年大约更换井环 6%)。

(2) 对管道及渠箱的养护。

定期清理淤泥,保持管道内淤泥厚度小于管径的 1/5,淤泥厚度不高于渠箱流水位标高以上 30 cm;普通管道和渠箱每年约需要清理一次,一般情况下,管径不大于 800 mm 的管道用水冲车清理,管径大于 800 mm 的管道用人工清理。

3. 管网养护安全预防措施

管网养护的主要工作是下井作业,包括井下检查、管道维修、下井清淤和捞杂物,以及管道内砌堵、拆堵等。因其工作环境恶劣,工作面狭窄,通气性差,作业难度大,工作时间长,危险性高,有的管道内存有一定浓度的有毒有害气体,作业稍有不慎或疏忽大意,极易造成操作人员中毒的死亡事故,特别是容易发生群死群伤事故。因此,应严格遵守污水管网下井安全操作规程。

第 12 章

海绵城市低影响开发设计

12.1 海绵城市低影响开发概述

海绵城市的低影响开发（LID）是在开发的全过程中，从设计、施工到管理的每个环节，对周边环境的不利影响达到最小化，特别是对雨洪资源和分布格局的影响达到最小化。从某种意义上说，低影响开发与海绵城市建设也可以认为是同一个含义，而且无论是从宏观尺度的海绵城市规划，还是中观尺度的城市、流域的海绵城市规划设计和建设，或是微观尺度的小区、雨水花园的设计和施工，都要充分实现低影响开发，尽量使用原周边环境的有利地形、原生物种、原有设施等，减小对周边水资源、土地资源、植被资源等的影响和破坏，也尽量保持原有区域或场地的降雨、水文、产汇流特征不改变。

如图 12.1 所示，海绵城市建设的主旨是要维持土地开发前后的水文特征基本不变，如地表产流、汇流时间、汇流流量、流速、洪峰大小和洪峰出现时间等。同时，通过与城市市政管网的对接，与城市所在的流域水系连通，保障城市防洪排涝安全；通过蓄滞雨水，补充地下水，提高城市水资源存储量，缓解用水压力。

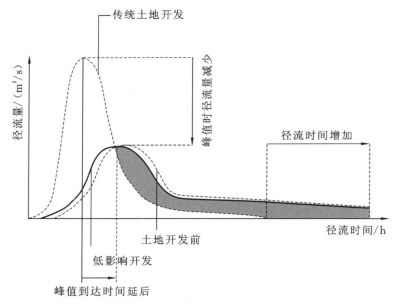

图 12.1 低影响开发水文过程示意图

低影响开发主要是减小对周边水、土地、地形、植被的影响和破坏，因此本节将从这几个方面详细阐述低影响开发的内涵，并对下沉式绿地进行简单介绍。

12.1.1　水的低影响开发

从水文循环角度讲,开发前后的水文特征基本不变,包括径流总量不变、峰值流量不变和峰现时间不变。要维持下垫面特征以及水文特征基本不变,就要采取渗透、储存、调蓄和滞留等方式,实现开发后一定量的径流不外排;要维持峰值流量不变,就要采取渗透、储存和调蓄等措施削减峰值,延缓峰值时间。

如图 12.2 所示,在未开发时,在自然植物的下垫面条件下,总降雨量的 40% 会通过蒸发进入大气,50% 将下渗成为土壤水和地下水,只有 10% 会形成地表径流。而城市的开发建设改变了这种分布比例,大量的不透水路面和屋顶,改变了原有的下垫面构成,地表径流则从原来的 10% 增加到 50% 或更多,而下渗水量减少。因此,遇到强降雨,极易造成城市内涝,同时还会引发水土流失、面源污染、地下水减少等问题。因此,低影响开发的技术关键是减少地表径流、减少水土流失、减少面源污染、减少洪涝灾害,同时增加雨水下渗,补充地下水。

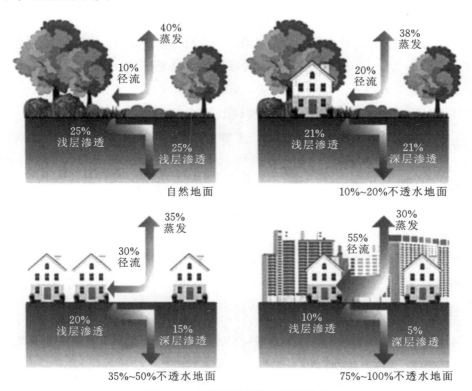

图 12.2　不同下垫面的水资源构成

12.1.2　土地的低影响开发

土地是人类赖以生存的关键要素,提供给人类食物、建筑材料和生活区域。表土层是指土壤的最上层,厚度为 15～30 cm,有机质丰富,植物根系发达,含有较多的腐殖质,肥力较高。表土层是土壤中有机质和微生物含量最高的地方,也是植被生长的基础、微生物活动的载体。在降雨过程中表土能够渗透、储存和净化降水。在低影响开发中,透水铺装、渗透塘、渗井、渗管及生态渠道等设施都能够增加地表透水性,采用透水性强的材料、增加材料的孔隙率以及搭配种植植物对增加地表透水性也具有重要作用。

1. 表土在海绵城市中的作用

海绵城市建设应用了表土剥离的流程和技术,即将这些稀缺的表土资源回填到城市绿地或者公共空间,实现建设用地、景观用地与农业用地的多方优化。表土在海绵城市中的作用主要表现在以下三方面。

(1) 表土渗透降水。降水从陆地表面通过土壤孔隙进入深层土壤的过程是降水的渗透。渗透进入表土中的水分,一部分进入深层土壤后渗漏,其余的转化为土壤水停留在土壤中。表土是降水的重要载体,表土渗透能力直接关系到地表径流量、表土侵蚀和雨水中物质的转移等。土壤渗透性越强,减少地表径流量和洪峰流量的作用越强。

(2) 表土储存降水。表土通过分子力、毛管力和重力将渗透进来的水储存在其中,储存在表土中的水主要有吸湿水、膜状水、毛管水和重力水等几种类型,分为固态、液态和气态三种不同的形态。其中,液态水对植物生长非常关键,其主要存在于土壤孔隙中和土粒周围。

(3) 表土净化降水。表土净化降水是通过表土—植被—微生物组成的净化系统来完成的。表土净化降水过程包括土壤颗粒过滤、表面吸附、离子交换以及土壤生物和微生物的分解吸收等。

2. 表土作用的影响因素

土壤质地、容重、团聚体和有机质等理化性质是影响其储存和渗透作用的重要因素。

(1) 土壤质地:指土壤中黏粒、粉砂和砂粒等不同粒径的矿物颗粒组成状况。国际制土壤质地分级标准将土壤质地划分为壤质砂土、砂质壤土、壤土、粉砂质壤土、砂质黏壤土、黏壤土、粉砂质黏壤土、砂质黏土、壤质黏土、粉砂质黏土和黏土。一般情况下,土壤中砂粒含量越高,其渗透作用越强,保水作用则越差。

（2）土壤容重：又称为土壤密度，一般指干容重，是单位体积土壤（包括土壤颗粒间的空隙）烘干后的重量。土壤容重反映了土壤紧实度和孔隙度大小，由土壤颗粒数量和孔隙共同决定，对降水渗透、储存都有一定的影响。土壤容重越大，孔隙越小，渗透能力越弱；反之则越强。

（3）土壤团聚体和有机质：土壤团聚体是指土粒形成的小于 10 mm 的结构单元，团聚体的粒径影响土壤孔隙分布及大小，进而影响水分在表土及深层土壤中的迁移。土壤有机质包括土壤动植物、微生物及其分泌物质，具有一定的黏力，能够使土壤颗粒形成团粒结构，在一定的范围内，有机质增加，胶结作用加强，促进土壤团聚体的形成。

3. 增加土壤渗透率的方式

通过改变土壤质地、容重、团聚体和有机质等理化性质可以改变土壤的渗透性和储水能力，从而减少地表径流。在特定区域，地形和土壤质地一定的情况下，地表植物会增强表土的渗透性。

植被根系通过增加表土的孔隙度来增加降水入渗量。随着植被根系生长，根系与土壤之间形成孔隙，根系死亡腐烂后，表土形成管状孔隙。植物的枯枝落叶腐烂后形成腐殖质，加快土壤团聚体形成，使得土壤孔隙度增加，透水性增强。另外，植物的枯枝落叶为土壤生物提供食物和活动空间，土壤生物活动将改善土壤性质。同时，枯落物增加了表土的粗糙率，减小了径流流速，增强了土壤的入渗能力，从而减少了水土流失。

在低影响开发中，透水铺装、渗透塘、渗井和渗管及渗渠等设施都能够增加地表透水性。

12.1.3　地形的低影响开发

地形是指地表形态，具体是指地球表面高低起伏的各种状态，如山地、高原、平原、谷地、丘陵和平地等。自然地形所形成的汇水格局是一个区域开发的重要因素，地表变了，汇水格局也会相应改变。低影响开发就是研究原有地形和开发后地形的不同汇水格局及其影响。因此，以尊重地表为出发点的规划设计和土地开发，对环境的影响小，相对安全，也可以体现空间的多样性，融合自然和艺术之美。城市开发如果肆意地改变场地的地形地势、挖山填湖、变山地为平地、河道裁弯取直、人工硬化自然绿地等，会导致流域下垫面改变，从而改变降雨产汇流模式，进而导致水文循环破坏，城市热岛效应、雾霾加剧，洪水内涝频发。因此，城市开发必须尽量考虑原始的地形地势，顺形而建，应势而为，尽量维持土地原有的地貌、气候及水文循环，使人类融于自然，与自然和谐共生。

12.1.4　植被的低影响开发

植被是顺应地形的产物,也是水和土壤的产物,同时,植被也是地形、水和土壤的"守护神"。没有植被,水土流失和面源污染则不可避免。没有植被,水资源和地表土都会丧失,地表也会改变,而水也会失去它的资源属性,引发灾难性的洪水和干旱,造成经济损失,进而制约城市发展。植被在低影响开发中具有重要作用,种植区可实现坑塘或生物滞留池的排水、雨水滞留等功能,还可以有效地减小地表径流,增加雨水蒸发量,缓解城市热岛效应,控制面源污染,净化水质等。

1. 植被的重要作用

陆地表面分布着多样化的植物群落。植被是能量转换和物质循环的重要环节,它为生物提供栖息地和食物,改善区域小气候,对水文循环起到平衡作用;能防止土壤侵蚀、沉积和流失;同时也是城市的重要景观,可以削弱城市热岛效应。

城市建设要尽量保护土地原生的自然植被,保证城市的绿地率,丰富植被多样性,使城市生态系统正向演替。丰富的地表植被在降雨初期进行雨水截留,根系吸收一些土壤中的水分为未来丰水季节降水提供渗透空间。地表水体补充地下水时,污染物被植被与土壤吸收净化,对地下水水质提升有积极的影响。在起伏的地区,植被的分布能够减少水流对地表的冲击,减轻对小溪渠道的破坏,减少汇水面的水土流失,避免河床抬高,防止洪涝灾害。

植被在低影响开发中具有重要作用,低影响开发的种植区可实现坑塘和生物滞留池的排水和雨水滞留等功能,具有自然渗透、减小地表径流、增加雨水蒸发量、缓解市区的热岛效应、降低入河雨洪的流速和水量、降低污染系数、控制面源污染等重要作用。根据植物特性(如植物的需水量、耐涝程度、根叶降解污染物的能力等)在适当的区域种植最适合的植物是使其达到最佳排水功能的关键因素。

2. 植物的选择

种植区植物的选择应尊重自然和当地植被,由于本地物种能适应当地的气候、土壤和微生物条件,而且维护成本低,水肥需求量小,所以应优先选择本地物种。但由于国外低影响开发技术相对成熟,可使用与国外成熟的低影响开发植物生态习性相近的本地物种或在必要条件下慎重选择容易驯化的外地物种。

3. 植被的空间格局

如图 12.3 所示,低地带由于地势最低,雨水或灌溉水最终流入这一区域,所以低地带应设计超量雨水溢流管道,使雨水存留时间不超过 72 h。但是在雨季,雨水会长时间淹没这一区域的植物,所以在这一区域应该选择根系发达的耐水植物,建议使用当地草本植物或地被植物。

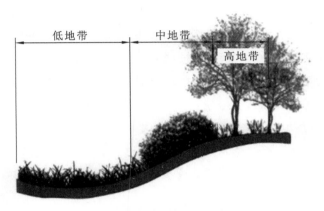

图 12.3　植被的空间格局分布示意图

中地带是高地带和低地带的缓冲带,起到减缓雨水径流的作用。下雨时,这一区域的植物可以滞留雨水,同时雨水灌溉植物,尤其在暴雨时这一区域的植物能起到保护护坡的作用。所以在选择这一区域的植物时,须选择耐旱和耐周期性水淹的生长快、适应性强、耐修剪以及耐贫瘠土壤的深根性护坡植物。

高地带是低影响开发设施的顶部,一般降雨条件下雨水不会在这个区域储存,所以此区域的植物应具有强耐旱性,并在少数的暴雨条件下具有一定的耐涝性能。

12.1.5　低影响开发与下沉式绿地

如果绿地能比路面低 20～30 cm,就可以容纳或吸收至少 200～300 mm 的降水。下沉式绿地,就是使绿地系统基本处在道路路面以下,它可以有效地蓄积和利用雨水及再生水,减少灌溉的次数,节约宝贵的水资源。下沉式绿地可从狭义和广义两个角度来理解:狭义的下沉式绿地指的是绿地高程低于周边硬质地面高程 5～25 cm,溢流口位于绿地中间或绿地与硬质地面的交界处,溢流口高程则低于硬质地面且高于绿地;而广义的下沉式绿地外延扩展,除了狭义的下沉式绿地,还包括雨水花园、雨水湿地、生态草沟和雨水塘等雨水调节设施。

下沉式绿地可有效减少地面径流量,减少绿地的用水量,转化和蓄存植被所需氮、磷等营养元素,是低影响开发以及实现海绵城市功能的重要技术手段之一。

传统的城市雨水管理及内涝防治往往通过大规模的市政基础设施与管网建设来实

现,但这种传统方式的弊端日渐暴露。随着城市对雨水管理要求的逐步提高,下沉式绿地这种新型的雨水管理方式逐渐赢得人们的关注。这种雨水渗透方式将城市雨水防治工程和城市景观进行完美结合,给雨水的收集过滤提供了一种全新的思路。

但若在不适宜建设地区盲目建设下沉式绿地,尤其是将原有绿地改造为下沉式绿地时,可能会带来如下不良后果:①破坏表土与植被;②暴雨多发时,由于雨水长时间淹没,植物可能死亡,且大规模单一的耐水植物不利于物种的多样性,并影响景观建设;③地震等灾害和大雨同时发生时,下沉式绿地无法实现防灾功能。

因此,建设下沉式绿地时,要做到:①下沉式绿地的蓄水量应经过科学计算,并非越多越好,当城市人口集中或需要修补地下水的漏斗时,可以考虑多截留一些雨水,但应尽量减少对地域原生态水平衡的影响;②因地制宜进行建设,对于全年降水量较少的干旱城市,适宜建设下沉式绿地,但对于降水量大、暴雨多的城市以及地下水位很高的城市,则需慎重分析。

传统的公路两侧绿地多为护坡与挡土墙的形式,高于公路表面。当遇到暴雨等情况时,冲刷产生的淤泥、石子等杂物很可能导致车辆通行不畅,甚至威胁生命财产安全。将下沉式绿地运用于公路两侧,可以有效拦截和缓存冲刷下来的泥土与石子,同时起到道路排水的作用。

12.2　海绵城市低影响开发关键技术

低影响开发的核心是在不破坏场地自然水文功能的前提下,通过设计源头的雨洪分散、削减的小型控制设施,有效缓解城市洪峰量增加、下渗系数减小、面源污染负荷加重等问题。

根据城市的降雨过程,区域低影响开发技术主要包括源头截留技术、促渗技术、调蓄技术、过滤净化技术和径流传输技术五种。

12.2.1　源头截留技术

源头截留技术是通过材料或者结构减缓降雨过程中雨水形成径流的速度,通过增加雨水汇集的面积延缓径流的技术。典型的源头截留技术包括绿色屋顶、植物冠层截留等。

1. 绿色屋顶

绿色屋顶也叫种植屋面、屋顶绿化等。它是指在不同类型的建筑物、立交桥、构筑物等的屋面上种植花草树木,保护生态,营造绿色空间的屋顶。绿色屋顶能够通过其植物的茎叶和根系调节径流,降解水中的污染物。屋顶园林景观(包括屋顶绿化、空中花园)建设是随着城市密度的增大和建筑的多层化而出现的,是城市绿化向立体空间发展、拓展绿色空间、扩大城市多维自然因素的一种绿化美化形式。屋顶绿化的好处主要表现在如下几个方面。

(1)提高城市绿化覆盖,创造空中景观。我国城市的人均绿化面积较小,绿色屋顶的实施可以在很大程度上增加人均绿化面积。以一个 10 万 m^2 的小区为例,取屋顶面积为25%,即有 2.5 万 m^2 的绿化面积。传统的屋面材料主要为沥青、混凝土等,视觉效果较差,并且对雨水的收集起不到很好的效果。绿色屋顶能使人赏心悦目,绿色与城市现代化交相辉映,感官效果良好。同时,绿色屋顶可以充分地让居民们感受到大自然的气息,极富美学体验。

(2)吸附尘埃、减少噪声,改善环境质量。绿色屋顶可以吸收空气中的灰尘及 CO_2,减少温室效应。植物可以通过光合作用及叶片的吸附等作用,对空气污染物进行削减。同时,绿色屋顶可以通过绿化层的滞留、吸收,将屋顶的污染物如 COD、SS 等有效地削减,从而保护大气环境和水环境免受破坏。

(3)缓解雨水屋面溢流,减少排水压力。通常,沥青混凝土屋顶的径流系数为 0.9,而绿色屋顶的径流系数约为 0.3,由此可见,绿色屋顶可以有效地截留雨水,削减雨水径流总量,减少城市排水不畅的问题和洪涝灾害。同时,绿色屋顶可有效地节约水资源,促进环境保护和水循环平衡。

(4)有效保护屋面结构,延长防水层寿命。实验表明,普通建筑屋面(无绿色屋顶的屋面)在夏季阳光最为强烈的时刻,温度可达到 80 ℃,在冬季冰雪覆盖的夜晚,温度甚至可以达到零下 20 ℃。较大的温度差对于普通屋面的屋面材料损害极大,易造成屋面材料的变形及老化,会使屋面漏水,影响居民的生活。种植植被的屋面,夏季温度通常可以保持为 20~25 ℃,可以有效地防止屋面的老化、变形,减小屋面出现裂缝的可能,延长建筑物的使用寿命。同时,在冬季,绿色植被起到隔离的作用,有助于保持室内热量,达到保温的效果。统计表明,无绿色屋顶的屋面相较于有绿色屋顶的屋面,冬季的温度低2.4 ℃,夏季白天的温度高 30%。

除上面几个优点外,绿色屋顶还可以保持建筑冬暖夏凉,节约能源消耗,减少城市热岛效应,发挥生态功效。

2. 植物冠层截留

植物冠层截留是指雨水在植物叶表面吸着力、重力、承托力和水分子内聚力作用下的叶表面水分储存现象。雨水在降落到地面的过程中,首先降落在植物冠层的表面,植物冠层由于表面张力的作用会截留一部分降雨,当截留的降雨重量超过冠层的表面张力时,多余的降雨将会降落到地面,此时的截留雨水量称为植物冠层的截留容量。植物冠层截留是一个重要的水文过程,对土壤入渗、地表径流形成、土壤湿度变化等多个过程均会产生影响。截留降雨的植物冠层主要包括森林冠层、作物冠层和草地冠层,植物截留冠层的影响因素包括冠层特征、降雨特征和蒸发速率。

12.2.2　促渗技术

促进雨水入渗的技术简称为促渗技术。

雨水入渗是雨水回补地下水的一种有效方法,它的产生源于城市建筑不断增加,导致硬质地面过多,雨水无法回到地下。雨水渗透设施让雨水回灌地下,补充、涵养地下水源,是一种间接的雨水利用技术。雨水入渗可以有效解决地面沉降、水涝和海水倒灌等问题,雨水入渗也可与雨水收集回用结合使用。天然渗透在城区以绿地为主,它具有透水性好的特点,能实现雨水的引入利用,可减少绿化用水并改善城市水环境,对雨水中夹杂的污染物具有较强的截留和净化作用。天然渗透的缺点是渗透流量受土壤性质的限制,雨水中含有较多的杂质和悬浮物,会影响绿地的质量和渗透性能。

促渗技术能改变地面材料或结构,让雨水透过地面材料的空隙或结构下渗至场地内部,同时材料或结构对雨水有一定的过滤净化作用,如透水铺装、绿色停车场、绿色街道等。促渗技术可分为分散渗透技术和集中回灌技术两大类。分散渗透技术可用于城区、生活小区、公园、道路等,其规模大小不一,设施简单,既可减轻对雨水收集、输送系统的压力,补充地下水,又可充分利用表层植被和土壤的净化功能,减少径流带入水体的污染物。集中回灌技术是直接向地下深层回灌雨水,对地下水水位、雨水水质有更高的要求,不宜在以地下水为饮用水水源的城市采用。

具体的促渗技术有很多,如透水性路面、下凹式绿地、渗透检查井、渗透管、分散式渗透沟、渗透池、雨水渗透回灌设施、干式渗井回灌、集中式湿式渗井回灌等。

促渗技术的使用应根据当地的降雨量、地形、地貌、面积大小等条件进行综合考虑,一般遵循如下设计理念。

① 为了促进雨水入渗,应尽量减少居住区景观中的硬质铺装,提高居住区的绿化率。

② 在一个小区内可将渗透地面、绿地、渗透池、渗透井和渗透管等组合成一个渗透系统。充分渗透地面和绿地,截留净化杂质,超出其渗透能力的雨水进入渗透池,实现渗透、调蓄、净化,渗透池的溢流雨水再通过渗透井和渗透管集聚,提供景观用水。

③ 在主干道路采用透水沥青,步道采用透水砖,并配以砂石作为基层,实现面层结构的透水设计。

④停车场采用嵌草铺装,游乐场采用透水材料,利用周边坡度将雨水排至景观凹槽中。

12.2.3　调蓄技术

调蓄技术是储存一定量的雨水径流,并对其进行净化,当设施内的雨水达到饱和时,通过溢流口排入市政雨水管网,而干旱时可向周边绿地提供水资源的一种技术。家庭可采用罐、缸、桶等来储存雨水;社区可修建蓄水池,或利用水景和人工湖来储存雨水。常用的调蓄技术包括下凹式绿地、雨水花园和调蓄池等。

1. 下凹式绿地

下凹式绿地利用下凹空间实现雨水径流的暂时储存,从而使得雨水能够充分蓄积下渗,延缓峰值到来的时间,降低径流污染和峰值流量。下凹式绿地可以结合城市公园景观设计在场地内进行布置,具有简单易行、雨水渗透效果好、经济节约等特点。为保证下凹式绿地的雨水渗透量和植物的正常生长,其深度应达到相关工程要求。绿地一般低于路面高程 100～200 mm,以 50 mm 为下限,为保证暴雨时雨水径流的排放,雨水溢流口应结合地下管线位置布置在绿地内,溢流口高于绿地 50～100 mm,而低于路面高程。此外,绿地面积也是保障其发挥渗透功能的关键性参数,相关研究表明:下凹式绿地面积占汇水区面积比例为 20% 时,可以消纳 30%～90% 的径流量,甚至实现无外排雨水。影响下凹式绿地的设计参数还包括土壤渗透率、设计降雨量、植物特性等。

下凹式绿地布置在与公园道路、活动广场、建筑等不透水区域相邻的位置,就地滞留下渗雨水径流效果最好,也可以在较大面积的绿地内设置部分区域为自然式下凹绿地来促进雨水渗透,能起到消能和削减峰值流量的作用,但这种情况受地形影响较大,且单独设置的方式调蓄效果相对较低。通常,公园具有大面积的绿地空间,雨水在重力作用下能流向下凹空间,公园交通流量较大区域附近的下凹式绿地还应对安全性进行考虑,需对路缘石加以改造。

2. 雨水花园

雨水花园是指在绿地低洼区域种有灌木、花草乃至树木等植物的雨水源头滞留净化储存工程设施。雨水花园主要包括径流量和径流污染的控制,其中径流量控制能够同时起到净化水质、美化环境和补充地下水的作用。径流量控制适用于水质较好的小汇水区域,如污染较轻的屋面和道路雨水、城乡分散的单户庭院径流等。径流污染控制利用物理、化学和生物三者的协同作用去除污染物,主要针对降雨初期污染较为严重的径流,一般适用于径流污染严重的广场、停车场、公路等。相关研究表明,雨水花园能够起到很好的雨水调蓄功能,当汇水面积为自身面积的两倍时,可以削减40%以上的百年一遇的暴雨洪峰,同时还能够去除60%的氮、磷等营养物质。但是,雨水花园对重金属的持久吸附能力是有限的,在使用15~20年后,其累积的重金属量可能会威胁人类的健康。因此,可以选择合适的种植植物,以减少土壤中重金属的累积量,并定期对土壤进行修复。

3. 调蓄池

雨水调蓄池是一种雨水收集设施,主要是把雨水径流的高峰流量暂留在调蓄池内,待最大流量下降后再从池中将雨水慢慢地排出,以削减洪峰流量,从而减小下游雨水干管的管径,提高区域的排水标准和防洪能力,减少内涝灾害。调蓄池既能规避雨水洪峰,提高雨水利用率,又能控制初期雨水对受纳水体的污染,还能对排水区域间的排水调度起到积极作用。有些城镇地区将合流制排水系统溢流污染物或分流制排水系统排放的初期雨水暂时储存在调蓄池中,待降雨结束后,再将储存的雨污水通过污水管道输送至污水处理厂,达到控制面源污染、保护水体水质的目的。典型合流制调蓄池工作原理如图12.4所示。雨水利用工程中,为满足雨水利用的要求而设置调蓄池储存雨水,储存的雨水净化后可综合利用。

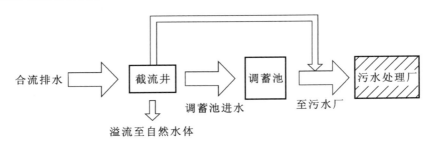

图 12.4　典型合流制调蓄池工作原理

调蓄池既可以是专用人工构筑物如地上蓄水池、地下混凝土池,也可以是天然场所或已有设施如河道、池塘、人工湖、水景等。由于调蓄池一般占地面积较大,应尽量利用现有设施或天然场所建设雨水调蓄池,可降低建设费用,取得良好的社会效益。有条件的地方可根据地形、地貌等条件,结合停车场、运动场、公园等场所,建设集调蓄、防洪、城市景观、休闲娱乐等功能于一体的多功能调蓄池。

按照旱季有无存水的标准,可将多功能调蓄池分为干式和湿式两类。干式多功能调蓄池是指在旱季干燥、雨季储水的一类调蓄设施。根据雨水的排放形式及土壤特性又可将其分为渗透型和防渗型两类。渗透型调蓄池的池底多采用渗透性能较好的材料,雨水透过池底渗入土壤,可有效地回补地下水。防渗型调蓄池通常在池底铺设防水层,雨水沿着池底流向附近的排水管网或是下一级受纳水体。湿式多功能调蓄池类似于人工湿地、坑塘,作为城市的水景,其常年保持有一定的水位。在雨季来临时,调蓄池收集汇聚而来的地表径流,并利用水生植物对水体进行过滤和净化。为保证调蓄池水体不受污染,径流在汇入调蓄池之前需要进行截污处理。多功能调蓄池在设计中要综合考虑场地土壤条件、降水状况、地下水位高度等因素,并可结合游步道、广场、绿地以及游憩设施等元素进行布置,来营造多样的水景。多功能调蓄池的平面设计形式较为灵活,可采用规整式或者自然式,但需要注意设计形式与周边环境相协调。由于其具备多种使用功能,在设计中要综合考虑安全问题,特别是在开放性水域或是水深超过一定标准的区域,可利用植物种植来形成安全屏障,防止意外发生。

12.2.4　过滤净化技术

过滤净化技术是通过各种物理、生物作用削减径流污染物,减轻径流流动带来的面源污染。雨水过滤净化技术包括源头过滤净化技术和终端过滤净化技术两种。

1. 源头过滤净化技术

源头过滤净化技术主要用于降低雨水径流的污染,可以作为局部污染严重区域和雨水收集回用前的预处理。常见的源头过滤净化设施有植被缓冲带、渗井和过滤树池等。

（1）植被缓冲带。

植被缓冲带是指在水体边缘的植被缓坡,通常设计坡度为 2%～6%,其构造是种植着各种植物的草坡和拦水坝,如图 12.5 所示。其利用植物的拦截,减缓径流流速,减少水土流失,使雨水得到充分吸收与渗透,截留净化径流中的污染物。为保证对雨水的净化质量,植被缓冲带的宽度不宜小于 2 m,其宽度越大,阻力越大,雨洪控制效果越好。植被缓冲带的经济性较好,但是其对场地大小及坡度的要求较高。

（2）渗井和过滤树池。

渗井和过滤树池都属于小型过滤净化设施,分别布置在建筑和道路周边,对径流污染进行源头控制。

渗井主要对屋面径流水质进行管理,布置在建筑物室外地下,其与建筑物的距离至少为 3 m,且距地下水位不小于 1 m。当雨水落入渗井后向内部填充的碎石进行渗透,依

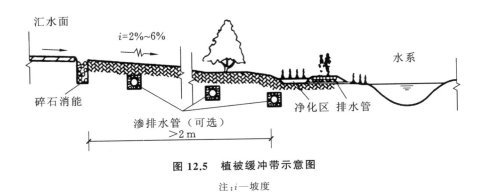

图 12.5　植被缓冲带示意图

注:*i*—坡度

靠土壤的渗透性,净化回补地下水,也可增设渗排管,加强渗透效果。

　　过滤树池是在公园主路两侧行道树下布置的过滤净化设施,能够收集部分雨水径流进行就地净化,同时还能暂时将雨水径流储存在过滤树池中,保持植物根部湿润,从而降低绿化灌溉水量。此外,在过滤树池中,雨水在缓慢向周围土壤渗透的过程中还能回补地下水。由于过滤树池能暂时储存一定量的径流,应选择耐湿的须根植物。

2. 终端过滤净化技术

　　终端过滤净化技术是将雨水收集到管网末端或者储存池中,再集中进行物理化学或者生物处理,去除雨水中的污染物。给水与污水处理的许多工艺可以应用于雨水处理中,但由于雨水的水量和水质变化大,而且雨水的可生化性比较差,多采用物理处理法。利用生物处理雨水的效率一般比较低,投资和运行费用也比较大,所以常常在雨水污染负荷较小时采用。城市雨水净化一般包括预处理、二级处理、深度处理和储存。雨水的净化程度取决于雨水回用的目的,如:回用于灌溉时,只需要进行简单处理;作为锅炉水回用时,要求处理程度较高;用于各种清洁用途时,可在压力泵出口处的两个闸门之间安装一个初级过滤器,清除水中的悬浮物。二级处理多采用生物处理,有生物转盘、生物接触稳定池、滴滤池和氧化塘等工艺。

　　一般说来,雨水要经过调节池进行净化处理,再进入储存池。若把调节池和净化处理合二为一,就形成了雨水综合池。雨水综合池可长时间截留雨水,提供沉淀、过滤、渗透等净化处理,具有调节雨水水量和对雨水进行简单处理的能力,可实现雨水回用系统多重效益。与传统的调节池相比,它不仅具有平抑洪峰值、减少下游管段容量的功能,还是雨水回用、减污等多种功能的载体,可去除雨水中的部分污染物,提高出水水质,节省建设费用和设备费用。利用带砂滤装置的雨水综合池,可削减 85% 的颗粒污染物,实现非饮用水的直接回用。

12.2.5　径流传输技术

径流传输技术是通过竖向控制,延长径流流动路径,利用生态传输设施来降低径流流速及流量,收集、滞留和传输雨水径流并改善水质的动态雨水技术,用于连接滞留渗透设施和收集储存设施,从而形成雨洪管理系统网络。通常使用的雨水径流传输设施有生态植草沟、旱溪、雨水沟。具体设计时,雨水径流传输设施可与建筑落水管、铺装场地、其他单项雨水设施、城市排水管网系统等衔接,将不能就地下渗的雨水径流进行收集渗透并引导至末端收集储存。

1. 生态植草沟

生态植草沟技术是欧美国家针对暴雨径流造成的城市面源污染进行治理研究得到的一种成果,该技术的出发点是解决城市面源污染,是名副其实的生态技术。生态植草沟也称湿草沟,是指种植有植被的地表雨水排放沟渠,一般建于道路、广场等硬质地面旁。生态植草沟能够利用不同密度的植物控制雨水流速,从而延长雨水在沟渠内的停留时间,同时净化雨水。该措施可以与雨水池、人工湖等合建,作为上游雨水的截污处理设施,能够提供水质良好的可回用雨水。生态植草沟由于长期保持潮湿状态,有利于微生物的生长,因此对雨水污染物的去除效果优于干草沟。生态植草沟不仅有治理污染的功能,而且本身具有景观性,可以带给人特定的景观视觉感受。在我国海绵城市建设理念中,生态植草沟被作为种有植被的景观性地表沟渠排水系统,也是泥沙和污染物的"过滤器"。

生态植草沟从上至下依次为植被层、种植土层、过滤层、渗排水管以及砾石层,相当于一个带有多级挡板的雨水传输渠道,其主要目的是延长雨水在沟渠内的停留时间并净化雨水,而不是储存雨水。因此,其断面形式多为倒抛物线形、三角形或梯形,并具有一定的坡度(平原地区一般取 2%～6%,山地可根据地势适当增大),以便于水体流动,但当建设坡度过大时,为防止水流过快而无法达到雨水净化的目的,还需要通过增大植物种植密度、放置小石块或塑料模块来降低雨水流速,其最大流速应控制在 0.8 m/s 以内。

为了达到雨水入渗、削减洪峰的效果,生态植草沟宜建在土壤渗透率较高的地方。多年研究和项目案例表明,设计规范的生态植草沟对径流的削减率可达到 40%,对氮、磷等雨水中营养物质的去除率可达到 35% 以上,对 SS 的去除率可达到 40% 以上。

2. 旱溪

旱溪是模仿自然界中干枯河床环境的雨水设施,以铺设卵石的溪床为主体,呈线性布置,其主要功能是雨水径流传输和景观营造。旱溪在平时处于干涸状态,在雨季可应对降雨引发的径流问题,同时可结合跌水、景桥、植物等设计要素营造自然景观效果。旱溪所处地势,两侧高中间低,剖面呈抛物线形,深度和宽度的比例一般为 1∶2,通常是利用场地的自然排水条件,结合竖向设计,接收绿地、铺装场地等区域的雨水径流。旱溪底部铺设粗糙石块,边缘铺设卵石,以降低雨水对溪床表面土壤的侵蚀。旱溪宜选择耐干旱和短时水淹的草本植物,较常见的营造形式是旱溪花境,随季节变化能呈现多样的景观效果。

3. 雨水沟

雨水沟类似于排水明渠,由砖石等砌筑而成,主要用于传输雨水径流至收集储存设施。相较于其他雨水传输设施,雨水沟的传输效率更高,且没有固定的建造方式,平面布局可呈折线、直线、曲线等多种形式,具有更多的设计可能性,维护成本低。但由于其植被覆盖少,过滤净化效果较弱,引导雨水进入水体前,可与过滤净化等预处理设施连接。雨水沟深度一般为 100～450 mm,宽度大于深度,可在底部铺设石块降低径流速度。

12.3　海绵城市低影响开发设计方法

12.3.1　低影响开发设计概述

低影响开发作为一种实现雨水源头管理的理念和技术,不仅强调场地雨水源头控制措施,而且强调场地规划阶段的源头。基于低影响开发的场地规划设计流程如图 12.6 所示。在场地规划开发项目中,建筑物的方位与路面铺设情况需要考虑到一些因素,如土壤、植被及径流流向,故在项目早期的规划阶段引进低影响开发理念可有效减少对原生态的破坏。

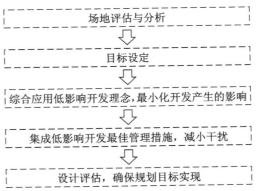

图 12.6　场地规划设计流程

　　为避免场地开发对生态环境造成严重的破坏,以及更好地保护和恢复场地的生态环境,应首先对开发场地的现状条件及其周围环境进行深入分析,即场地评估与分析,主要包括对场地地形地貌、水文水系、生态植被、土壤渗透性及周围环境等进行调查分析,进一步了解开发场地的雨水径流、水环境现状,了解场地开发的优势特征及面临的关键问题,才能有针对性地确定规划目标和原则,以指导规划设计方案的制订及低影响开发具体措施的实施。

　　进行了场地评估与分析之后,需要确定低影响开发场地规划设计的目标及原则,主要体现在两个层面:一是场地景观规划层面,二是雨水系统设计层面。在场地景观规划层面上,低影响开发理念强调以水文学为基础进行土地利用规划、保护生态敏感区域及未受干扰区域,通过合理地布局建筑、道路、开放空间、水景及其他景观功能区,确定各景观功能区的形式和规模,适当采用场地竖向设计等手段,尽量避免场地开发给自然水文循环带来的负面影响;在雨水系统设计层面上,低影响开发理念强调采用小规模、分散式的技术措施对雨水进行滞留、净化及回用,实现对雨水的源头管理。

　　将低影响开发理念及原则应用于实际的雨水管理方案中,即将场地内不透水区域的雨水引入透水区域,使开发后的水文循环过程尽可能接近开发前。因地制宜、系统地将区域内源头—中途—末端各个层次的雨水设施规划与场地景观规划特别是开放空间及绿地系统规划相结合,这就是实施低影响开发战略的重要途径。

　　低影响开发规划设计及实施与区域特性关联度极大,须根据区域的开发现状、开发目标、用地特征、地质地形、交通动线等进行调整。因此,低影响开发规划和设计需要充分收集区域的各项相关资料,并进行综合分析与判别,找出合适的低影响开发措施及适建区域,完成低影响开发技术的造型、布局与规模设计,并利用相关的水文水力模型对低影响开发的方案进行模拟计算,对方案做出评估和改进,并最终确定。

　　对于所有新建项目,在最初的建筑物布局和场地规划设计时,要充分了解拟开发区域的土壤、植被、地形、坡度等基础条件和周边环境,掌握拟开发区域的水文特征,确定开发前不同重现期条件下的暴雨径流量、径流峰值、流速和污染规律。进行开发场地规划设计时,要考虑开发区域原有的自然特征和水文特征,尽可能地加以保护和利用,减少对区域开发时的径流侵蚀,减少对拟开发区域原有雨水汇流时间和地表径流能力的改变,以保持所开发区域的生态完整性和多样性。按照初步的规划设计方案,再进行径流系数和不同重现期条件下的水文计算,根据开发前后不同重现期的径流量差值,计算需要消纳的暴雨径流量,再通过完善设计和增加必要的措施达到径流量削减的目标。最终结合开发区域的建筑物特点、地形特征、土壤类型、植被覆盖情况和种类、气候特征、污染物种类和特征等相关因素选择合适的低影响开发技术，并对低影响开发技术相关的设计参数进行计算和核算。

对于改（扩）建区域，主要目标包括提高防洪重现期，在原有设施基础上增加新的措施以减少径流量，削减洪峰和控制面源污染。此时，低影响开发的设计流程为：首先计算出原有区域和改（扩）建后区域的径流系数，根据改（扩）建要求的设计重现期和原设计重现期来计算径流削减量、洪峰削减量和径流污染物削减量，此后的步骤与新建项目相同。

12.3.2 场地评估分析

对现场状况的全面了解和评估是实施低影响开发技术关键的第一步。这不仅涉及对开发场地的相关规划、规范、专业标准图则与技术文献的分析，也涉及对场地的自然地形、地貌、植被、土壤、排水、土地利用、公共与公用设施相关信息的收集与分析，还涉及最为重要的对场地水文环境的分析，以及对地表径流及地表水水质的分析。

具体场地评估信息如表 12.1 所示。

表 12.1　场地评估信息

因素	相关数据	发展阶段
水文水系	·河流和收纳水体 ·漫滩 ·流动路径 ·上坡排水 ·与现有排水系统关联	·水文研究
地形地貌	·等高线 ·现有路肩和排水沟高度	·第一阶段现场评审
土壤地质	·土壤质地 ·防渗或限制性结构层 ·深度基层岩 ·深度地下水 ·入渗率 ·潜在滑坡	·第一阶段现场评审 ·地质报告

续表

因素	相关数据	发展阶段
生态植被	· 现有覆盖面 · 现有植物群落 · 完整固定的植物	· 植被报告
生态敏感区	· 湿地 · 河滨管理区 · 河道与湖泊保护区 · 洪泛区域 · 完整植物群 · 原始森林 · 受威胁栖息地或濒危物种 · 征用地 · 地下储气库 · 地下公用设施	· 生物报告 · 辖区划分 · 特殊调查 · 第一阶段
开发现状	· 建筑物 · 铺砌区 · 景观区 · 公用设施	· 多场地收集信息
污染	· 场地径流状况 · 废弃的垃圾填埋场 · 地下水污染	· 第一阶段

12.3.3　确定规划管理目标

根据分析结果和识别出的问题,要有针对性地提出符合当地实际情况的低影响开发规划目标和指标体系。在基于低影响开发理念的场地系统规划目标中,最重要的是根据降雨和地形情况提出区域雨水管理目标。该目标主要是对规划区径流削减程度、雨水调蓄能力做出规定,以便后续确定场地布局和低影响开发技术的选择。

1. 保护生态敏感区域,恢复场地开发前水文状况

天然湿地、原生植被及漫滩平原等都是生态敏感区域。这些区域是储存、输送、下渗及净化雨水的主要场所,也是生物最主要的栖息地,保护这些区域有助于缓解场地开发

对自然水文循环及生态系统造成的压力。场地开发无疑会对区域自然现状造成一定的破坏,基于低影响开发的理念,可最大限度地减少对水文状况的影响,通过借助各种最佳管理措施,尽可能地恢复到场地开发前的水文状况。

2. 基于自然地形的土地利用规划

场地高低起伏的地形在自然排水系统中扮演着重要角色。采取恰当的土地利用形式去适应地形和自然排水系统,合理地布局建筑、道路、开放空间、水景及其他功能区,适当采用场地竖向设计等手段,可以大大缩小后期雨水控制利用系统的规模和投资,增强对开发区域的洪涝控制功能。

3. 减少场地的不透水面积

开发场地内不透水面积的大量增加,是造成雨水问题的最主要原因。在满足场地功能的前提下,减少不透水面积具有重要的生态意义。在场地规划过程中,采用紧凑模式提高建筑密度,减少道路、停车场占地面积,在人行道及车流量较少的道路、停车场、广场等区域采用透水铺装,都可以达到减少场地不透水面积的目的。

4. 采用低影响开发雨水设施对雨水进行源头管理

基于上述原则可大大降低场地开发对自然水文循环的影响,但这种影响不可避免。为了进一步使开发后的水文状况恢复至开发前,有必要在场地内实施一套基于低影响开发理念的雨水管理方案。根据场地评估分析结果,合理确定规划区域内适宜的雨洪控制利用方式,因地制宜,将低影响开发源头控制技术用于实际场地规划设计中,实现低影响开发的目标。

5. 提高景观的生态性

通过对各个景观要素如建筑、铺装、植物等的合理规划设计,减少场地开发对自然水文及生态系统带来的消极影响,使各景观要素不但有美学功能,而且具有削减雨水径流、净化水质、改善水循环和生态环境、提高综合效益等多种功能。

12.3.4 场地规划策略制定

场地规划策略的制定过程涉及 3 个层面。

(1)减少径流总量的非结构性策略的制定,该策略具体包括:保护现状自然植被,保护高透水性土壤,保护现有的地形与流域分界线,缩小场地平整范围,最大限度地减少场地总的不透水面积,分散场地的不透水面积,把建筑布局在水文功能较差的贫瘠的黏土土壤地块,缩短道路宽度与车道宽度,缩短建筑后退道路红线距离,缩短总道路铺装长度,采用单侧人行道,减少路面停车数量,采用透水铺装,等等。

（2）减小峰值径流量、增加径流汇流时间的非结构性策略的制定,该策略具体包括:增加径流路径数量与径流流程,尽量使径流形成坡面漫流,尽量使场地与地块更长、更平缓,尽可能增加场地植被面积,尽量使用开敞明沟系统,引导雨洪流入植被区,等等。

（3）低影响开发综合管理实践设施体系的布局规划与设计,该设施体系包括渗透系统、过滤系统、输送系统及存储系统四大系统。渗透系统的主要作用是可以减少地表径流量,补充土壤水分和地下水,同时还可以处理地表径流中的污染物,并控制径流。过滤系统通过土壤过滤、吸附、生物等作用,处理地表径流中的污染物,与渗透系统一样可以减少径流量,补充地下水,增加河流的基流,降低温度对受纳水体的影响。输送系统可以引导、分配、传输地表径流,降低径流流速,延缓径流峰值时间等。存储系统主要是对地表径流进行调蓄与利用,减少径流排放量,削减径流的峰值流量。这四大系统的相关技术设施主要有生物滞留池或雨水花园、干井、渗井、渗沟、透水路面、砂滤池、过滤带、植草沟、片流转换器、集雨桶、蓄水池、绿色屋顶等。设施的类型与规模可以运用暴雨雨水管理模型(storm water management model,SWMM)、Technical Release-55(简称 TR-55)等水文技术模型来选择。通过低影响开发综合管理实践设施体系的布局,开发后的场地能最终保持开发前的水文环境,并达到低影响开发场地设计的水文目标。

12.3.5　低影响开发方案设计与评估

初步选取适用的低影响开发措施及拟建范围后,还须进行详细的方案设计,如低影响开发措施组合方式、尺寸规模、数量等,以期形成合适的低影响开发体系。由于低影响开发设计参数众多,往往会得到多种初步设计方案。结合计算机技术如 SWMM 模拟等对初步设计方案进行反复验证、比较、调整、评估、优化,并对各方案在洪涝控制、污染控制、雨水利用、经济成本等主要方面所能达到的效果进行定量分析,最终确定最适合设计目标的方案,如最低成本方案、最高功效方案、最优成本—效益方案等。

1. 技术选用原则

低影响开发的技术选择是相当复杂的过程,由于部分因素具有不确定性,因此,并不是所有的措施都适合场地开发项目。一个成功的规划设计过程需要综合考虑技术与非技术因素之间的平衡关系。为了实现全面的雨水管理及低影响开发场地开发,低影响开发的技术选择需要结合以下因素进行综合考虑。

① 径流量与径流水质需求。污染物负荷与雨水径流量是低影响开发技术选择的主要考虑因素。例如,在高浓度磷径流区,渗透性措施就是非常好的选择,因为其除磷效果

明显。

② 靠近源头。雨水径流管理应该尽可能地靠近源头,如何实现这一点取决于场地开发的性质。例如,生态植草沟比较适合运用于新开发的场地中,但在改造工程中则受到比较多的限制。

③ 满足多功能。考虑将雨水措施集成到已受影响区域,如雨水回灌停车场下的河床、渗透池上建的游乐场。这些措施可以最大限度地减少干扰区,在某种情况下,可以为当地居民提供娱乐休闲场所。

④ 场地因素。场地可根据其一些特性(如土壤类型、地下水位深度、坡度等)进行归类,在进行措施选择过程中需要将这些特性考虑在内。

⑤ 成本。成本包括建设费用和长期维护费用,往往涉及开发的规模和性质。表 12.2 提供了大概的成本信息,但建设成本和维护成本往往是由特定的场地和开发目标决定的。

⑥ 施工注意事项。许多措施都有具体的施工指南以提供更多的指导。例如,在渗透型设施的施工过程中,合理地使用挖掘设备是至关重要的,因为其可以避免压实土壤。

⑦ 维护问题。选择一种合适的措施时,必须考虑将来的维护和修理问题。有些措施需要被更多地维护才能运行良好。比如,生态植草沟需要对各种各样类型的景观植物进行养护,故其透水铺装需要定期吸尘,而对于渗滤池、渗透沟渠及排水井来说,可能需要很少的维护。对于一些措施来说,特别是种植植物的措施,其性能会随着植物的生长和成熟而逐渐提高。

⑧ 审美与栖息相关问题。美化环境已成为绝大多数社区和开发项目追求的目标。在一些情况下,开发商更愿意为那些可以增加开发项目吸引力、提高价值与市场竞争力的低影响开发措施买单。例如,雨水花园让小区看起来更具有吸引力,湿地池塘、人工湿地、自然洼地、过滤带、绿色屋顶及其他许多低影响开发技术都可以集成到景观设计中,这既可以解决雨水问题,还可以带来一定的经济效益、社会效益等。此外,大部分低影响开发措施还可以提高栖息功能,提升其他的环境效益。

⑨ 土地利用适用性。低密度住宅区因其有较少的停车区域,有利于可渗透的透水铺装的建设。雨水桶特别适合单户住宅的雨水收集,但绿色屋顶就不太适用于单户住宅。成功的低影响开发方案力求与土地使用及用户类型相匹配。

为了能够快速比较各种技术的适用性,表 12.2 低影响开发技术参数分析表列出了各种技术措施在潜在应用场景、水量和水质控制特点、建设成本、维护成本、冬季性能等方面的表现,可供技术选择参考。

表 12.2　低影响开发技术参数分析表

技术		潜在应用场景							水量控制特点			水质控制特点				建设成本	维护成本	冬季性能
		住宅区	商业区	城市区	工业区	古城区	道路	休闲区	水量	地下水补给	峰值速率	总悬浮物(TSS)	总磷(TP)	氮	温度			
径流量控制/渗透	生态滞留池	是	是	限制	限制	是	是	是	中/高	中/高	中	高	中	中	高	中	中	中
	植被过滤带	是	是	限制	限制	是	是	是	低	低	低	中/高	中/高	中/高(NO₃)	中/高	低	低/中	高
	植草沟渠	是	是	限制	是	限制	是	是	低/中	低/中	低/中	中/高	低/高	中	中	低/中	低/中	中
	透水性铺装地面	是	是	是	是	是	限制	是	高	高	中/高	高	中/高	低	高	中	高	中
	渗滤池	是	是	限制	是	限制	限制	否	高	高	高	高	中/高	中/高(NO₃)	高	低/中	中	中/高
	地下渗透床	是	是	是	限制	是	是	否	高	高	高	高	中/高	低	高	高	低/中	高
	渗透沟	是	是	是	是	是	是	否	中	高	低/中	高	中/高	低/中	高	中	低/中	高
	干井	是	是	是	是	是	N/A	否	中/高	高	中	高	中/高	低/中	高	高	低/中	高
	绿色屋顶	限制	是	是	是	是	否	是	低	低	低	中	中	中	中	中	中	中
	雨水收集系统	是	是	是	是	是	否	是	高	低	低	中	中	中(NO₃)	中	雨水桶低/水箱中	中	中

续表

	技术	潜在应用场景							水量控制特点			水质控制特点				建设成本	维护成本	冬季性能
		住宅区	商业区	城市区	工业区	古城区	道路	休闲区	水量	地下水补给	峰值速率	总悬浮物(TSS)	总磷(TP)	氨	温度			
径流量控制/非渗透	人工湿地	是	是	是	是	是	是	是	低	低	高	高	中	中	低/中	高	低/中	中/高
	池塘/蓄水池	是	是	是	是	是	是	是	低	低	高	高	中	中	低/中	高	低/中	中/高
	人工过滤器	限制	是	是	是	是	是	是	低	低	低	高	中	中	低	中/高	高	中
径流水质控制/非渗透	水质控制井	是	是	是	是	是	是	是	N/A	N/A	高	变值	变值	变值(NO₃)	无	变值	变值	高
	地下滞留池	是	是	是	是	是	是	是	低	低	高	N/A	N/A	N/A	N/A	高	中/高	中/高
	延伸滞留池/干塘	是	是	是	是	是	是	是	低	低	低	中	中	低	低	高	沉淀低/植被高	高
修复	河岸缓冲修复	是	是	限制	是	是	限制	是	低/中	低/中	低/中	中/高	中/高	中/高(NO₃)	中/高	低/中	低	高
	原生植被修复	是	是	是	是	是	限制	是	低/中/高	低/中/高	低/中	高	高	中/高(NO₃)	中	低/中	低	中
	土壤修复	是	是	是	是	限制	是	是	中	低	中	高	高	中(NO₃)	中	中	低	高

注：① 总悬浮物，total suspended solids，简称 TSS；② N/A，not applicable 的缩写，表示"不适用"的意思；③ NO₃ 表示三氧化氮。

2. 径流量的计算

雨水径流量的产生与降雨强度、流域面积、土壤性质和集水时间等都有关系。改进的 Rational(合理化)方法可以根据流域面积大小和选择的降雨强度计算出降雨产生的峰值径流量,也可以模拟出水力曲线,方便调蓄池、滞留池的设计。MODRAT 模型中的暴雨径流系数取决于地表性质和降雨强度,其计算是一个迭代的过程。以下描述了利用 MODRAT 模型计算集水时间和降雨径流量的步骤。

第 1 步:假定原始集水时间。

给集水时间赋予一个初始值。

第 2 步:计算降雨强度。

把集水时间的初始值作为降雨历时,代入式(12.1)计算降雨强度。

$$q = \frac{167A(1+C\lg P)}{(t+b)^n} \tag{12.1}$$

式中:q 为设计暴雨强度,$L/(s \cdot hm^2)$;t 为降雨历时,min;P 为设计重现期,年;A、C、b、n 为参数,根据统计方法进行计算确定。

第 3 步:计算不透水面积与降雨径流系数。

具体项目场地的设计不透水面积可通过式(12.2)确定。

$$IMP = \frac{\sum_{i=1}^{n}(IMP_i \times A_i)}{A_T} \tag{12.2}$$

式中:IMP 为项目场地特定不透水区域比例;IMP_i 为地块的不透水面积,m^2;A_i 为地块的总面积,m^2;A_T 为总项目场地面积,m^2。

计算开发区域的降雨径流系数公式见式(12.3)。

$$C_d = (0.9 \times IMP) + (1.0 - IMP) \times C_u \tag{12.3}$$

式中:C_d 为项目场地开发区域降雨径流系数;IMP 为项目场地特定不透水区域比例;C_u 为项目场地未开发区域降雨径流系数,一般取 0.15~0.20。

第 4 步:计算汇集时间(T_c)。

汇集时间是指径流从所研究的流域的最远端流到流域的出口处的时间。在改进的 Rational 方法中,需要用 T_c 来计算降雨强度。因此,准确地计算出 T_c 是准确估计出径流量的关键。计算 T_c 也有不同的方法,比较简单的一类方法是用径流流经的长度除以其流速。通常流速在从最远处流到出口处的过程中是变化的,它取决于径流的类型和输送的方式。T_c 应该是径流流经各个阶段的总和。另一类方法是采用研究得到的经验公式和由运动波理论(kinematic wave theory)推导出来的公式。

应用运动波理论计算 T_c 需要把径流流经流域的过程分为两个部分:一个是坡面漫流,一个是输送流。其所用时间分别用 t_0 和 t_c 表示,见式(12.4)。

$$T_c = t_0 + t_c \tag{12.4}$$

式中：T_c 为汇聚时间，min；t_0 为坡面漫流流经的时间，min；t_c 为输送流流经的时间，min。

坡面漫流，也称为层流，是指径流以均匀厚度的薄层流过具有一定坡度的表面。这种径流通常出现在径流汇集到沟渠之前，或者发生在刚开始的一段很短的距离内。因此，坡面漫流流经的距离一般都小于 25 m，最长也不超过 130 m。应用运动波理论可以用式(12.5)计算出 t_0。

$$t_0 = \frac{K_u}{I^{0.4}} \left(\frac{nL}{\sqrt{S}} \right)^{0.6} \tag{12.5}$$

式中：t_0 为坡面漫流流经的时间，min；n 为表面粗糙系数；L 为流经的距离，m；I 为降雨强度，mm/h；S 为坡度，%；K_u 为单位转换系数，一般取 6.92。

径流流经一定距离后会汇聚到一起，在自然形成或人工构筑的水渠或者管路中流动。这种在输送系统中的径流流过的时间可以用式(12.6)、式(12.7)计算。

$$t_c = \frac{L}{60V} \tag{12.6}$$

$$V = K_u k S_p^{0.5} \tag{12.7}$$

式中：t_c 为输送流流经的时间，min；K_u 为单位转换系数，一般取 1.0；V 为流速，m/s；k 为截流系数；S_p 为坡度，%；L 为流经的距离，m。

在明渠或者管路里的输送流的流速 V 可以通过式(12.8)计算。

$$V = \frac{K_u}{n} R^{\frac{2}{3}} S^{\frac{1}{2}} \tag{12.8}$$

式中：R 为水力半径，m；S 为表面的坡度，%；K_u 为单位转换系数，一般取 1.0；其余符号意义同前。

第 5 步：比较汇集时间计算值与原始值。

如果汇集时间计算值与原始值的差值不大于 0.5，说明计算值是符合条件的；如果计算值与原始值的差值大于 0.5，须重新调整汇集时间最接近的值作为假定值，并返回到第二步进行计算。

第 6 步：计算峰值流量。

根据上述各步骤确定的降雨强度、集水时间及降雨径流系数，利用式(12.9)计算峰值流量。

$$Q = C_d \times I_t \times A \tag{12.9}$$

式中：Q 为峰值流量，m^3/s；C_d 为项目场地开发区域降雨径流系数；I_t 为降雨强度，mm/h；A 为项目汇水面积，m^2。

第 7 步：绘制水文曲线。

水文曲线可以简化为三角形或梯形。X 轴为时间，Y 轴为流量。当 T_c 等于降雨持续时间时，水文曲线为三角形，三角形的顶点就是峰值流量 Q，底边等于 $2T_c$。当 T_c 大于降雨持续时间时，水文曲线为梯形，峰值 Q 为梯形的高，上底长为 T_c 减降雨持续时间，

下底长为 T_c 加降雨持续时间。而当 T_c 小于降雨持续时间时,水文曲线亦为梯形,峰值 Q 为梯形的高,上底为降雨持续时间减 T_c,下底为降雨持续时间加 T_c。曲线所包括的面积就是产生的总径流量。

3. 雨水系统量化评价

对模型的计算和模拟,能对低影响开发的设计进行量化评价。其目的在于判别低影响开发规划设计方案各方面的实际成效,从而为低影响开发规划设计方案的甄选提供数据支持。

评估系统提供低影响开发综合量化评估功能,评估指标体系框架如图 12.7 所示,主要对污染控制、管网安全、雨水利用、经济成本、径流控制等多指标进行分析评估,从而为低影响开发方案的前期规划及后期评估提供决策支持。

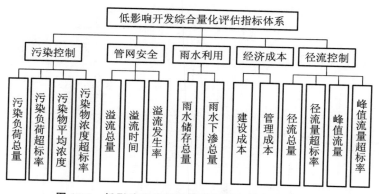

图 12.7　低影响开发综合量化评估指标体系框架图

由于低影响开发措施径流控制和经济成本两方面的指标评价范围不尽相同,因此,为了能在同一尺度下对不同低影响开发措施进行综合的比选,须对评价指标进行线性归一化,统一在 $[0,1]$ 的尺度内对低影响开发措施各方面的性能表现进行评价。

对于某一项评价指标 j,采用式(12.10)对各低影响开发的评价指标进行线性归一。

$$r_{ij} = \frac{x_{ij} - \min(x_{ij})}{\max(x_{ij}) - \min(x_{ij})}, i=1,2,\cdots,12 \qquad (12.10)$$

式中:x_{ij} 为第 i 种结构性低影响开发措施在第 j 项指标上的原始值;r_{ij} 为其归一化后的指标得分。

按式(12.11)对归一化后的指标进行加权求和。

$$I_i = \sum_{j=1}^{17} f_{ij} \times r_{ij}, i=1,2,\cdots,12 \qquad (12.11)$$

式中:I_i 为第 i 种结构性低影响开发措施的比选指标加权总得分;f_{ij} 为权重系数,根据拟建区域实际需求通过专家打分得到。

各项低影响开发措施径流控制和经济成本两类标准下的 17 项二级指标归一化后的结果如表 12.3 所示。

表 12.3 低影响开发措施比选指标归一化整合

评价指标		入渗沟	入渗池	干式滞留池	湿式滞留池	植被过滤带	生态植草沟	人工湿地	砂滤系统	绿色屋顶	雨水桶	透水性铺装地面	植物蓄流池
径流量控制功效	径流量	0.63	0.97	0.57	0.83	0.43	0.6	1	0.34	0.49	0	0.63	0.66
	洪峰	0.67	0.97	0.46	0.69	0.44	0.59	1	0.46	0.49	0	0.67	0.64
	流速	0.37	0.73	0.4	0.6	0.27	0.43	1	0.3	0.47	0	0.37	0.5
径流水质控制功效	悬浮沉积物	0.63	1	0.29	0.49	0.22	0.35	0.69	0.57	0.28	0	0.60	0.5
	耗氧物质	0.65	1	0.40	0.67	0.44	0.53	0.99	0.61	0.51	0	0.60	0.75
	细菌、病毒	0.67	1	0.29	0.49	0.26	0.38	0.71	0.61	0.31	0	0.63	0.54
	营养物质	0.64	0.96	0.39	0.68	0.51	0.59	1	0.59	0.55	0	0.61	0.78
	重金属	0.72	1	0.34	0.57	0.46	0.52	0.83	0.67	0.45	0	0.68	0.69
	有毒有机物	0.62	1	0.42	0.67	0.44	0.55	0.95	0.56	0.49	0	0.60	0.71
其他效益	雨水利用	0.25	0.5	0.75	1	0	0	1	0	0	1	0.25	0.5
	生态功能	0.2	0.2	0.2	0.6	0.4	0.4	1	0	0.8	0	0.2	0.8
	景观价值	0	0	0	0.5	0.5	0.25	0.25	0	0.75	0	0.25	1
固定投资	固定投资	0.75	0.75	0.75	0.5	1	1	0	Q	0.5	0.75	0.25	0.25
管理维护	管理需求	0.5	0.5	1	0.25	1	0.25	0	0	1	0.75	0.75	0.25
	维护成本	0.25	0.25	1	0.25	1	0.5	0.25	0	0.75	1	0.5	0.25
系统性能	设计鲁棒性	0.33	0.33	0.67	1	0	1	0.67	0.33	0.67	1	0.33	1
	运行稳定性	0	0	0.75	0.5	1	1	0.5	0.5	0.75	1	0.5	1
总分		7.88	11.16	8.68	10.29	8.37	8.94	12.59	5.54	9.26	5.5	8.42	10.82

注:设计鲁棒性是指系统在不确定性的扰动下,具有保持某种性能不变的能力,即抗干扰能力。

表 12.3 中最后一行对各个低影响开发措施的成本-功效给出了示意性的总分,可以看到人工湿地、入渗池、植物蓄流池、湿式滞留池的综合得分较高,与其在径流流量、径流水质控制功效上的优秀表现相一致。而在径流流量、径流水质控制功效上表现稍逊的绿色屋顶,因其具有多面的效益、较低的成本和维护管理需求,故在综合得分上有了明显的上升,这也从一个侧面反映了这一低影响开发措施比选体系能较为全面地表征低影响开发措施成本—功效的各个方面。需要注意的是,这里计算的总分基于的是所有的指标均是等权的假定,在实际应用中,可根据拟建区域的具体规划、控制目标和要求,对各个指标赋予相应的权重,有针对性地进行评价和比选。

12.4　海绵城市建设与雨水资源综合利用

低影响开发设施的选择应结合不同地块的水文地质、建筑密度、土地利用情况等实际条件,结合城市总体规划、专项规划及详细规划制订的控制目标,充分考虑设施的主要功能、经济适用性、景观效果等因素,选择效益最优的单项设施及其组合设施。设施组合系统中各设施的适用性应符合场地的土壤渗透性、地下水位、地形地势、空间条件等特点。雨水入渗设施不应对地下水造成污染,不应对居民的生活造成不便,不应对卫生环境和建筑安全产生负面影响。组合系统中各设施的主要功能应与规划控制目标相对应。在满足控制目标的前提下,要考虑使组合系统中各设施的总成本最低,并综合考虑设施的环境效益和社会效益。

12.4.1　公共绿地中低影响开发技术组合应用

公共绿地(公园绿地、街旁绿地)是较为封闭的绿地系统,绿地内部包含了绿地、道路与建筑物等,公园绿地进行低影响开发时,应选择以雨水渗透、储存、净化为目的的设施。这些设施与区域内的雨水管渠系统和超标雨水径流排放系统相衔接,还可以根据场地条件不同,结合园林小品来灵活地进行适当设置。可通过减少地表径流、增加雨水下渗、最大化利用雨水资源,实现公园绿地中可持续的雨水管理和利用。

公共绿地应首先满足自身的生态功能、景观功能,在此基础上应达到相关规划提出的如径流总量控制率、绿地率、透水铺装率等低影响开发指标的要求。适宜公园绿地的低影响开发设施有生态植草沟、雨水花园、调蓄池、生态树池、透水铺装、植被缓冲带、生态驳岸、人工湿地等。

雨水利用以入渗及自然水体补水与生态净化应用为主,应避免采取建设维护费用高的净化设施。土壤入渗率低的公园绿地以储存、使用设施为主。公园绿地内景观水体应作为雨水调蓄设施,并与景观设计相结合。景观水体应设溢流口,超过设计标准的雨水可排入市政管网。景观水体可与蓄水设施、湿地建设有机结合,雨水经适当处理可用于公共绿地的灌溉、清洁用水。公共绿地雨水控制利用流程如图 12.8 所示。

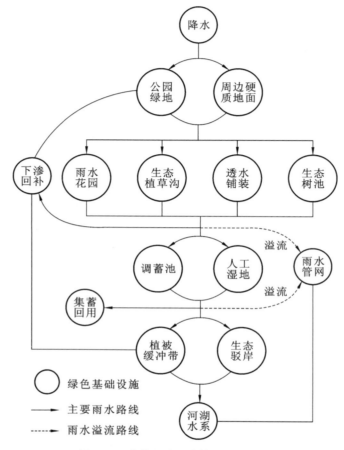

图 12.8 公共绿地雨水控制利用流程

低影响开发设施内植物宜根据设施水分条件、径流雨水水质进行选择,宜选用耐涝、耐旱、耐污染能力强的乡土植物。公共绿地低影响开发雨水系统设计应满足《公园设计规范》(GB 51192—2016)中的相关要求。有条件的河段可采用植被缓冲带、生态驳岸等工程设施,以降低径流污染负荷。

建于 2010 年的美国波特兰市坦纳斯普林斯(唐纳溪水)公园(Tanner Spring Park,Portland,USA),面积约为 4000 m²,曾获得 2006 年美国景观设计师协会俄勒冈州景观设计优胜奖,并入围 2011 年城市土地学会开放空间设计奖。该公园所在地原为一片湿地,后成为工业区,最后又改为商业区和居住区域。作为新的城市公园,唐纳溪水公园得以恢复原有的湿地面貌,收集街区的雨水,汇入由喷泉和自然净化系统组成的水景中,除了雨水资源的有效净化和利用,也为社区居民提供了休闲游憩的空间,同时为鱼鹰等野生动物提供了栖息的场所。这处由戴水道公司在工业废弃土地上重现的湿地景观,地形由南至北逐渐降低,以收集来自周边街道和铺装的雨水径流;种植的植物种类从位于坡地高处的水池到低处水池呈现明显的分布变化,反映了公园的土壤含水量从干到湿的变化过程,而收集的雨水经过池中植物过滤带的吸收、过滤和净化成为开敞的水体景观,溢出的雨水则被释放到地下的调蓄池中。唐纳溪水公园中应用的多种低影响开发设施将"人工化的自然"以生态化的方式介入,即通过模拟自然排水方式,修复并创造了近乎自然环境的、混合了居民休闲生活的、具有环境功能的城市水生态系统。

12.4.2 广场绿地中低影响开发技术组合应用

广场绿地是相对开放的绿地,该类型绿地选择的低影响开发设施应以雨水渗透、储存、净化等为主要功能,消纳自身及周边区域径流雨水,溢流雨水经雨水灌渠系统和超标雨水径流排放系统排入市政雨水管网。

广场绿地宜采用透水铺装、生态植草沟、雨水花园、生态树池、人工湿地、绿色停车场等低影响开发设施消纳径流雨水。广场宜采用透水铺装,直接将雨水渗入地下,以有效回补地下水;除使用透水铺装外,应合理设置坡度,保证排水,使周围绿地能合理吸收利用雨水;机动车道等区域的初期雨水中有机污染物及悬浮固体污染物的含量较高,道路雨水收集回用前应设初期雨水弃流装置,将该部分径流收集排至市政雨水管网。其中,绿色停车场是指通过一系列低影响开发技术的综合运用来减少停车场的不可渗透铺装的面积。广场绿地雨水控制利用流程如图 12.9 所示。

1998 年由戴水道公司设计的德国柏林波茨坦广场,面积约为 13000 m²,是城市广场雨水利用的典范,其景观用水全部来自雨水收集后的再利用,即雨水资源的再利用率可达 100%。由于柏林市地下水位较浅,为了防止雨水成涝,要求商业区建成后既不能增加地下水的补给量,也不能增加雨水的排放量。为此,开发商对雨水利用采用了如下方案。将适宜建设绿地的建筑屋顶全部建成绿色屋顶,利用绿地滞蓄雨水,一方面防止雨水径流的产生,起到防洪作用;另一方面增加雨水的蒸发,起到调节空气温度、改善小气候的作用。对不宜建设绿地的屋顶,或者绿色屋顶消化不了的剩余雨水,则通过专门的已带有一定过滤作用的雨漏管道进入主体建筑及广场地下的总蓄水箱,经过初步过滤和沉淀后,再经过地下控制室的水泵和过滤器,一部分进入各大楼的中水系统用于冲洗厕所、浇灌屋顶的花园草地,另一部分被送往地上人工溪流和水池,通过植物和微生物的净化生境,形成雨水循环系统,完成二次净化和过滤。而地下总蓄水池又设有水质自动监测系

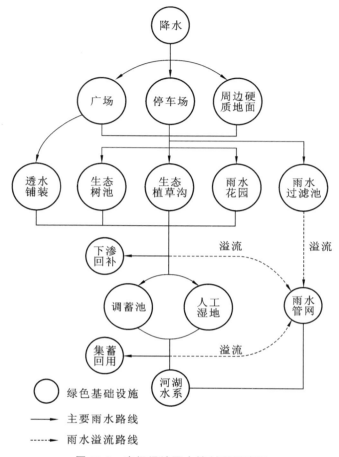

图 12.9 广场绿地雨水控制利用流程

统,当水面因蒸发而下降时,自动系统便会用蓄水箱中的水进行补充。此外,设施方应用计算机模拟水池中水的流动来确定植物净化生境的布置以及进出水口位置,以避免死角的出现。

  雨水净化的景观由北侧水面、音乐广场前水面、三角形主水面和南侧水面 4 部分水景系统共同组成。人工水系将都市生活与自然元素融为一体,不仅净化了雨水,还为这个喧嚣拥挤的城市增添了亲近自然的公共空间。作为世界上雨水利用最先进的国家之一,德国的雨水用途很广泛。德国联邦和各州有关法律规定,新建或改建开发区必须考虑雨水利用系统,因此,开发商在进行开发区规划、建设或改造时,应将雨水利用作为重要内容进行考虑,尤其在进行大面积商业开发区建设时,更应结合开发区水资源实际,因地制宜,将雨水就地收集、处理和使用,并以景观的形式展现给居民和游客。

12.4.3　道路绿地中低影响开发技术组合应用

道路绿地是相对开放的绿地。道路绿地宜采用透水铺装、生态植草沟、雨水花园、等低影响开发设施消纳径流雨水。道路绿地雨水控制利用流程如图 12.10 所示。人行道宜采用透水铺装;机动车道等区域的初期雨水中有机污染物及悬浮固体污染物的含量较高,道路雨水收集回用前应设初期雨水弃流装置。城市道路绿化带内低影响开发设施应采取必要的防渗措施,防止径流雨水下渗破坏道路路面及路基,其设计应满足《城市道路工程设计规范(2016 年版)》(CJJ 37—2012)相关要求。

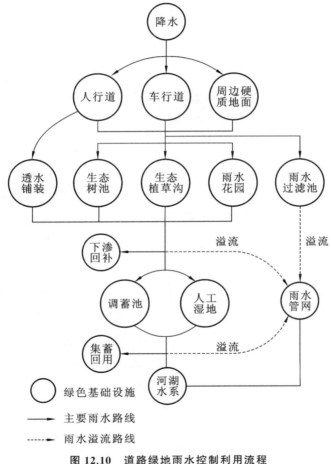

图 12.10　道路绿地雨水控制利用流程

已建道路可通过降低绿化带标高、增加生态树池、路缘石开口改造等方式将道路径流引到绿化空间的绿色基础设施,溢流设施接入原有市政排水管线或周边水系。新建道路可加宽人行道空间以预留绿色基础设施空间;结合道路纵坡及标准断面、市政雨水排放系统布局等,优先采用生态植草沟排水。自行车道、人行道以及其他承载要求较低的路面,优先采用透水铺装材料。人行道行道树应当采用生态树池来收集树干径流和路面径流。道路红线内的绿地,应确保种植土层的厚度,种植乔木时,必须将下层建筑垃圾、土壤滞水层等破除,保障植物生长。低影响开发设施内植物应根据设施水分条件、径流雨水水质进行选择。道路中交通环岛、公交车站的绿色基础设施的布置应结合相邻绿化带、雨水口位置综合考虑,尽可能利用绿化带净化、削减径流。当道路红线外绿地空间有限或毗邻建筑与小区时,可结合红线内外的绿地,采用生态植草沟、雨水花园等雨水滞蓄设施净化、下渗雨水,减少雨水排放。当道路红线外绿地空间规模较大时,可结合周边地块条件设置人工湿地、调蓄池等雨水调节设施,集中消纳道路及部分周边地块雨水径流,并控制径流污染。

绿色街道是一种集合了透水表层、树木覆盖、景观元素的相融街道,通过把绿色基础设施元素整合成街道的形式来储存、过滤和蒸发雨水。绿色街道可减少雨水径流和降低面源污染,缓解汽车尾气带来的空气污染,将自然元素纳入街道,为慢行交通系统的通行提供机会。透水铺装、生态植草沟、生态树池等均可用于绿色街道的设计,例如美国波特兰区域雨洪管理和城市绿色街道建设。

波特兰市在 2003 年开始了城市"绿色街道"改造设计,首先在街道绿化改造中加入雨水管理和利用功能,同时,结合景观元素,形成了当地富有特色的街道景观元素。波特兰市的"绿色街道"项目通过对部分街道两侧停车区域进行改造,将原有的硬质道路改建为绿色种植区域,根据功能的需要进行结构层设计,通过不同耐水植物的搭配,最终形成一个集雨水收集、滞留、净化、渗透、排水等功能于一体的生态处理设施,并营造出自然优美的街道景致。雨水收集池与道路绿化相结合,地表径流流入收集池后,首先经过由水生植物和碎石构成的过滤池,碎石过滤掉大型的污染物,植物净化部分污染物,最后进入储水池;超出收集池容量的雨水进入城市雨水管道;排水系统实施雨污分流,污水进入净化装置,雨水重复利用。绿色街道的建设,有效增加了雨水的自然渗透,延缓了地表径流,减少了瞬时雨水径流对市政管网的压力,降低了城市内涝的发生概率,促进了城市建设区域内水系统的自然循环。

12.4.4 附属绿地中低影响开发技术组合应用

附属绿地包括小区绿地、单位绿地等独立单元式的绿地,应将其建筑屋面和道路径流雨水通过有组织的汇流与传输,引入附属绿地内的雨水渗透、储存、净化等低影响开发设施。可通过对不透水铺装的面积限制,以及对屋顶排水、植被浅沟和调蓄池的设计等方面进行雨洪控制管理。

附属绿地可通过落水管截留、绿色屋顶、生态植草沟、雨水花园、生态树池、透水铺装、人工湿地、蓄水池等低影响开发设施来消纳自身径流雨水;可采取落水管截留设施将屋面雨水引入周边绿地内分散的生态植草沟、雨水花园等设施,再通过这些设施将雨水引入绿地内的蓄水池、人工湿地等设施;附属绿地适宜位置可设计雨水收集回用系统用于绿地灌溉;道路应采用透水铺装路面,透水铺装路面设计应满足路基路面强度和稳定性等要求。

建筑小区绿地包括了居住用地、公共设施用地、工业用地、仓储用地的附属绿地,它们与绿色基础设施建设具有一定的相似性。建筑小区绿地绿色基础设施的目标以控制径流总量、雨水集蓄利用为主,在污染较重区域辅以径流污染削减。适宜在建筑小区绿地使用的绿色基础设施主要有:落水管截留、生态植草沟、雨水花园、透水铺装、生态树池、绿色屋顶、雨水收集利用设备、调蓄池和人工湿地。既有建筑改造时,可将建筑屋面、硬质地面雨水通过具有一定景观功能的明沟或者暗渠引入周边绿地中的绿色基础设施。坡度较缓(小于 15°)的屋顶或平屋顶、绿化率较低、与雨水收集利用设施相连的建筑与小区(新建或改建)可考虑采用绿色屋顶。普通屋面的建筑可利用建筑周围绿地设置雨水花园等吸收和净化屋面雨水。居住区屋面表面应采用对雨水无污染或污染较小的材料,不宜采用沥青或沥青油毡,有条件时可采用种植屋面。屋面雨水收集回用前应设初期雨水弃流装置。建议优先采用生态植草沟等自然地表排水形式输送、消纳、滞留雨水径流,减少小区内雨水管道的使用。在空间局限且污染较重区域,若设置雨水管道,宜采用雨水过滤池净化水质(见图 12.11)。

有水景的建筑小区绿地,应优先利用水景来收集和调蓄场地雨水,同时兼顾雨水蓄渗利用及其他设施。景观水体面积应根据汇水面积、控制目标和水量平衡分析确定。雨水径流经处理后方可作为景观水体补水和绿化用水。对于超标准雨水,应进行溢流排放。无水景的建筑小区绿地,如果以雨水径流削减及水质控制为主,可以根据地形划分为若干个汇水区域,将雨水通过生态植草沟导入雨水花园,进行处理、下渗,对于超标准雨水,可溢流排入市政管道;如果以雨水利用为主,可以将屋面雨水经弃流后导入雨水桶进行收集利用,道路及绿地雨水经处理后导入地下雨水池进行收集利用。

对于大面积的停车场,应采用透水铺装建设,并充分利用竖向设计,引导径流到场地内部或者周边的下沉式绿地中,进行下渗、调蓄、净化或利用雨水。

美国 High Point 社区位于西雅图市制高点(35 号大街和桃金娘大街的交叉口),社

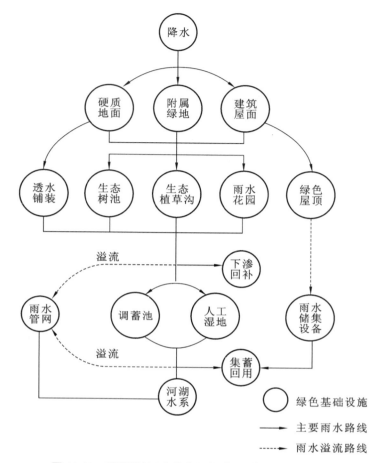

图 12.11　附属绿地（建筑小区绿地）雨水控制利用流程

区面积约为 53 hm²，拥有约 1600 个居住单元，65％的场地为不透水路面，雨季时会产生大量的雨水径流，并流向位置较低的街区。同时，携带城市污染物的雨水径流排入自然水体后对鱼类造成了不容忽视的生态影响。2003 年，High Point 社区开始了为期 6 年的重建工程，并引入了低影响开发的多项措施，以自然开放式排水系统（natural drainage system，NDS）的设计手法，使具有高人口密度的城市居住空间在人居、休憩、环境改善、径流控制和雨水利用等多个方面取得了良好的平衡，曾获得 2007 年美国城市土地学会 ULI 全球卓越奖。具体的低影响开发措施包括利用植被浅沟、雨水花园、透水铺装、多功能调蓄池和 34 个街区的汇水线组成的多功能开放空间，以及对不透水铺装面积予以限制，对屋顶雨水排放量和雨水排放点进行管理。SvR 设计公司根据社区的场地条件，运用不同低影响开发技术的组合，模拟自然水文过程，即雨水及径流通过植被浅沟的引导和运输，汇入雨水花园及北部多功能调蓄池中，经过植被的净化及处理后，达到水质标准的雨水才能排放到自然河流中，以确保河流的生态平衡，保护生物的栖息生境。此外，低影响开发技术和风景园林设计得以融合，口袋公园及儿童游戏场等公共开放空间的地下部分设计为地下储水设施。

High Point 社区对雨水排放的控制以单栋住宅作为核算单元，对区域内的每一个单元建筑及其附属环境进行独立的雨水量计算。如果单元住宅的雨水排放量不能达标，则可以通过更换透水材料、减少不透水铺装面积、增加区域绿地率等途径降低径流率，还可以利用雨水花园降低雨水径流中约 30％的污染物。同时，美国排水公约和 High Point 社区管理委员会对屋面排水的要求是 100％的屋顶雨水排放至自然开放式排水系统中或者公共的雨洪排水系统中。为了减缓雨水下落对地表的冲击，并削减雨水的瞬时流速，社区内采用了导流槽、雨水桶、涌流式排水装置和敞口式排水管。此外，High Point 社区还采用了屋顶花园、渗透沟和土壤改良等多种低影响开发措施。

德国沙恩豪斯社区（Scharnhauser Park）位于斯图加特附近的奥斯菲尔敦（Ostfildern），占地面积约为 150 hm²，约有 9000 人，处于大西洋和东部大陆性气候之间的凉爽的西风带，降雨偏少，属于较干旱的地区，且地形北高南低。该社区建设所采用的生态设计模式获得 2006 年德国城市发展奖。其在规划、设计和建造过程中运用了大量的节能建筑、可再生能源、雨洪管理、开放空间多功能利用等低影响开发技术。其中，雨洪管理系统分为 3 个等级，建筑屋面、道路的雨水径流首先进入一级组团生态设施，包括生态沟、雨水花园，各个组团间的雨水通过大型生态沟进入二级处理设施，包括多功能蓄渗池、人工湿地，最终再进入三级设施，包括城市河流或湖泊。通过系统的规划设计，沙恩豪斯居住区的雨水收集、净化、入渗、利用率达到了 95％，大大缓解了城市的排水设施压力，同时也回补了地下水。此外，居住区以位于社区中央的"景观阶梯"作为中心公园和大型多功能雨水调蓄池，该区域的台阶式滞留带呈阶梯状分布，每个台阶内种植耐涝的草坪，地表之下的结构层（砂砾）相互贯通，能够有效地将雨水滞纳、净化、蓄渗。雨季时，阶梯状的地面可以蓄积、净化和渗透大量的周边雨水径流，当水量足够大时，可以形成瀑布景观，多余的雨水通过末端的大型生态沟排入区域外围的人工湿地，净化后排入城市河流。而在旱季时，"景观阶梯"和雨水调蓄池则可作为具有休闲娱乐如踢足球、野餐、散步等多种功能的公共开放空间，满足居民的游憩需求。

12.4.5　防护绿地中低影响开发技术组合应用

防护绿地是指城市中具有卫生、隔离和安全防护功能的绿地，包括卫生隔离带、道路防护绿地、城市高压走廊绿带、防风林、城市组团隔离带等。防护绿地绿色基础设施的目标以控制地表径流和削减径流污染为主，以雨水调节和收集利用为辅。适宜在防护绿地使用的绿色基础设施主要有生态植草沟、雨水花园、调蓄池、植被缓冲带和生态驳岸。将防护绿地周边汇水面（如广场、停车场、建筑与小区等）的雨水径流通过合理竖向设计引入防护绿地，结合排涝规划要求，设计雨水控制利用设施。防护绿地内部浇灌养护设施与排水设施应合理设计，结合雨水回收利用设施，蓄水用于干旱季节的灌溉。在植被规划方面，尽量选择乡土树种。此外，结合防护绿地的类型，选择具备不同防护功能（如污染物的去除）的植物。防护绿地雨水控制利用流程如图 12.12 所示。

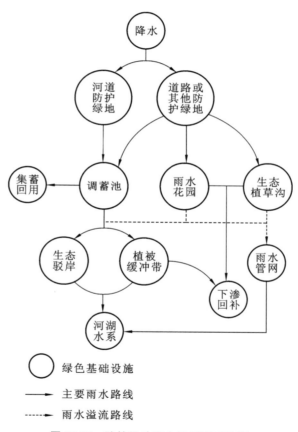

图 12.12　防护绿地雨水控制利用流程

其中，防护林地作为平原河网地区重要的生态空间类型，在截留降雨、涵养水源、促进地表下渗、防洪排涝和滞留雨洪等方面发挥重要作用，是平原河网地区海绵城市建设的重要组成部分。林地自身及周边区域径流雨水应通过有组织的汇流与传输，引入林地内的以雨水渗透、储存、净化等为主要功能的低影响开发设施。

　　林地可通过植被冠层截留、生态植草沟、植被缓冲带、林地排水渠、人工湿地、湿塘等低影响开发设施来消纳自身及周边区域径流雨水。林地具备海绵城市功能的技术包括林相改造抚育、林地土壤和雨水系统改造、设置植被过滤带、设置人工湿地等。根据典型人工造林特征,合理选择乔木、灌木、草本植物种类,开展增强植被冠层截留降雨功能的复层混交林定向抚育的林相改造。根据林地的功能定位、植物种类、林相结构、土壤渗滤状况以及周边地形标高和水面标高情况,制定海绵城市建设的林地保护与改造方案。道路、水网等存在地形高差区域的林带建设,应结合地形高差设计形成径流定向汇集传输的植被过滤带,并与湿地、湿塘相结合,形成具有平原河网地区特征的林地和湿地相结合的绿色廊道,从而滞留径流和削减污染物。局部改善或改良土壤渗透性能,可通过微地形改造、栽植耐淹植物、优化林地汇水路径等方法,提升林地滞留、渗滤地表径流功能。

参 考 文 献

[1] MALILA R, LEHTORANTA S, VISKARI E L. The role of source separation in nutrient recovery-comparison of alternative wastewater treatment systems [J]. Journal of Cleaner Production, 2019, 219(14): 350-358.

[2] WANG T, SUN D, ZHANG Q, et al. China's drinking water sanitation from 2007 to 2018: a systematic review [J]. Science of The Total Environment, 2021, 757 (08): 143923.

[3] 蔡源浇. 市政给排水设计中的节能措施分析[J]. 智能建筑与智慧城市, 2018(12): 94-96.

[4] 蔡源浇. 以海绵城市为导向的城市设计策略[J]. 建筑设计管理, 2018, 35(08): 73-75.

[5] 陈春光. 城市给水排水工程[M]. 成都: 西南交通大学出版社, 2017.

[6] 陈伟. 海绵城市理念在市政给排水设计中的应用[J]. 工程建设与设计, 2023(5): 95-97.

[7] 单靖涵. 市政给排水管道布置的设计原则与技术分析[J]. 工程建设与设计, 2024(3): 83-85.

[8] 翟端端, 林兵, 刘堃. 给排水工程规划设计与管理研究[M]. 沈阳: 辽宁科学技术出版社, 2022.

[9] 方甲宝. 一体化排水泵站的研究与应用[J]. 建材与装饰, 2020(1): 218-219.

[10] 冯萃敏, 张炯. 给排水管道系统[M]. 北京: 机械工业出版社, 2021.

[11] 冯峰, 靳晓颖. 海绵城市理念与关键技术[M]. 北京: 中国水利水电出版社, 2019.

[12] 郭天鹏, 樊婷婷, 冯峰, 等. 海绵城市低影响开发设计与施工管理[M]. 苏州: 苏州大学出版社, 2022.

[13] 韩力. 泰安市城市分质供排水工程系统模式研究[D]. 北京: 中国农业大学, 2004.

[14] 何广燕, 刘辉利, 黄书海, 等. 城镇污水处理厂深度处理研究进展[J]. 当代化工研究, 2023(24): 8-10.

[15] 何伟. 大型水利工程倒虹吸结构分析[M]. 北京: 地质出版社, 2017.

[16] 华经产业研究院. 2023 年中国水环境治理(污水处理)行业发展现状及发展趋势分析, 行业发展将持续向好[EB/OL]. [2024-04-10]. https://mp.weixin.qq.com/s/UbA3bgKl1zphR_rX63LjVA.

[17] 黄敬文. 城市给排水工程[M]. 2 版. 郑州: 黄河水利出版社, 2020.

[18] 黄跃华,许铁夫,杨丽英.水处理技术[M].郑州:黄河水利出版社,2013.

[19] 江志贤.佛山市南海区桂城内河涌综合整治截污管网专项规划[J].今日科苑,2009 (14):288-289.

[20] 李树平.城市水系统[M].上海:同济大学出版社,2015.

[21] 李炜.试析市政给排水节能设计的必要性及相关措施[J].中华建设,2020(7):62-63.

[22] 刘洪波.输配水工程[M].天津:天津大学出版社,2022.

[23] 刘娜娜,张婧,王雪琴.海绵城市概论[M].武汉:武汉大学出版社,2017.

[24] 刘晓杰.关于现代市政给排水规划设计的若干建议概述[J].科学技术创新,2020 (11):115-116.

[25] 吕守胜.城市排水与污水处理管理工作研究[M].长春:吉林科学技术出版社,2022.

[26] 吕永涛,王磊.排水管网与水泵站[M].西安:西安交通大学出版社,2021.

[27] 马耀宗,武海霞,孟庆宇,等.更严格排放标准下我国城市污水处理厂提标改造进展 [J].净水技术,2023,42(11):37-48+126.

[28] 全红.海绵城市建设与雨水资源综合利用[M].重庆:重庆大学出版社,2020.

[29] 饶鑫,赵云.市政给排水管道工程[M].上海:上海交通大学出版社,2019.

[30] 石红梅.混合供水方式在村镇供水工程中的应用[J].北京水务,2008(2):42-44.

[31] 史小静.全国污水再生利用率为15.98%!十部门印发意见加快推进污水资源化利用 [EB/OL].[2021-01-12].http://res.cenews.com.cn/hjw/news.html? aid=143866.

[32] 司马岩.提高市政给排水设计合理性的有效措施研讨[J].工程建设与设计,2023 (18):83-85.

[33] 王丽娟,李杨,龚宾.给排水管道工程技术[M].北京:中国水利水电出版社,2017.

[34] 王委.市政给排水工程施工员培训教材[M].北京:中国建材工业出版社,2010.

[35] 熊家晴.海绵城市概论[M].北京:化学工业出版社,2019.

[36] 徐立新.建筑给水系统水质污染控制研究[D].重庆:重庆大学,2002.

[37] 闫旭,邱德志,郭东丽,等.中国城镇污水处理厂温室气体排放时空分布特征[J].环境 科学,2018,39(03):1256-1263.

[38] 杨思.小圩镇大魅力:云浮美丽圩镇建设之路[EB/OL].[2021-12-21].https://rrlab. sysu.edu.cn/article/334.

[39] 姚少波.污水处理厂提标改造的必要性及实践[J].清洗世界,2023,39(07):120-122.

[40] 于志强,王丹,孙传会.城市工业用水预测实施方法[J].黑龙江水利科技,2010,38 (5):19-20.

[41] 张强.城市污水处理现状及污水处理厂提标改造[J].山西化工,2023,43(12):

255-257.

[42] 张思梅,龚宾.水处理工程技术[M].北京:中国水利水电出版社,2017.

[43] 张文启,薛罡,饶品华.水处理技术概论[M].南京:南京大学出版社,2017.

[44] 张志果.实施生活饮用水卫生新标准推动供水高质量发展——《生活饮用水卫生标准》(GB 5749—2022)解读[J].工程建设标准化,2022(05):32-35.

[45] 赵丙辰.城市污水处理技术研究[M].长春:吉林科学技术出版社,2022.

[46] 赵俊岭.市政管线系统[M].北京:机械工业出版社,2014.

[47] 钟贵水.市政给水排水工程规划设计与施工管理[J].工程建设与设计,2021(4):222-223+226.

[48] 许刚,龙志宏.供水调度[M].广州:华南理工大学出版社,2014.

后　记

　　在我国城市化进程推进的过程中,市政给排水对于城市发展以及城市服务质量的提升有着重要的作用,水对城市居民来说也是不可或缺的生活基础,如何通过有效的给排水工程设计,为城市居民提供更可靠的生活保障,保证城市生活以及生产活动正常运行,构建城市居民与自然和谐发展的生态环境,是市政给排水设计需要考量的重要问题,也是进行设计合理性考量的关键因素。

　　目前,在市政给排水规划与设计的过程中暴露了一定的问题,对城市发展以及稳定性造成了不利的影响,例如给排水系统设计缺乏科学依据、防洪规划不够细致、污水管理不合理等,加上城市人口数量不断增多,人们缺乏节约用水意识,我国水资源短缺现象日益加重,必须更加重视城市给排水工程规划与设计的工作质量与水平。

　　对此,市政给排水工程的规划工作需要政府、企业及从业人员给予足够的重视,从业人员需要注重提升自身的专业能力和素养,在调研的基础上进行设计,而不是闭门造车地完成给排水规划工作。给排水工程的设计也需要和城市发展过程中的其他环节相协调,以促进城市发展、提高便利程度为主要目标,降低给排水工程对城市发展的负面影响。此外,还要在规划和设计的过程中引入绿色、节能等技术,以节约用水,缓解能源、资源短缺的局面,提升城市的经济效益和环境效益,实现城市可持续和高质量发展。